21 世纪本科院校土木建筑类创新型应用人才培养规划教材

# 土木工程 CAD

主　编　王玉岚

副主编　韩建华

北京大学出版社

PEKING UNIVERSITY PRESS

# 内 容 简 介

本书详细介绍了 AutoCAD 2014 软件的基本绘图功能和绘图方法,并运用了大量的绘图实例进一步阐述了 AutoCAD 2014 在土木工程 CAD 绘图中的应用。全书共 14 章,主要包括 AutoCAD 概述、绘图环境的设置、二维图形的绘制、图形的信息查询、图块及其属性、二维图形的修改、文字标注和表格创建、尺寸的标注、建筑平面图的绘制、建筑立面图的绘制、建筑剖面图的绘制、建筑详图的绘制、AutoCAD 图形的输出和上机实验指导。

本书以中华人民共和国住房和城乡建设部颁布的《总图制图标准》(GB/T 50103—2010)、《建筑制图标准》(GB/T 50104—2010) 和《房屋建筑制图统一标准》(GB/T 50001—2010)为编写依据,采用由浅入深、循序渐进的方式讲解了 AutoCAD 2014 的绘图方法和操作技巧。书中采用了大量的绘图实例讲解和绘图习题练习,注重理论与实践相结合的原则,善于激发读者对 AutoCAD 2014 的学习兴趣。通过对本书的学习,读者将具备运用 AutoCAD 2014 绘制土木工程施工图的能力。

本书是一本集绘图理论、绘图操作和实验指导为一体,理论和实践并重的教科书,可以作为高等院校土木类各专业的教材和指导书,也可以作为计算机辅助设计等课程的教材。同时,本书还可作为土木工程 CAD 技术培训教材和土木工程技术人员的参考用书,以及计算机爱好者的自学参考书。

**图书在版编目(CIP)数据**

土木工程 CAD/王玉岚主编. —北京: 北京大学出版社, 2016.1
(21 世纪本科院校土木建筑类创新型应用人才培养规划教材)
ISBN 978 - 7 - 301 - 26552 - 9

Ⅰ. ①土… Ⅱ. ①王… Ⅲ. ①土木工程—建筑制图—计算机制图—AutoCAD 软件—高等学校—教材 Ⅳ. ①TU204 - 39

中国版本图书馆 CIP 数据核字(2015)第 280637 号

| | | |
|---|---|---|
| 书　　　名 | 土木工程 CAD | |
| | Tumu Gongcheng CAD | |
| 著作责任者 | 王玉岚　主编 | |
| 责任编辑 | 刘　蜀 | |
| 标准书号 | ISBN 978 - 7 - 301 - 26552 - 9 | |
| 出版发行 | 北京大学出版社 | |
| 地　　　址 | 北京市海淀区成府路 205 号　100871 | |
| 网　　　址 | http://www.pup.cn　新浪微博:@北京大学出版社 | |
| 电子信箱 | pup_6@163.com | |
| 电　　　话 | 邮购部 010 - 62752015　发行部 010 - 62750672　编辑部 010 - 62750667 | |
| 印　刷　者 | 北京市科星印刷有限责任公司 | |
| 经　销　者 | 新华书店 | |
| | 787 毫米×1092 毫米　16 开本　18.5 印张　450 千字 | |
| | 2016 年 1 月第 1 版　2024 年 6 月第 8 次印刷 | |
| 定　　　价 | 55.00 元 | |

# 前　　言

随着科技的发展，特别是将计算机技术应用于工程领域中，使得传统的工程设计和绘图变得越来越容易实现和规范化。本书所介绍的 AutoCAD 2014 软件是一款交互式计算机辅助设计和绘图的软件。由于此软件具有良好的人机交互界面、便捷的命令输入方式、可供灵活设置的出图方式，它能方便实现二维和三维图形的绘制和输出，在土木、机械、电子、纺织、造船、农业和航天等工程领域得到了广泛应用。

目前，我国高等工程教育以培养创新型和应用型人才为目标，本书的宗旨是以学生为本，书的编写由浅入深、循序渐进，注重实践和应用能力的培养和训练。通过对本书的学习，学生能具备独立绘制土木工程专业施工图的能力。在现今社会，运用 AutoCAD 软件绘图是土木工程领域普遍采用的工作方式，所以本书的编写契合我国实际工程领域的发展。同时，中国的高等工程教育十分注重学生的实践环节训练，高校在教学环节中也加大了实践环节的培养力度，本书的编写和出版是符合中国高等教育发展方向的。

本书在内容编排上涉及二维图形绘制、二维图形的编辑、图层、图块、精确捕捉、文本标注、尺寸标注、建筑平面图的绘制、建筑立面图的绘制、建筑剖面图的绘制、建筑详图的绘制及上机实验指导等。在教授学生基本的 CAD 绘图技巧和绘图操作的基础上，针对土木工程绘图的特点，对具体的建筑平面图、建筑立面图、建筑剖面图和建筑详图的绘制方法和步骤进行详细的讲解，使学生在本书的逐步提示下，一步步深入到土木工程 CAD 绘图操作中，使本书更符合土木工程专业的教学特点。本书虽然主要针对土木工程 CAD 绘图进行编写，但由于书中涉及一定比重的 CAD 基本绘图技巧和建筑施工图实训操作讲解，对于大土木工程相关专业的 CAD 实践操作教学同样适用。本书适合的专业有土木工程、工程管理和建筑学等，同时对其他工科类专业也有一定的参考价值。

本书还有一个特点，就是加大了 AutoCAD 2014 绘图实践环节的训练，书中融入了大量使用 AutoCAD 2014 绘制的图例，通过加大绘图实践操作来锻炼学生的 AutoCAD 2014 绘图操作准确性和快速性，使学生具备运用 AutoCAD 2014 绘制土木工程专业施工图的能力，为以后在工程施工和工程管理中绘制相关专业图纸打下坚实的基础。

本书由湖北第二师范学院王玉岚担任主编，宁波工程学院韩建华担任副主编，由王玉岚负责统稿。本书具体编写分工如下：王玉岚编写第 1、3、4、6、7、8、9、14 章，韩建华编写第 2、5、10、11、12、13 章。在本书编写过程中，宁波工程学院车金如教授和武汉理工大学汪浪涛老师提供了很多建设性的宝贵建议和大力支持，在此表示诚挚的谢意！同时，也衷心感谢北京大学出版社刘嚞编辑的支持和帮助，使得本书能顺利编写和出版！

由于编者水平有限，编写时间仓促，书中疏漏和不足之处在所难免，恳请专家和读者批评指正。

编　者<br>2015 年 10 月

# 目　　录

# 第1章
# AutoCAD 概述

**教学目标**

本章首先阐述了 AutoCAD 的发展及其应用，主要介绍 AutoCAD 2014 的用户界面、文件管理、坐标系统、命令和参数的输入方式、图形的显示和控制等操作。通过本章的学习，应达到以下目标。

（1）了解 AutoCAD 软件的发展历史和应用领域。

（2）掌握 AutoCAD 2014 软件的用户界面及各功能块的作用。

（3）掌握创建、打开、保存和关闭 AutoCAD 2014 文件的操作方法。

（4）掌握 AutoCAD 2014 的坐标系统及坐标输入方法。

（5）掌握 AutoCAD 2014 中命令和参数输入的方法。

（6）掌握在 AutoCAD 2014 中运用视图缩放和视图平移来进行图形的显示和控制操作。

**教学要求**

| 知识要点 | 能力要求 | 相关知识 |
| --- | --- | --- |
| AutoCAD 的发展及其应用 | （1）掌握 AutoCAD 软件的发展历史<br>（2）掌握 AutoCAD 软件的应用领域 | （1）AutoCAD 软件的功能概况<br>（2）AutoCAD 软件的应用 |
| AutoCAD 2014 的用户界面 | 掌握 AutoCAD 2014 界面中标题栏、菜单浏览器、菜单栏、快速访问工具栏、功能区、绘图窗口、工具栏、坐标系图标、命令行区、状态栏各功能块的使用方法 | AutoCAD 2014 工作界面的组成和操作方法 |
| AutoCAD 2014 的文件管理 | 掌握创建、打开、关闭、保存 AutoCAD 2014 文件，并能对图形文件设置密码，以便保障文件的安全 | （1）创建 AutoCAD 2014 文件<br>（2）打开 AutoCAD 2014 文件<br>（3）关闭 AutoCAD 2014 文件<br>（4）保存 AutoCAD 2014 文件<br>（5）设置图形文件密码 |
| AutoCAD 2014 的坐标系统 | （1）掌握 AutoCAD 2014 软件的坐标系统分类<br>（2）掌握 AutoCAD 2014 软件的坐标输入方法 | （1）世界坐标系统和用户坐标系统<br>（2）绝对直角坐标输入和相对直角坐标输入<br>（3）绝对极坐标输入和相对极坐标输入 |
| AutoCAD 2014 的命令和参数的输入方式 | （1）掌握键盘输入方式<br>（2）掌握菜单输入方式<br>（3）掌握工具按钮输入方式 | 能熟练综合运用键盘、菜单和工具按钮三种方式进行绘图操作 |
| AutoCAD 2014 的图形的显示和控制等操作 | 掌握 AutoCAD 2014 的图形显示和控制命令 | （1）视图缩放<br>（2）视图平移 |

 **基本概念**

CAD、标题栏、菜单浏览器、菜单栏、快速访问工具栏、功能区、绘图窗口、工具栏、坐标系图标、命令行区、状态栏、创建图形文件、打开图形文件、关闭图形文件、保存图形文件、文件密码、世界坐标系、用户坐标系、绝对直角坐标、相对直角坐标、绝对极坐标、相对极坐标、键盘输入、菜单输入、工具按钮输入、视图缩放和视图平移。

 **引例**

AutoCAD 2014 是一款功能强大的 CAD 软件，具有完善的图形绘制功能、图形编辑功能和图形输出功能，目前被广泛应用于工业、商业、教育和科研领域。随着科技的不断发展，AutoCAD 软件也将更加完善和便于操作。工程技术人员必须充分了解 AutoCAD 2014 软件中的各项功能，才能快速、便捷和准确地绘制工程图纸。

## 1.1　AutoCAD 简介

随着计算机科学技术的飞速发展，计算机已成为人们生活、学习和工作中必不可少的重要工具。计算机能辅助人们制订完善的工作计划（CAP）、指导具体的教学实践（CAI）、控制精密的产品制造（CAM）、设计高质量的技术图样（CAD）等。特别是 CAD 技术，对工程设计、机器制造、科学研究等诸多领域的技术进步和快速发展产生了重大的影响。

CAD 是英文"Computer Aided Design"的缩写形式，即计算机辅助设计，它是计算机科学技术的一个重要分支，也是一门重要的计算机应用技术。CAD 技术，就是利用计算机强大的数值计算和图文处理功能来辅助工程师、设计师和建筑师等工程技术人员进行项目规划、产品设计、工程绘图和数据管理的一门计算机应用技术。CAD 技术已经成为工厂、企业和科研部门提高技术创新能力，加快产品开发速度，促进自身快速发展的一项必不可少的关键技术。

AutoCAD 是由美国 Autodesk 公司研制的一套通用交互式计算机辅助设计和绘图的软件，它是一款目前应用最广泛的 CAD 软件。从 1982 年起，AutoCAD 软件从 AutoCAD 1.0 发展到目前功能强大的 AutoCAD 2014 版，经历了 20 多次版本升级，软件的功能也在不断增强和完善。如今，因具有良好的用户界面，可轻松通过交互菜单或命令方式进行各项操作，AutoCAD 已广泛应用于机械、电子、航天、造船、土木、农业、气象、纺织等领域。

## 1.2　AutoCAD 2014 的用户界面

启动 AutoCAD 2014 后，可以进入 AutoCAD 2014 用户界面，此界面和 Windows 界面类似，由标题栏、菜单浏览器、菜单栏、快速访问工具栏、功能区、绘图窗口、工具栏、坐标系图标、命令行区、状态栏等部分组成，如图 1.1 所示。

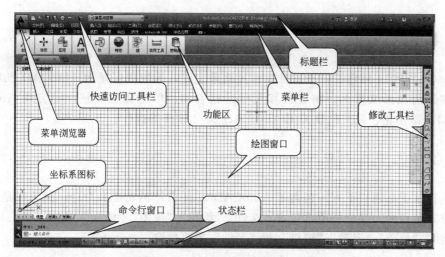

图 1.1　AutoCAD 2014 图形用户界面

## 1.2.1　菜单浏览器

　　AutoCAD 2014 操作界面的左上角是菜单浏览器。点击菜单浏览器可以对 AutoCAD 2014 文件进行新建、打开、保存和另存为等操作。在菜单浏览器中还可将所绘制的 Auto-CAD 图形输出成 PDF 等格式，也可完成打印功能和关闭 AutoCAD 软件的操作。菜单浏览器如图 1.2 所示。

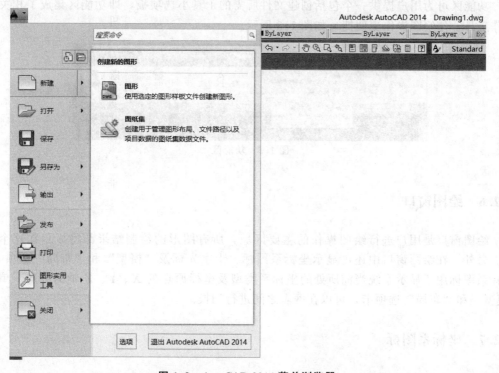

图 1.2　AutoCAD 2014 菜单浏览器

### 1.2.2 标题栏

AutoCAD 2014 标题栏位于软件操作界面最上方，标题栏可显示 AutoCAD 2014 的版本标识和当前图形文件名。将光标移至标题栏右侧，单击相应按钮，可实现 AutoCAD 2014 窗口的最小化、最大化及关闭 AutoCAD 2014 软件等操作。

### 1.2.3 菜单栏

菜单栏位于标题栏下方，包含了 AutoCAD 2014 常用的功能和命令，菜单栏是以下拉菜单的方式呈现的。菜单栏通常包含"文件""编辑""视图""插入""格式""工具""绘图""标注""修改""参数""窗口"和"帮助"等菜单选项。

### 1.2.4 快速访问工具栏

在菜单浏览器右方是快捷工具栏。快捷工具栏中将使用频率较多的"新建""打开""保存"和"另存为"操作按钮置顶放置，便于操作。同时，"放弃"和"重做"按钮也在快速访问工具栏中设置。

### 1.2.5 功能区

功能区可为用户提供一个包括创建文件所需的工具小选项板，即功能区集成了相关的操作工具，使绘图操作更便捷，如图 1.3 所示。

图 1.3　功能区

### 1.2.6 绘图窗口

绘图窗口是用户进行绘图操作的主要区域，所有图形的绘制结果都将显示在这个区域。另外，在绘图窗口中还可显示坐标系图标、十字光标及"模型"和"布局"选项卡。坐标系图标用于显示系统当前所处的坐标系类型及坐标原点的 $X$、$Y$、$Z$ 轴的方向。单击"模型"和"布局"选项卡，可以在两者之间进行切换。

### 1.2.7 坐标系图标

AutoCAD 2014 采用笛卡尔直角坐标系，规定按照右手规则确定 $X$、$Y$、$Z$ 三个坐标轴的方向，即用右手的拇指、食指和中指分别代表。绘图区域左下角给出坐标系图标，显示 $X$ 轴和 $Y$ 轴的正方向。

AutoCAD 2014 坐标系的种类、大小和颜色均可通过"UCS 图标"对话框设置。执行"视图"→"显示"→"UCS 图标"→"特性"命令，可弹出"UCS 图标"对话框，如图 1.4 所示。

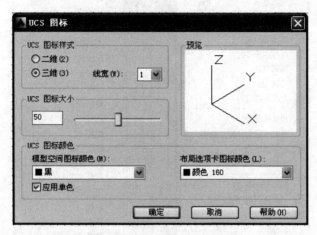

图 1.4 "UCS 图标"对话框

坐标系图标也可以隐藏或显示，执行"视图"→"显示"→"UCS 图标"→"开"命令，可在显示和隐藏状态之间进行切换。

## 1.2.8 工具栏

在 AutoCAD 2014 中，启动常用命令最快捷的方法就是使用工具栏，如图 1.5 所示。在 AutoCAD 2014 中，用户可以根据需要打开或关闭任一工具栏。

方法一：在已有工具栏上右击，AutoCAD 2014 可弹出列有工具栏目录的快捷菜单。

方法二：通过执行"工具"→"工具栏"→"AutoCAD"下对应的子菜单命令，也可以打开 AutoCAD 的各工具栏。

"工具栏"快捷菜单中，"√"选相应菜单项可以打开相关的工具栏选项，否则表示该工具栏被关闭。

通常情况下，系统默认工具栏是固定于绘图区域边界的。AutoCAD 2014 的工具栏也可以是浮动的，用户可以将各工具栏拖放到工作界面的任意位置。

## 1.2.9 命令行窗口

命令行窗口位于绘图窗口的正下方，用于接受用户输入命令并显示 AutoCAD 2014 的提示信息，用户在执行一个命令时都会出现相应的提示信息。默认状态下，AutoCAD 2014 在命令窗口保留最后三行所执行的命令或提示信息。用户可以通过拖动窗口边框的方式来改变命令窗口的大小，以显示多于三行或少于三行的信息，如图 1.6 所示。

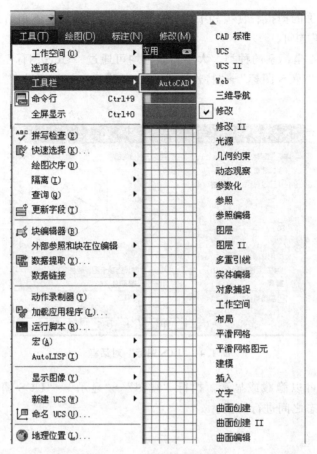

图 1.5　工具栏快捷菜单

图 1.6　AutoCAD 2014 命令行

### 1.2.10　状态栏

状态栏位于界面最下方，用于显示或设置当前的绘图状态。在状态栏可以启动或关闭"捕捉""栅格""正交""极轴""对象捕捉""对象追踪""线宽"和"模型"等状态。

## 1.3　AutoCAD 2014 的文件管理

AutoCAD 2014 的图形文件管理主要包括图形文件的打开、关闭、新建、保存和保护等操作。

### 1.3.1　创建新的图形文件

创建新的 AutoCAD 2014 文件的方法有以下四种。

方法一：单击"文件"下拉菜单的"新建"命令。

方法二：单击"标准"工具栏中的"新建"按钮，如图 1.7 所示。

**图 1.7　标准工具栏**

方法三：在命令行输入"new"。

方法四：选择"菜单浏览器"中的"新建"命令。

执行"新建"命令后，打开"选择样板"对话框，如图 1.8 所示。

**图 1.8　"选择样板"对话框**

在所供选择的样板中，acad 和 acadiso 是常用的样板形式。选择如图 1.8 所示的"acad.dwt"样板后，单击"打开"按钮，系统将打开一个基于所选择的样板的新文件。若用户没有指定文件名，则系统自动将生成的新文件命名为 Drawing1.dwg。

### 1.3.2　打开已有图形文件

打开一个已经创建好的 AutoCAD 2014 文件的方法有以下四种。

方法一：选择"文件"菜单下拉的"打开"命令。

方法二：单击"标准"工具栏中的"打开"按钮。

方法三：在命令行输入"open"。

方法四：选择"菜单浏览器"中的"打开"命令。

通过"打开"文件操作后，可以打开"选择文件"对话框，如图1.9所示。在"查找范围"中选择好图形文件所在的具体路径后，在对话框文件列表中选择需要打开的图形文件即可。

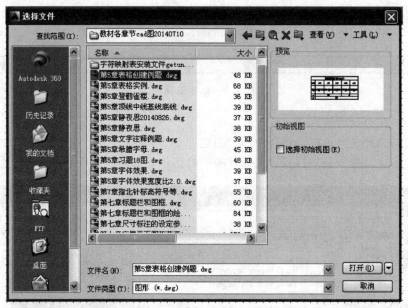

图1.9 "选择文件"对话框

### 1.3.3 关闭图形文件

在AutoCAD 2014中，关闭图形文件有以下四种方式。

方法一：选择"文件"菜单下拉的"关闭"命令。

方法二：单击绘图窗口右上角的"关闭"按钮。

方法三：在命令行输入"close"。

方法四：选择"菜单浏览器"中的"关闭"命令。

执行"关闭"文件命令后，若所要关闭的图形文件尚未保存，在执行上述操作时系统将自动弹出AutoCAD"保存"对话框，如图1.10所示。单击"是(Y)"按钮，该图形文件将会自动保存；单击"否(N)"按钮，该图形文件将不会被保存。单击"取消"按钮，系统将会取消此次操作，返回图形界面窗口。

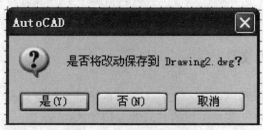

图1.10 "保存"对话框

另外，如要关闭所有已打开的图形文件，有如下方式可以操作。

方法一：选择"窗口"下拉菜单中的"全部关闭"命令。

方法二：在命令行直接输入"closeall"。

在执行上述操作时，对于每一个尚未保存的图形文件，系统都会弹出一个保存提示对话框，用户可以对每一个图形文件的保存与否进行选择。

## 1.3.4 保存图形文件

创建或编辑好的图形文件要保存时常用下面四种方法。

方法一：选择"文件"菜单下的"保存"命令。

方法二：单击"标准"工具栏中的"保存"按钮。

方法三：在命令行输入"save"。

方法四：选择"菜单浏览器"中"保存"命令。

执行保存操作后，会弹出"图形另存为"对话框，如图 1.11 所示。

图 1.11 "图形另存为"对话框

此时，输入文件保存路径和名称，单击"保存"按钮即可结束此操作。

## 1.3.5 设置图形文件密码

AutoCAD 2014 为用户提供了密码保护功能，用户可以在保存图形文件时为该图形文件设置保存密码，以保护用户所创建的图形文件只被用户本人所使用。

设置保存密码的方法如下。

在1.3.4节所启动的"图形另存为"对话框中,单击"工具"下拉列表,如图1.12所示。选择其中的"安全选项"命令,将会弹出如图1.13所示的"安全选项"对话框。根据提示,用户可以在"用于打开此图形的密码或短语"文本框中输入保存密码,并单击"确定"按钮,即弹出如图1.14所示的"确认密码"对话框,在该对话框的文本框中再次输入密码进行确认,最后单击"确定"按钮即可完成一次图形文件的保护保存操作。

图1.12 "工具"下拉列表

图1.13 "安全选项"对话框

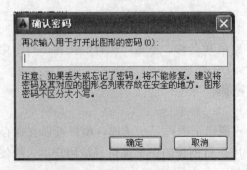

图1.14 "确认密码"对话框

当用户下次绘制此 AutoCAD 图形，需要打开设置密码的图形文件时，系统会自动弹出如图 1.15 所示的"密码"对话框，要求用户输入正确的密码，否则该文件将无法打开。因此，若要对某一图形文件进行密码保护时，用户必须记住所设置的图形文件的保护密码。

图 1.15 "密码"对话框

当用户不再对图形文件进行保护时，只需在对图形文件进行保存时按照原来的保存路径进行操作，当系统提示用户输入保存密码时直接单击"确定"按钮即可。

# 1.4 AutoCAD 2014 坐标系统

AutoCAD 2014 采用笛卡尔直角坐标系，所有图形均在笛卡尔坐标系下绘制。确定坐标系坐标轴方向的右手规则为：右手拇指、食指和中指互相垂直，手指的指向分别代表 $X$、$Y$、$Z$ 轴的正方向。确定对象旋转方向的右手规则为：伸开右手握住旋转轴，大拇指指向旋转轴正方向，其余四指弯曲指向旋转方向。右手规则如图 1.16 所示。

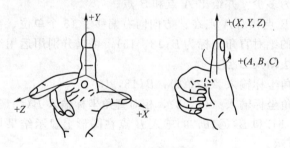

图 1.16 右手规则

在 AutoCAD 2014 中，坐标系分为世界坐标系（World Coordinate System，WCS）和用户坐标系（User Coordinate System，UCS）。两种坐标系中均可以通过坐标输入来精确绘图。

## 1.4.1 世界坐标系和用户坐标系

世界坐标系（WCS）为默认坐标系。它是图形中所有图层公用的坐标系，它是唯一的，其坐标系原点在绘图区左下角，$X$ 轴向右，$Y$ 轴向上，$Z$ 轴指向用户。

用户坐标系(UCS)由用户根据需要自己建立，它不唯一。在绘图过程中，只有一个当前 UCS，UCS 的原点可在 WCS 中的任何位置，$X$、$Y$、$Z$ 方向可任意指定，但要遵守右手规则。

### 1.4.2　坐标输入方法

坐标输入在 AutoCAD 2014 中主要体现为点的坐标输入。在 AutoCAD 2014 中，点坐标的输入方法通常有四种，分别是：直角坐标输入、极坐标输入、球面坐标输入和柱面坐标输入。对于二维的土木工程 CAD 绘图，直角坐标输入和极坐标输入是常采用的坐标输入方法。直角坐标又分为绝对直角坐标、相对直角坐标；极坐标又分为绝对极坐标和相对极坐标。

1. 绝对直角坐标输入

绝对直角坐标是相对当前绘图界面中坐标系原点的坐标。绝对直角坐标表达形式为："$x$，$y$"，其中 $x$ 值和 $y$ 值分别是此点的 $X$ 方向坐标和 $Y$ 方向坐标到原点的 $X$ 方向坐标和 $Y$ 方向坐标的距离。其中，$x$ 值沿 $X$ 轴坐标原点向右为正值，$y$ 值沿 $Y$ 轴坐标原点向上为正值，反之则为负值。

【例题 1-1】　绘制 $A(9，9)$ 和 $B(12，16)$ 两点。$A$ 和 $B$ 点的绝对直角坐标的输入如图 1.17 所示。

2. 相对直角坐标输入

相对直角坐标是所要输入的点相对于前一点的坐标，而不是相对于坐标原点的坐标。相对直角坐标的表达形式为："$@x，y$"。

【例题 1-2】　$A$ 点的绝对直角坐标为 $(2，6)$，$B$ 点的相对直角坐标为 $(@16，9)$，则 $B$ 点的绝对直角坐标为多少？并绘出 $A$ 点和 $B$ 点。

操作提示：因为 $B$ 点相对 $A$ 点在 $x$ 方向向右偏移了 16 个单位，在 $y$ 方向向上偏移了 9 个单位，所以 $B$ 点的绝对直角坐标为 $B(18，15)$，可以分别用运用绝对直角坐标输入或相对直角坐标输入方法输入 $B$ 点。

方法一：绝对直角坐标输入 $A(2，6)$，$B(18，15)$。

方法二：绝对直角坐标输入 $A(2，6)$，相对直角坐标输入 $B(@16，9)$。

也即：用 $B(18，15)$ 和 $B(@16，9)$ 输入 $B$ 点在图形上显示结果是相同的。$A$ 点和 $B$ 点的输入如图 1.18 所示。

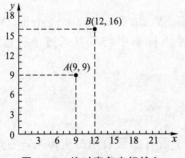

图 1.17　绝对直角坐标输入

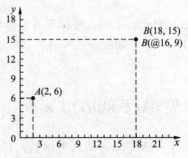

图 1.18　相对直角坐标输入

3. 绝对极坐标输入

极坐标为相对于原点用一个距离和一个角度来确定点的位置。绝对极坐标的表达形式为："距离＜角度"。距离表示绘制点到原点的距离；角度表示点到原点连线与 $x$ 轴的夹角。

**注意：**当角度为正值时，是逆时针旋转角度；当角度为负值时，是顺时针旋转角度。极坐标的表示方法如图 1.19 所示。

**【例题 1-3】** 输入 $A$ 点和 $B$ 点的坐标，两点的绝对极坐标分别为：$A(15<45)$ 和 $B(18<-60)$。

**操作提示：**$A$ 点和 $B$ 点都是绝对极坐标的输入，但 $A$ 点的角度为 $45°$，$B$ 点的角度为 $-60°$，$A$ 点和 $B$ 点的输入如图 1.20 所示。

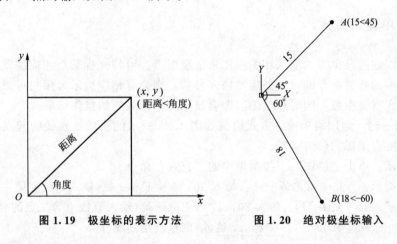

图 1.19　极坐标的表示方法　　　　　　图 1.20　绝对极坐标输入

4. 相对极坐标输入

相对极坐标输入同相对直角坐标输入类似，也是相对前一点在距离和角度上的位置变化。相对极坐标的表达形式为："@距离＜角度"。

## 1.5　AutoCAD 2014 命令和参数的输入方式

在绘图过程中，需要频繁输入相关命令和参数，因此 AutoCAD 2014 提供了多种命令和参数的输入方法。

### 1.5.1　键盘输入方式

用户可以直接通过键盘方式输入命令和参数。在键盘输入时，命令行会给出相应提示，用户根据命令参数提示完成相关输入即可，在绘图区会显示相关键盘命令操作后的操作结果。

**【例题 1-4】** 运用键盘输入方式绘制直线。直线的起点坐标为 $(10，8)$，直线的终点坐标为 $(20，17)$。

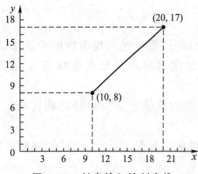

图 1.21　键盘输入绘制直线

**操作提示：**命令行输入"line"按 Enter 键，命令行提示。

　　**指定第一点：**<u>输入 10，8 按 Enter 键</u>(输入直线上第一点的坐标)

　　**指定下一点或［放弃 U］：**<u>输入 20，17 按 Enter 键</u>(输入直线上第二点的坐标)

　　**指定下一点或［放弃 U］：**<u>按 Enter 键</u>(结束直线绘制操作)

绘制的直线如图 1.21 所示。

**注意：**直线的绘制操作会在第 3 章讲解，绘制直线的命令是"line"。

## 1.5.2　菜单输入方式

　　用户可以通过菜单方式输入相关操作来绘制图形。可将光标移至相应的菜单项上，单击下拉菜单中的相关命令即可。如需要输入参数，则会有相应提示，用户可根据参数提示在命令行输入有关参数，同时在绘图区即会显示菜单输入后的操作结果。

　　**【例题 1-5】**　运用菜单输入方式绘制如图 1.21 所示的直线。直线的起点坐标为(10，8)，直线的终点坐标为(20，17)。

　　**操作提示：**单击"绘图"下拉菜单中的"直线"命令。

　　**命令行提示：**_ line 指定第一点：<u>输入 10，8 按 Enter 键</u>(输入直线上第一点的坐标)

　　指定下一点或［放弃 U］：<u>输入 20，17 按 Enter 键</u>(输入直线上第二点的坐标)

　　指定下一点或［放弃 U］：<u>按 Enter 键</u>(结束直线绘制操作)

## 1.5.3　工具按钮输入方式

　　用户可以通过工具按钮方式执行绘图操作。将光标移到某工具栏的相应工具按钮上，单击则可以执行该工具按钮所对应的操作命令。命令行提示如需输入参数，则给出参数输入提示，根据参数提示在命令行输入有关参数，即可完成该命令的输入操作，同时在绘图区会显示工具按钮输入后的操作结果。

　　**【例题 1-6】**　运用工具按钮输入方式绘制如图 1.21 所示的直线。直线的起点坐标为(10，8)，直线的终点坐标为(20，17)。

　　**操作提示：**单击"绘图"工具栏上的"直线"按钮。

　　**命令行提示：**_ line 指定第一点：<u>输入 10，8 按 Enter 键</u>(输入直线上第一点的坐标)

　　指定下一点或［放弃 U］：<u>输入 20，17 按 Enter 键</u>(输入直线上第二点的坐标)

　　指定下一点或［放弃 U］：<u>按 Enter 键</u>(结束直线绘制操作)

　　**说明：**观察键盘输入方式、菜单输入方式和工具按钮输入方式，三者在绘制同一直线时，仅在启动绘制直线命令时操作不同。当绘制直线命令启动后，三种方法绘制直线的操作和方法是完全相同的。

# 1.6 图形的显示和控制

对于尺寸比较庞大的复杂图形来说,由于显示器显示空间的局限性,在观察整幅图形时往往无法对其局部细节进行查看和操作,从而导致无法准确绘图。为了解决图形显示的问题,AutoCAD 2014 提供了视图缩放和视图平移等图形显示控制操作命令,可以任意放大、缩小或移动屏幕上显示的图形,或者同时从不同的角度、不同的部位来显示图形。

## 1.6.1 视图缩放

绘图时,所绘制的图形都在视窗中显示,通过视图缩放命令,可以改变图形实体在视窗中显示的大小,从而方便观察视窗中过大或过小的图形,或对图形进行准确绘制和捕捉等操作,但图形对象的实际尺寸在视图缩放过程中并不发生改变。

AutoCAD 2014 提供了"zoom"命令来进行视图缩放。进行视图缩放时,有以下三种常用的方法。

方法一:在"标准"工具栏上对应着三个缩放操作按钮,分别是:"实时缩放""窗口缩放"和"缩放上一个"操作按钮。单击任意一个按钮即可完成相应的视图缩放操作。

方法二:在命令行输入"zoom"并按回车键,可以启动视图缩放命令。

方法三:在"视图"下拉菜单中单击"缩放"下级选项,即可点开如图 1.22 所示的"缩放"子菜单。在此子菜单中可见,缩放的操作命令有:"实时""上一个""窗口""动态""比例""圆心""对象""放大""缩小""全部"和"范围"。

在土木工程 CAD 绘图中,"实时""窗口""动态""比例""全部"和"范围"几个缩放操作较常用,介绍如下。

(1)"实时"缩放——该选项是方便且常用的图形缩放操作,启动此缩放功能后,在屏幕上显示一个"放大镜"图标,按住鼠标左键上下拖动,可将当前窗口中的图形进行放大和缩小操作,或者滚动鼠标中间的滚轴也可实时缩放图形,使图形的缩放操作非常方便执行。

(2)"窗口"缩放——执行此操作时,系统依次提示"指定第一个角点""指定对角点",并根据用户输入的两点确定一个矩形区域,并在矩形区域中对图形进行放大,调整充满整个窗口。

(3)"动态"缩放——此选项先临时将图形全部显示出来,同时会自动生成一个可移动的并可调节大小的视图框,通过此视图框来选择图形中的某一部分进行放大。

(4)"范围"缩放——把整幅图形以尽可能大的比例显示在当前窗口中。

(5)"全部"缩放——在当前窗口中缩放显示整个图形。在二维视图中,所有图形将被缩放到栅格界限和当前图形范围两者中较大的区域内。

(6)"比例"缩放——以指定的比例因子缩放显示图形,且视图的中心点保持不变。选择此选项后,AutoCAD 2014 要求用户输入缩放比例倍数。输入倍数的方式有两种:一种是数字后加字母 X,表示相对于当前视图指定的比例缩放图形;一种是数字后加字母 XP,表示指定相对于图样空间单位的比例缩放图形。

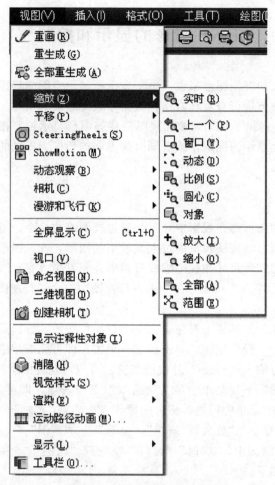

图 1.22　视图"缩放"子菜单

## 1.6.2　视图平移

　　当 AutoCAD 2014 绘制的图形在屏幕中不能完全显示时，可通过视图平移命令将屏幕外的部分图形显示在屏幕上。启动视图平移的操作方法有三种。

　　**方法一**：在"视图"下拉菜单中，选择"平移"下级菜单中的"实时"选项。

　　**注意**："实时"平移是最常用的视图平移操作。

　　**方法二**：单击如图 1.23 所示的"标准"工具栏上的"平移"工具按钮。

图 1.23　平移工具按钮

　　**方法三**：在命令行输入"PAN"并按 Enter 键。

　　**注意**：启动"视图平移"命令后，在屏幕上会出现手掌形状指针，此时可以通过拖动鼠标的方式移动整个图形，按 Esc 键或 Enter 键可以退出实时平移状态。

16

# 本 章 小 结

　　本章介绍了 AutoCAD 的发展及其应用，着重阐述了 AutoCAD 2014 的用户界面、文件管理、坐标系统、命令和参数的输入方式、图形的显示和控制等操作。

　　掌握本章内容，首先要熟悉 AutoCAD 2014 的用户界面，熟悉各功能块的作用，才能为掌握软件的使用打下良好的基础。重点掌握下拉菜单、命令行和工具栏的操作方法，会灵活使用坐标输入法绘图。

# 习　　题

## 一、选择题(单选或多选)

1. 在 AutoCAD 2014 中，坐标输入法常用的有(　　　)。
　　A. 绝对直角坐标输入　　　　　　　　　B. 相对直角坐标输入
　　C. 绝对极坐标输入　　　　　　　　　　D. 相对极坐标输入

2. 在 AutoCAD 2014 绘图区绘制一个点的方法有(　　　)。
　　A. 下拉菜单输入法　　　　　　　　　　B. 工具栏输入法
　　C. 命令行输入法　　　　　　　　　　　D. 仅 A 项和 B 项正确

3. 下面的工具栏按钮中，(　　　)是绘制多段线的工具按钮。

　　A. 　　　　　　　B. 　　　　　　　C. 　　　　　　　D.

## 二、思考题

1. AutoCAD 2014 是一款什么样的软件？

2. AutoCAD 2014 软件的界面如何？由哪些组成部分？

3. AutoCAD 2014 的坐标系统有哪些？

4. 怎样新建、保存和打开一个 AutoCAD 2014 图形文件？

5. 坐标输入有哪些方法？

6. 如何对 AutoCAD 2014 图形文件设置密码？

7. 视图缩放的方法有哪些？

8. 视图平移是什么意思？为什么要进行视图平移操作？

9. 如何启动"图层"工具栏？

## 三、绘图操作题

1. 分别用下拉菜单、命令行和工具栏按钮的方式绘制一条长为 120 的直线。

2. 分别用下拉菜单、命令行和工具栏按钮的方式绘制一个圆。

3. 分别用下拉菜单、命令行和工具栏按钮的方式绘制一个正五边形。

4. 新建一个 AutoCAD 2014 文件，在上面绘制一条直线和一个圆后，在桌面保存此 AutoCAD 2014 文件，并命名为 lianxi.dwg。再在 lianxi.dwg 上进一步绘制任意一个矩形，另存为 lianxi2.dwg。

5. 绘制任意一个圆，通过"视图"下拉菜单的"缩放"下级菜单中的"实时""上一个""窗口""动态""比例""圆心""对象""放大""缩小""全部"和"范围"等命令对圆进行相应的缩放操作。

6. 用绝对直角坐标法绘制一个矩形，矩形的第一个角点坐标为(60，60)，第二个角点为坐标为(300，320)。

7. 用绝对直角坐标配合相对直角坐标绘制一个矩形，矩形的第一个角点坐标为(60，60)，第二个角点坐标为(300，320)。操作要求：矩形第一个角点坐标用绝对直角坐标输入；矩形第二个角点坐标用相对直角坐标输入。

8. 绘制一个等边三角形，用绝对直角坐标法绘制等边三角形的第一点坐标(50，50)，第二点坐标(50，300)，用极坐标法绘制等边三角形的第三点坐标，并将三角形闭合，完成三角形的绘制。

9. 启动 AutoCAD 2014 软件，在绘图区绘制一个八边形，在电脑桌面将其保存为名为"figure. dwg"的 AutoCAD 2014 文件。将此文件中的图形复制到 Windows 剪贴板中，启动 word 文档，粘贴保存为 figure. doc 文件。注意：剪贴板是 Windows 提供的一个实用工具，可以方便地实现各应用程序间图形数据和文本数据的传递。操作提示：选择"编辑"下拉菜单中的"复制"或"带基点复制"命令即可。

# 第2章
# 绘图环境的设置

**教学目标**

本章是 AutoCAD 2014 的重点之一。设置合适的绘图环境,不仅可以简化大量的调整、修改工作,而且有利于统一格式,便于图形的管理和使用。本章介绍图形环境设置方面的知识,其中包括绘图界限、单位、栅格、捕捉、极轴追踪、图层、颜色、线型、线宽等使用方法。通过本章的学习,应达到以下目标。

(1) 掌握绘图界限的设置方法,养成绘制图形前首先设置绘图界限的好习惯。

(2) 在绘制图形的过程中,能熟练运用单位、颜色、线型、线宽、草图设置等功能。

(3) 重点掌握图层的设置方法及在实际绘图过程中的应用。

(4) 具有综合运用绘图环境和辅助绘图工具的能力。

**教学要求**

| 知识要点 | 能力要求 | 相关知识 |
|---|---|---|
| 图形界限和绘图单位的设置 | (1) 图形界限的设置<br>(2) 绘图单位的设置 | (1) 掌握绘图环境的概念与操作步骤<br>(2) 掌握建筑制图中常用参数设置<br>(3) 掌握查看绘图界限的设置情况的方法 |
| 辅助绘图工具 | (1) 掌握栅格设置<br>(2) 掌握网格捕捉设置<br>(3) 掌握正交模式设置<br>(4) 掌握对象捕捉<br>(5) 掌握对象追踪设置<br>(6) 掌握极轴追踪设置 | (1) 掌握栅格与图形界限的关系<br>(2) 掌握网格参数设置的含义<br>(3) 掌握正确使用正交模式<br>(4) 掌握对象捕捉的精度设置<br>(5) 掌握对象追踪设置各参数的含义<br>(6) 掌握极轴追踪的使用 |
| 图层管理 | (1) 掌握创建和命名图层设置<br>(2) 掌握设置图层线型设置<br>(3) 掌握设置图层线宽<br>(4) 掌握指定当前图层<br>(5) 掌握控制图层的可见性<br>(6) 掌握设置图层颜色 | (1) 掌握图层特性管理器<br>(2) 掌握加载线型与设置比例<br>(3) 掌握线宽的显示与隐藏<br>(4) 掌握设定当前图层<br>(5) 掌握锁定与解锁的方法<br>(6) 掌握常用颜色的选择 |

 **基本概念**

图形界限、绘图单位、栅格设置、网格捕捉、正交模式、对象捕捉、对象追踪和极轴追踪。

 **引例**

使用 AutoCAD 提供的"图层"工具可以将不同类型的图形对象进行分组，并用不同的特性加以识别，从而对各个对象进行有效的组织和管理，使各种图形信息更为清晰、有序。利用"图层"组织图形对象，不仅有利于图形的显示、编辑和输出，还提高了整个图形的表达能力和可读性。另外，在绘制图形时，可以通过系统提供的"捕捉""栅格""正交""对象捕捉"及"自动追踪"等辅助工具，保证光标定点的准确性，满足工程制图的要求。绘图前，用户应根据需要进行绘图环境的设置，并在绘图中灵活使用这些工具，以提高绘图的速度和精确性。

# 2.1　图形界限和绘图单位的设置

绘图环境是指影响绘图工作的诸多设置和选项，一般是在开始新的绘图工作之前就要配置好的。对绘图环境进行正确的设置，是保证准确、快速绘制图形的基本条件。要想提高自己的绘图速度和质量，必须有一个合理的、适合自己绘图习惯的参数配置。

## 2.1.1　图形界限的设置

图形界限是 AutoCAD 绘图空间中的一个假想的矩形绘图范围，相当于选择的图纸大小。图形界限确定了栅格和缩放的显示区域，当打开栅格时，栅格点显示在图形界限内。如果想让栅格显示在更大的图形界限内，可以先设置好图形界限。

设定合适的绘图界限，有利于确定图形绘制的大小、比例及图形之间的距离，有利于检查图形是否超出"图框"。在 AutoCAD 2014 中，设置图形界限主要是为图形确定一个图纸的边界。

工程图样一般采用 5 种比较固定的图纸规格，即 A0(1189mm×841mm)、A1(841mm×594mm)、A2(594mm×420mm)、A3(420mm×297mm)、A4(297mm×210mm)。利用 AutoCAD 2014 绘制工程图形时，通常是按照 1∶1 的比例进行绘图的，所以用户需要参照物体的实际尺寸来设置图形的界限。启用设置"图形界限"命令有两种方法。

方法一：打开"格式"菜单栏，选择"图形界限"命令。

方法二：在命令行执行"limits"命令调用"图形界限"命令。

(1) 以绘制 A3(420mm×297mm)图纸界限为例，启用设置"图形界限"命令后，命令行提示如下。

命令：_limits（键入并执行重新设置图形界限命令）

重新设置模型空间界限：（系统提示信息）

指定左下角点或［开(ON)/关(OFF)］<0.0000，0.0000>：提示输入左下角坐标，回车默认为(0，0)

指定右上角点<420.0000，2970.0000>：420，297(提示输入右上角坐标)

设置完成后，系统将以此值为边界来设定绘图界限。为了便于查看绘图界限的设置情况，可单击状态栏中的"栅格显示"图标，则设置好的绘图范围将以栅格形式显示在屏幕上，如图2.1所示。

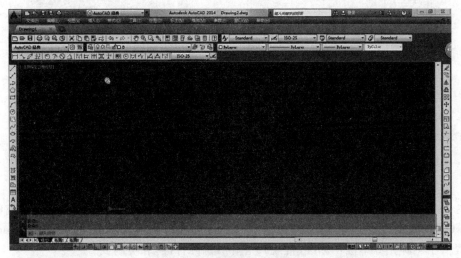

图2.1 栅格显示的绘图界限

(2)设置完成后，系统将以此值为边界来设定绘图界限。

**操作提示**：为了便于查看绘图界限的设置情况，可单击状态栏中的"栅格显示"图标，则绘图界限将以栅格形式显示在屏幕上。在操作过程中，如果图纸界限中显示的对象大小改变，可以与"zoom"命令配合使用。

在实际绘图中也可以不先设定绘图界限，尽管按照1∶1的比例绘图，等完成绘图后在布局中进行相应的比例设置即可。

## 2.1.2 绘图单位的设置

在开始绘图前，首先应设置坐标和距离需应用的格式、精度和行业约定等。只有基于统一的绘图单位的情况下，才能使所有创建对象准确，得到与实际物体和构件完全一致的图形，用来指导工程管理。

**操作提示**：用户可利用"应用程序菜单"中的实时搜索功能调用"单位"命令；或从菜单栏中执行"格式"→"单位"命令；或在命令行中输入"UNITS"，按Enter键，均可调出"图形单位"对话框，如图2.2所示。

对话框的左上角是"长度"选项区，可以设置绘图的长度单位和精度。"类型"用来设置测量单位的当前格式；"精度"用来设置线型测量值显示的小数位数或分数大小。

对话框的右上角是"角度"选项区，可以设置绘图的角度格式和精度。"类型"用来设置当前角度格式；"精度"用来设置当前角度显示的精度；"顺时针"，选中该复选框，表示以顺时针方向计算正的角度值,默认的正角度方向为逆时针方向。设置零角度的位置:要控制角度的方向,可单击对话框中的"方向"按钮,弹出"方向控制"子对话框,如图 2.3 所示。默认时 0°角的方向为正东方向,即为 X 轴正方向。

图 2.2 "图形单位"对话框

图 2.3 "方向控制"对话框

在"光源"选项区,可以选择光源单位的类型。AutoCAD 2014 的默认光源流程是基于国际(国际标准)光源单位的光度控制流程,此选项将产生真实准确的光源。AutoCAD 2014 提供了三种光源单位:标准(常规)、国际(国际标准)和美制。

## 2.2 辅助绘图工具

在绘图过程中,可以使用直角坐标和极坐标精确定位点,但有些点(如端点、中心点等)的坐标是不知道的,要想精确地指定这些点很难,有时甚至是不可能的。AutoCAD 2014 提供了辅助定位工具,使用这些工具,可以很容易地在屏幕上捕捉到点,从而进行准确绘图。

### 2.2.1 栅格

AutoCAD 2014 中的栅格是由一组规则的点组成的矩阵,一直延伸到图形界限的整个范围。虽然栅格在屏幕上可见,但它既不会打印到图形文件上,也不影响绘图位置。栅格只在绘图范围内显示,帮助辨别图形边界,安排对象以及对象之间的距离。可以按需要打开或关闭栅格,也可以随时改变栅格的尺寸。

**操作提示:**用户可从菜单栏中执行"工具"→"草图设置"命令;在命令行中输入"DSETTINGS",按 Enter 键,均可调出"草图设置"对话框,如图 2.4 所示。

当需要显示栅格时,可选择"启用栅格"复选框。在"栅格 X 轴间距"文本框中输入栅格点之间的水平距离,单位为毫米。如果使用相同的间距设置垂直和水平分布的栅格点,则按 Tab 键。否则,可在"栅格 Y 轴间距"文本框中输入栅格点之间的垂直距离,单位为毫米。

图 2.4 "草图设置"对话框

栅格也有一些特殊的应用，右键单击底部状态栏的"栅格"按钮，不仅可以设置栅格间距，还可以设置栅格角度，从而改变光标方向。此外，栅格还可以设置为等轴测捕捉模式，在这种模式下，可以直接模拟绘制三维模型的等轴测投影图。

通过栅格功能还可以看见自己的绘图在单位空间里面的大概形状比例。单击 F9 键启用栅格编辑后，光标所点的位置在一个设定的网格内。例如，设置栅格的 X 和 Y 间距为 10，那么光标就始终以一个 $10 \times 10$ 的方格进行移动，徒手画也就自动捕捉到 10 的倍数的点上。这个功能对大型项目的规划和已知空间内造型的比例和尺度有比较好的作用。如果只是绘制尺寸图，这个功能可以不开。（捕捉、栅格中的单位与系统单位保持一致。）

## 2.2.2 网格捕捉设置

捕捉是指 AutoCAD 生成隐含分布在屏幕上的栅格点，当鼠标移动时，这些栅格点就像有磁性一样能够捕捉光标，使光标精确落到栅格点上。可以利用栅格捕捉功能，使光标按指定的步距精确移动。

**操作提示：**

（1）单击状态栏上的"捕捉"按钮，该按钮按下表示启动捕捉功能，弹起则关闭该功能。

（2）按 F9 键。按 F9 键后，"捕捉"按钮会被按下或弹起。

在状态栏的"捕捉"按钮或者"栅格"按钮上单击鼠标右键，在弹出的快捷菜单中选择"设置"命令，或选择"工具"|"草图设置"命令，弹出"草图设置"对话框，当前显示的是"捕捉和栅格"选项卡。在该对话框中可以进行草图设置。

在"捕捉和栅格"选项卡中，选择"启用捕捉"复选框则可启动捕捉功能，用户也可以通过单击状态栏上的相应按钮来控制开启。在"捕捉间距"选项组和"栅格间距"选项组中，用户可以设置捕捉和栅格的距离。"捕捉间距"选项组中的"捕捉 X 轴间距"和"捕捉 Y 轴间距"文本框可以分别设置捕捉在 X 方向和 Y 方向的单位间距，"X 和 Y 间距相等"复选框可以设置 X 和 Y 方向的间距是否相等。

在"捕捉类型"选项组中，有"栅格捕捉"和"极轴捕捉"两种类型供用户选择。"栅格捕捉"模式中包含了"矩形捕捉"和"等轴测捕捉"两种样式，在二维图形绘制中，通常使用的是矩形捕捉。"极轴捕捉"模式是一种相对捕捉，也就是相对于上一点的捕捉。如果当前未执行绘图命令，光标就能够在图形中自由移动，不受任何限制。当执行某一种绘图命令后，光标就只能在特定的极轴角度上，并且定位在距离为间距的倍数的点上。系统默认模式为"栅格捕捉"中的"矩形捕捉"，这也是最常用的一种。

### 2.2.3　正交模式设置

在状态工具栏中，单击"正交"按钮，即可打开"正交"辅助工具，可以将光标限制在水平或垂直方向上移动，以便于精确地创建和修改对象。移动光标时，水平轴或垂直轴哪个离光标最近，拖引线将沿着该轴移动。在绘图和编辑过程中，可以随时打开或关闭"正交"。输入坐标或指定对象捕捉时将忽略"正交"。要临时打开或关闭"正交"，请按住临时替代键 Shift。使用临时替代键时，则无法使用直接距离输入方法。打开"正交"将自动关闭极轴追踪。

### 2.2.4　对象捕捉和对象追踪设置

所谓对象捕捉，就是利用已经绘制的图形上的几何特征点来捕捉定位新的点。使用对象捕捉可指定对象上的精确位置。例如，使用对象捕捉可以绘制到圆心或多段线中点的直线。不论何时提示输入点，都可以指定对象捕捉。默认情况下，当光标移到对象的对象捕捉位置时，将显示标记和工具栏提示。此功能称为自动捕捉（Auto Snap），它提供了视觉提示，指示哪些对象捕捉正在使用。如图 2.5 所示为捕捉直线中点。

可以通过以下方式打开对象捕捉功能。

（1）单击状态栏上的"对象捕捉"按钮打开和关闭对象捕捉。

（2）按 F3 键来打开和关闭对象捕捉。

在工具栏上的空白区域单击鼠标右键，在弹出的快捷菜单中选择"对象捕捉"命令，弹出如图 2.6 所示的"对象捕捉"工具栏。用户可以在工具栏中单击相应的按钮，以选择合适的对象捕捉模式。该工具栏默认是不显示的，该工具栏上的选项可以通过"草图设置"对话框进行设置。

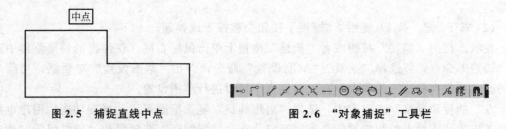

图 2.5　捕捉直线中点　　　　　　　　图 2.6　"对象捕捉"工具栏

右击状态栏上的"对象捕捉"按钮，在弹出的快捷菜单中选择"设置"命令，或在工具栏上依次选择"工具"|"草图设置"命令，弹出"草图设置"对话框，选择"对象捕捉"选项卡，如图 2.7 所示，在该对话框中可以设置相关的对象捕捉模式。"对象捕捉"选项

卡中的"启用对象捕捉"复选框用于控制对象捕捉功能的开启。当对象捕捉打开时，在"对象捕捉模式"选项组中选定的对象捕捉处于活动状态。"启用对象捕捉追踪"复选框用于控制对象捕捉追踪的开启。

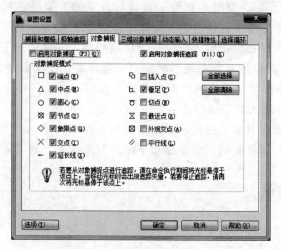

图 2.7 "对象捕捉"选项卡

在"对象捕捉模式"选项组中，提供了 13 种捕捉模式，不同捕捉模式的意义如下。

（1）端点：捕捉直线、圆弧、椭圆弧、多线、多段线线段的最近的端点，以及捕捉填充直线、图形或三维面域最近的封闭角点。

（2）中点：捕捉直线、圆弧、椭圆弧、多线、多段线线段、参照线、图形或样条曲线的中点。

（3）圆心：捕捉圆弧、圆、椭圆或椭圆弧的圆心。

（4）节点：捕捉点对象。

（5）象限点：捕捉圆、圆弧、椭圆或椭圆弧的象限点。象限点分别位于从圆或圆弧的圆心到 0°、90°、180°、270°圆上的点。象限点的零度方向是由当前坐标系的 0°方向确定的。

（6）交点：捕捉两个对象的交点，包括圆弧、圆、椭圆、椭圆弧、直线、多线、多段线、射线、样条曲线或参照线。

（7）延伸：在光标从一个对象的端点移出时，系统将显示并捕捉沿对象轨迹延伸出来的虚拟点。

（8）插入点：捕捉插入图形文件中的块、文本、属性及图形的插入点，即它们插入时的原点。

（9）垂足：捕捉直线、圆弧、圆、椭圆弧、多线、多段线、射线、图形、样条曲线或参照线上的一点，而该点与用户指定的上一点形成一条直线，此直线与用户当前选择的对象正交（垂直）。但该点不一定在对象上，而有可能在对象的延长线上。

（10）切点：捕捉圆弧、圆、椭圆或椭圆弧的切点。此切点与用户所指定的上一点形成一条直线，这条直线将与用户当前所选择的圆弧、圆、椭圆或椭圆弧相切。

（11）最近点：捕捉对象上最近的一点，一般是端点、垂足或交点。

（12）外观交点：捕捉 3D 空间中两个对象的视图交点（这两个对象实际上不一定相交，

但看上去相交)。在 2D 空间中,外观交点捕捉模式与交点捕捉模式是等效的。

(13)平行:绘制平行于另一对象的直线。首先是在指定了直线的第一点后,用光标选定一个对象(此时不用单击鼠标指定,AutoCAD 将自动帮助用户指定,并且可以选取多个对象),之后再移动光标,这时经过第一点且与选定的对象平行的方向上将出现一条参照线,这条参照线是可见的。在此方向上指定一点,那么该直线将平行于选定的对象。

在实际绘图时,可以在提示输入点时指定对象捕捉,一般通过下述方式进行。

(1)按住 Shift 键并单击鼠标右键以显示"对象捕捉"快捷菜单。

(2)单击"对象捕捉"菜单上的"对象捕捉"按钮。

(3)在命令提示下输入对象捕捉的名称。

在提示输入点时指定对象捕捉后,对象捕捉只对指定的下一点有效。仅当提示输入点时,对象捕捉才生效。如果尝试在命令提示下使用对象捕捉,将显示错误信息。

## 2.2.5 极轴追踪设置

使用极轴追踪,光标将按指定角度进行移动。单击状态栏上的"极轴"按钮或按 F10 键可打开极轴追踪功能。

创建或修改对象时,可以使用"极轴追踪"以显示由指定的极轴角度所定义的临时对齐路径。在三维视图中,极轴追踪额外提供上下方向的对齐路径。在这种情况下,工具栏提示会为该角度显示 +Z 或 −Z。极轴角与当前用户坐标系(UCS)的方向和图形中基准角度法则的设置相关。在"图形单位"对话框中设置角度基准方向。

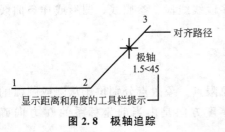

图 2.8　极轴追踪

使用"极轴追踪"沿对齐路径按指定距离进行捕捉。例如,在图 2.8 中绘制一条从点 1 到点 2 的两个单位的直线,然后绘制一条到点 3 的两个单位的直线,并与第一条直线成 45°角。如果打开了 45°极轴角增量,当光标跨过 0°或 45°角时,将显示对齐路径和工具栏提示。当光标从该角度移开时,对齐路径和工具栏提示消失。

光标移动时,如果接近极轴角,将显示对齐路径和工具栏提示。默认角度测量值为 90°。可以使用对齐路径和工具栏提示绘制对象。"极轴追踪"和"正交"模式不能同时打开。打开"极轴追踪"将关闭"正交"模式。

极轴追踪可以在"草图设置"对话框的"极轴追踪"选项卡中进行设置。在状态栏中右击"极轴"按钮,在弹出的快捷菜单中选择"设置"命令,弹出"草图设置"对话框,对话框显示"极轴追踪"选项卡,如图 2.9 所示,可以进行极轴追踪模式参数的设置,追踪线由相对于起点和端点的极轴角定义。

"极轴追踪"选项卡各选项含义如下。

(1)增量角:设置极轴角度增量的模数,在绘图过程中所追踪到的极轴角度将为此模数的倍数。

(2)附加角:在设置角度增量后,仍有一些角度不等于增量值的倍数。对于这些特定的角度值,用户可以单击"新建"按钮,添加新的角度,使追踪的极轴角度更加全面(最多只能添加 10 个附加角度)。

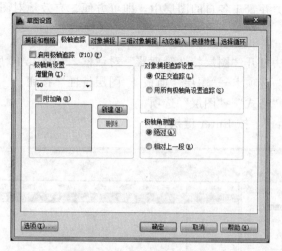

图 2.9 "极轴追踪"选项卡

（3）绝对：极轴角度绝对测量模式。选择此模式后，系统将以当前坐标系下的 X 轴为起始轴计算出所追踪到的角度。

（4）相对上一段：极轴角度相对测量模式。选择此模式后，系统将以上一个创建的对象为起始轴计算出所追踪到的相对于此对象的角度。

# 2.3 图 层 管 理

在 AutoCAD 中，图层就像透明的覆盖层，相当于绘图中使用的重叠图纸。用户可以分别在不同的透明图纸上绘制不同的对象，然后将这些透明图纸重叠起来，最终形成复杂的图形。图层是图形绘制中使用的重要组织工具。在 AutoCAD 中绘图，利用图层可以很好地组织不同类型的图形信息，并对整个图形进行综合控制。

在绘制复杂的平面图形时，一般要创建多个图层来组织图形，可以将类型相似的对象指定给同一图层以使其相关联。例如，用户可以将不同类型的图形对象、构造线、文字、标注和标题栏置于不同的图层上，而不是将整个图形均创建在"图层 0"上。这样，用户可以方便地控制各图层对象的颜色、线型、线宽、可见性等特性。

通过控制对象的显示或打印方式，可以降低图形的视觉复杂程度，并提高显示性能。例如，可以使用图层控制相似对象（如门窗或标注）的特性和可见性，也可以锁定图层，以防止意外选择和修改该图层上的对象。

## 2.3.1 创建和命名图层

### 1. 功能

在图形绘制过程中，用户可以为类型相近的一组对象创建和命名图层，并为这些图层指定通用特性。对于一个图形，可创建的图层数和在每个图层中创建的对象数都是没有限制的。只要将对象分类并置于各自的图层中，即可方便、有效地对图形进行编辑和管理。

**2. 命令调用**

可以通过以下方法打开"图层特性管理器"对话框，如图 2.10 所示。

依次选择"常用"选项卡→"图层"面板→"图层特性"按钮。

从菜单依次选择"格式"→"图层"选项。

命令行输入"layer"，按 Enter 键执行。

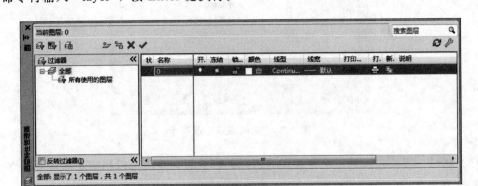

**图 2.10　"图层特性管理器"对话框**

**3. 操作示例**

要求新建一个图形文件并创建 4 个新图层，名称分别为轴线、墙体、门窗和标注。步骤如下：在"图层特性管理器"对话框中，单击"新建图层"按钮，图层列表中将自动添加名为"图层 1"的图层，所添加图层被选中状态即为高亮显示状态，如图 2.11 所示。

在"名称"列为新建的图层命名为"轴线"。图层名最多可包含 255 个字符，其中包括字母、数字和特殊字符，如人民币符号(¥)和连字符(−)等。

通过多次单击"新建图层"按钮，创建其余各图层，并以同样的方法为每个新建图层命名。设置完成后，关闭该对话框即可，如图 2.12 所示。

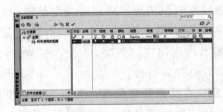

**图 2.11　新建图层**

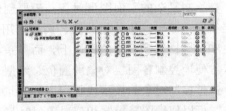

**图 2.12　创建和命名图层**

## 2.3.2　设置图层线型

**1. 功能**

线型是由虚线、点和空格组成的重复图案，显示为直线或曲线。用户可以通过图层将线型指定给对象。除选择线型外，还需将线型比例设置为控制虚线和空格的大小，用户也可以根据需要创建自定义线型。在绘图过程中要用到不同类型和样式的线型，每种线型在图形中所代表的含义也各不相同。默认状态下的线型为"Continuous"线型（实线型），因此需要根据实际情况修改线型，同时还可以设置线型比例以控制虚线和点画线等线型的显示。

从"图层特性管理器"对话框中单击"线型"下的"Continuous"按钮，弹出"选择线型"对话框，如图 2.13 所示。

在"选择线型"对话框中，单击"加载"按钮，弹出"加载或重载线型"对话框，如图 2.14 所示。

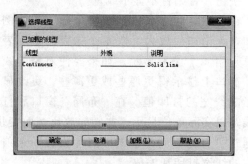

图 2.13 "选择线型"对话框

图 2.14 "加载或重载线型"对话框

在图 2.14 中可选择所需线型，然后单击"确定"按钮，回到"选择线型"对话框。单击"确定"按钮，即完成线型的设置。

选择"格式"菜单中的"线型"，将弹出"线型管理器"对话框，在其右下角的"全局比例因子"中，可输入线型的比例值，此比例值用于调整虚线和点画线的横线与空格的比例显示，一般设置为"0.2～0.5"。

说明：在建筑图绘制中，一般习惯将轴线图层设置为"点画线"，其他图层大多为"实线"。用户还可以用"对象特性"功能和 ltscale 命令设置线型比例因子。通过全局更改或分别更改每个对象的线型比例因子，能够以不同的比例使用同一种线型。默认情况下，全局线型和独立线型的比例均设置为 1.0。比例越小，每个绘图单位中生成的重复图案数越多。例如，将线型比例设置为 0.5 时，每个图形单位在线型定义中将显示两个重复图案。不能显示一个完整线型图案的短直线为连接线段。对于太短甚至不能显示一条虚线的直线，可以使用更小的线型比例。

## 2.3.3 设置图层线宽

### 1. 功能

在计算机上显示图样的时候，线型宽度有时显示得不太理想，这是线宽显示设置不合理的缘故。在 AutoCAD 2014 中提供了显示线宽的功能。用户可根据自己的需要选择线宽，设置完成后单击"确定"按钮，即可完成设置。

线宽是指定给图形对象以及某些类型的文字的宽度值。使用线宽，可以用粗线和细线清楚地表现出截面的剖切方式、标高的深度、尺寸线和刻度线，以及细节上的不同。

2. 操作示例

从"图层特性管理器"对话框中单击"线宽"下的"默认"按钮，弹出"线宽"对话框，如图 2.15 所示。

**图 2.15 "线宽"设置对话框**

用户可以根据需要选择相应的线宽选项，最后，单击"确定"按钮完成线宽设置。通过为不同的图层制订不同的线宽，用户可以轻松区分新建构造、现有构造和被破坏的构造。除非选择了状态栏上的"显示/隐藏线宽"按钮，否则将不显示线宽。

**注意**：在模型空间中显示的线宽不随缩放比例而变化。例如，无论如何放大，以 4 个像素的宽度表示的线宽值总是用 4 个像素显示。如果要使对象的线宽在"模型"窗口上显示得更厚些或更薄些，更改显示比例可不影响线宽的打印值。在"布局"窗口和打印预览时，线宽以实际单位显示，并随缩放比例而变化。用户可以通过"打印"对话框的"打印设置"选项卡控制图形中的线宽打印和缩放。

## 2.3.4 指定当前图层

1. 功能

在绘图时，所有对象都是在当前图层上创建的。当前图层可能是默认的"图层 0"或用户自己创建并命名的新图层。通过将不同图层指定为当前图层，用户可以从一个图层切换到另一图层进行图形的绘制。

2. 操作示例

在 AutoCAD 中，可通过多种方法将某一个图层指定为当前图层。

在功能区的"图层"面板中，选择图层控件下拉列表中的某一个图层，该图层即为当前图层，如图 2.16 所示。

在"图层特性管理器"对话框的图层列表中选择一个图层，然后单击"确定"按钮；或在图层名上双击；或在图层名上右击，从弹出的快捷菜单中执行"置为当前"命令，如图 2.17 所示。

如果将某个对象所在图层设定为当前图层，在绘图区域先选中该对象，然后在"图层"工具栏上单击"把对象的图层置为当前"按钮即可。也可以先单击"把对象的图层置位当前"按钮，然后再选择一个对象来改变当前图层。

**说明**：并不是所有图层都可以被指定为当前图层，被冻结的图层或依赖外部参照的图层不可以设定为当

**图 2.16 "图层"面板**

前图层。用户总是在当前图层上进行绘图，当前图层只能有一个。

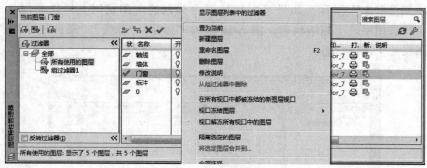

图 2.17　指定当前图层

### 2.3.5　控制图层的可见性

对图层进行关闭或冻结，可以隐藏该图层上的对象。关闭图层后，该图层上的图形将不能被显示或打印。冻结图层后，AutoCAD 不能在被冻结图层上显示、打印或重生成对象。打开已关闭的图层时，AutoCAD 将重画该图层上的对象。解冻已冻结的图层时，AutoCAD 将重生成图形并显示该图层上的对象。关闭而不冻结图层，可避免每次解冻图层时重新生成图形。

#### 1．打开或关闭图层

当某些图层需要频繁地切换它的可见性时，选择关闭该图层而不冻结。当再次打开已关闭的图层时，图层上的对象会自动重新显示。关闭图层可以使图层上的对象不可见，但在使用隐藏（Hide）命令时，这些对象仍会遮挡其他对象。

当要打开或关闭图层时，可在"图层"工具栏或"图层特性管理器"的图层控件中，单击要操作图层的"开/关图层"灯泡图标。当图标显示为黄色时，图层处于打开状态；否则，图层处于关闭状态，如图 2.18 所示的"轴线""标注""家具""门窗"和"墙体"五个图层都处于关闭状态。

图 2.18　打开或关闭图层

#### 2．冻结和解冻图层

在绘图中，对于一些长时间不必显示的图层，可将其冻结而非关闭。当要冻结或解冻图层时，在"图层"工具栏或"图层特性管理器"的图层控件中，单击要操作图层的"在所有视口中冻结解冻"图标。如果该图标显示为黄色的太阳状时，所选图层处于解冻状态；否则，所选图层处于冻结状态。图 2.19 中的"标注""轴线""家具""门窗"和"墙体"五个图层处于冻结状态。

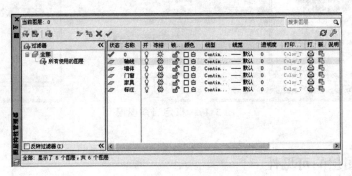

图 2.19　冻结和解冻图层

3. 锁定图层

在编辑对象的过程中，要编辑与特殊图层相关联的对象，同时对其他图层上的对象只想查看但不编辑。此时，就可以将不需要编辑的图层锁定。锁定图层时，它上面的对象均不会被修改，直到为该图层解锁为止。锁定图层可以降低意外修改该图层对象的可能性。对锁定图层上的对象仍然可以使用捕捉功能，而且可以执行不修改对象的其他操作。

在"图层工具栏"或"图层特性管理器"中，单击"锁定"图标，当"锁定"图标显示为打开状态时，表示该图层未被锁定。当"锁定"图标显示为锁定状态时，表示该图层处于锁定状态。图 2.20 中的"标注""轴线""家具""门窗"和"墙体"五个图层处于锁定状态。

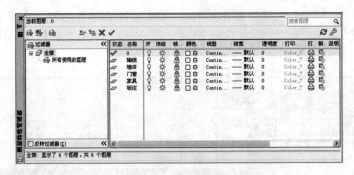

图 2.20　锁定图层

## 2.3.6　设置图层颜色

1. 功能

在 AutoCAD 中进行图形绘制，颜色可以帮助用户直观地将对象进行编组。用户可以随图层将颜色指定给对象，也可以单独执行此操作。随图层指定颜色可以使用户轻松识别图形中的每个图层。单独指定颜色会使同一图层的对象之间产生色彩差别。

2. 操作示例

从"图层特性管理器"对话框中单击"颜色"下相应图层的按钮，弹"选择颜色"对话框，如图 2.21 所示。

在"选择颜色"对话框中，用户可以选择使用"索引颜色（ACI）""真彩色""配色系统"三种类型的色彩系统。

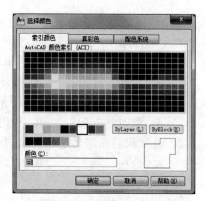

ACI 颜色是 AutoCAD 中使用的标准颜色。每种颜色均通过 ACI 编号（1～255 之间的整数）标示。标准颜色名称仅用于颜色 1～7。颜色制定如下：1 红、2 黄、3 绿、4 青、5 蓝、6 洋红、7 白/黑。

真彩色使用 24 位颜色定义显示 1600 多万种颜色。指定真彩色时，可以使用 RGB 或 HSL 颜色模式。通过"RGB"颜色模式，可以指定颜色的红、绿、蓝组合；通过 HSL 颜色模式，可以指定颜色的色调、饱和度和亮度要素。

图 2.21 "选择颜色"对话框

配色系统包括几个标准 Pantone 配色系统，也可以输入其他配色系统，如 DIC 色彩指南或 RAL 颜色集。输入用户定义的配色系统将进一步扩充可以使用的颜色选择。选择好所需颜色后，单击"确定"按钮即可完成图层颜色的设置，如图 2.22 所示。一般情况下，在建筑图的绘制中，习惯将"轴线"图层颜色设置为红色，将"墙体"图层颜色设置为白色，将"门窗"图层颜色设置为青色，将"家具"图层颜色设置为蓝色，将"标注"图层颜色设置为绿色。

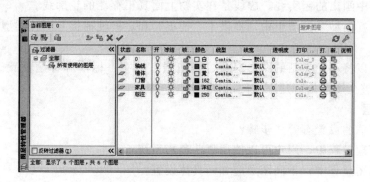

图 2.22 图层颜色设置

# 本 章 小 结

本章主要讲述了在 AutoCAD 2014 中进行图形界限和绘图单位的设置、辅助绘图工具和图层设置的方法。主要内容包括：图形环境设置方面的知识，其中包括绘图界限、单位、栅格、捕捉、极轴追踪、图层、颜色、线型、线宽等使用方法。

本章的重点和难点是图形界限和绘图单位的设置、精确的捕捉工具的使用，以及图层的设置和编辑。

# 习　题

**一、选择题**

1. 使用缩放功能能改变的只是图形的（　　　）。

　　A. 实际尺寸　　　　B. 显示比例　　　　C. 空间大小　　　　D. 现实单位

2. AutoCAD 默认时正角度测量按（　　　）。

　　A. 顺时针方向　　　B. 逆时针方向　　　C. 随机方向　　　　D. 鼠标指向

3. 通常我们在定义绘图环境时使用最多的是（　　　）对话框。

　　A. 选项　　　　　　B. 自定义　　　　　C. 环境设置　　　　D. 标准

**二、填空题**

1. 在 AutoCAD 2014 平台中，用鼠标点取左上角的"应用程序菜单"，并选择_____命令按钮，在弹出对话框中选择"显示"选项卡，单击"确定"按钮，弹出"图形窗口颜色"对话框。

2. 在菜单栏中依次单击"格式"→"_____"工具，在弹出的"图形单位"对话框中进行单位设置。

3. 在实际绘图中也可以不先设定绘图界限，尽管按照_____绘图，完成绘图后在布局中进行相应的比例设置即可。

**三、判断题**

1. 在制图中画出的粗实线，虚线是在实物上面真正存在的轮廓线。　　　　　　（　　）

2. 在"捕捉类型"选项组中，提供了"捕捉"和"极轴捕捉"两种类型供用户选择。

　　　　　　　　　　　　　　　　　　　　　　　　　　　　　　　　　（　　）

3. 用户可以将不同类型的图形对象、构造线、文字、标注和标题栏置于不同的图层上，而不是将整个图形均创建在"图层 0"上。　　　　　　　　　　　　　（　　）

**四、思考题**

1. 绘图环境的设置有哪些步骤？

2. 图层管理过程中，用户可以使用哪些色彩系统？

3. 建筑制图过程中，不同图层应如何具体设置？

**五、绘图操作题**

1. 按照下表设置图层名称、颜色、线型和线宽，并设定线型比例；设置 A3 图幅（横放），画出图框线。

| 图层名称 | 颜色 | 线型 | 线宽/mm |
| --- | --- | --- | --- |
| 粗实线 | 青 | Continuous 实线 | 0.35 |
| 细实线 | 黄 | Continuous 实线 | 0.15 |

（续）

| 图层名称 | 颜色 | 线型 | 线宽/mm |
|---|---|---|---|
| 虚线 | 红 | Hidden 隐藏线 | 0.15 |
| 点画线 | 绿 | Center 中心线 | 0.15 |
| 文字 | 白 | Continuous 实线 | 0.15 |
| 尺寸 | 品红 | Continuous 实线 | 0.15 |

2. 按照图 2.23 画出标题栏，按照尺寸画，不标尺寸。

3. 创建仿宋体——GB 2312，样式名为仿宋 4；取消大字体，高度设为 4，宽度比例设为 0.8，倾斜角度设为 15°。

4. 完成 1～3 各项后，以"班级-姓名-学号"命名保存下来。例如：建筑-姓名-学号，中间用减号（-）分开，学号取最后两位数。

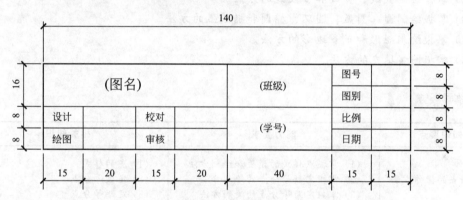

图 2.23　标题栏（按照尺寸画，不标尺寸）

# 第**3**章
# 二维图形的绘制

教学目标

主要介绍了运用 AutoCAD 2014 绘制二维图形的操作方法。通过本章的学习，应达到以下目标。

(1) 掌握绘制点、定数等分点和定距等分点的方法。

(2) 掌握绘制直线、多线和多段线的方法。

(3) 掌握绘制圆、圆弧、圆环、椭圆和椭圆弧的方法。

(4) 掌握绘制矩形和正多边形的方法。

(5) 掌握图案填充的方法。

教学要求

| 知识要点 | 能力要求 | 相关知识 |
| --- | --- | --- |
| 绘制点的操作方法 | (1) 掌握点样式的设置和绘制方法<br>(2) 掌握定数等分点的绘制方法<br>(3) 掌握定距等分点的绘制方法 | (1) 点的样式<br>(2) 定数等分点<br>(3) 定距等分点 |
| 绘制直线、多线和多段线的操作方法 | (1) 掌握直线的绘制方法<br>(2) 掌握多线的绘制方法<br>(3) 掌握多段线的绘制方法 | (1) 启动和绘制直线的方法<br>(2) 启动、定义和绘制多线的方法<br>(3) 启动和绘制多段线的方法 |
| 绘制圆、圆弧、圆环、椭圆和椭圆弧的操作方法 | (1) 掌握圆、圆弧和圆环的绘制方法<br>(2) 掌握椭圆和椭圆弧的绘制方法 | (1) 启动和绘制圆、圆弧、实心圆环和空心圆环的方法<br>(2) 启动和绘制椭圆和椭圆弧的方法 |
| 绘制矩形和正多边形的操作方法 | 掌握矩形和正多边形的绘制方法 | (1) 启动和绘制矩形的方法<br>(2) 启动和绘制正多边形的方法<br>(3) 倒角和倒圆角 |
| 图案填充的方法 | (1) 掌握图案填充的方法<br>(2) 掌握渐变色填充的方法 | (1) 图案填充和渐变色填充<br>(2) 孤岛和复杂图形的图案填充 |

**基本概念**

点、定数等分点、定距等分点、直线、多线、多线样式、多段线、圆、圆弧、实心圆环、空心圆环、椭圆、椭圆弧、矩形、正多边形、倒角、倒圆角、图案填充、渐变色填充。

---

 **引例**

　　土木工程图形均是二维图形，在运用 AutoCAD 2014 绘制土木工程图样时，熟练掌握基本二维图形的绘制方法是必不可少的一项绘图操作能力。AutoCAD 2014 提供了强大的多种二维图形的绘图工具，用户可以灵活选择合适的命令和操作方法完成二维图形的绘制。只有掌握了基本二维图形的绘制方法和技巧，才能高质量地绘制土木工程图。

---

　　AutoCAD 2014 具有强大的绘图功能，能够绘制体量庞大、结构复杂的建筑施工图。但任何复杂的图形都是由基本的图形元素构成的，这些基本图形元素包括点、直线、圆、圆弧、多边形等。所以，这些基本图元的绘制方法和技巧，对于土木工程 CAD 绘图是必不可少的绘图操作技能，本章就土木工程 CAD 绘图中常用的二维图形的绘制进行详细介绍。

# 3.1　绘　制　点

　　点对象是 AutoCAD 2014 中最简单的图形元素，在点的绘制过程中只需要输入点的坐标，即可完成点的绘制。

## 3.1.1　设置点的样式

　　在 AutoCAD 2014 中，可以提供多种点的样式供用户选择。用户在绘制点之前，应该对点的样式进行相关的设置。启动点样式设置的方法如下。

　　方法一：选择"格式"下拉菜单中的"点样式"命令。

　　方法二：在命令行输入"ddptype"命令。

　　上述方法启动"点样式"命令后，会打开如图 3.1 所示的"点样式"对话框。用户可以在对话框中选择自己需要的相应点样式。并且，可以在对话框中"点的大小"中设置点的大小。

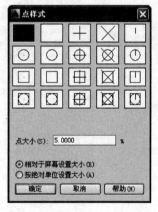

图 3.1　"点样式"对话框

## 3.1.2　启动绘制点命令

　　启动点绘制命令的方法如下。

　　方法一：在"绘图"下拉菜单中选择"点"命令。

　　方法二：在"绘图"工具栏上单击"点"按钮。

　　方法三：在命令行中输入"point"并按 Enter 键。

　　**注意**：在 AutoCAD 2014 中，在通过"绘图"下拉菜单绘制点时，提供了多种方法进行点的绘制操作，分别如下。

(1) 单点的绘制——每次启动"点"绘制命令只能绘制一个点。

(2) 多点的绘制——每次启动"点"绘制命令可以绘制多个点。

(3) 定数等分点的绘制——对选定的对象指定等分的段数，并用点在等分点处进行标注。

(4) 定距等分点的绘制——对选定的对象指定等分的距离，并用点在等距离处进行标注。

用户可以根据实际需要绘制点的特性和数量，选择相应的点的绘制操作。

**【例题 3 - 1】** 选择图 3.1"点样式对话框"中第二行第三列的点样式，绘制 A(20，20)、B(150，20)、C(150，40)、D(20，40)四个点。

**操作提示：**

(1) 选择"格式"下拉菜单中的"点样式"命令。

(2) 打开"点样式"对话框，并在对话框中用鼠标左键单击第二行第三列的点样式，单击"确定"按钮，选择点样式操作完成并关闭"点样式"对话框。

(3) 在"绘图"下拉菜单中选择"点"命令，启动点的绘制，选择"多点"绘制命令。命令行提示：

指定点：<u>输入 20，20 按 Enter 键</u>（输入 A 点坐标）

指定点：<u>输入 150，20 按 Enter 键</u>（输入 B 点坐标）

指定点：<u>输入 150，40 按 Enter 键</u>（输入 C 点坐标）

指定点：<u>输入 20，40 按 Enter 键</u>（输入 D 点坐标）

点绘制完成后，显示如图 3.2 所示。

图 3.2  例题 3 - 1 绘制的点

## 3.2  绘制定数等分点

绘制定数等分点的操作可以将所选择的对象按照指定的等分数量进行划分，并用点进行标注。

启动绘制定数等分点命令，操作方法如下。

方法一：选择"绘图"下拉菜单中的"点"命令，选择"定数等分"命令。

方法二：在命令行输入"divide"或"div"命令。

启动"定数等分"绘制点命令后，命令行提示如下。

选择要定数等分的对象：<u>在需要定数等分的图形对象上单击选择需要被定数等分的对象</u>

输入线段数目或［块(B)］：输入选择对象需等分的数量按 Enter 键

即完成了定数等分点的绘制。

## 3.3 绘制定距等分点

绘制定距等分点的操作可以将所选择的对象按照指定的距离进行划分，并用点进行标注。

启动绘制定距等分点命令，操作方法如下。

方法一：单击"绘图"下拉菜单中的"点"命令，选择"定距等分"命令。

方法二：在命令行输入"measure"或"me"命令。

启动"定距等分"绘制点命令后，命令行提示如下。

选择要定距等分的对象：在需要定距等分的图形对象上单击选择需要被定距等分的对象

输入线段长度或［块(B)］：输入选择对象需等分的长度按 Enter 键

即完成了定距等分点的绘制。

## 3.4 绘 制 直 线

土木工程 CAD 绘图时，更多的图元对象是直线类对象，准确绘制直线类对象是土木工程 CAD 绘图必须掌握的操作技能。

启动直线的操作如下。

方法一：选择"绘图"下拉菜单中的"直线"命令。

方法二：在"绘图"工具栏上单击"直线"按钮。

方法三：在命令行中输入"line"并按 Enter 键。

启动绘制直线命令后，命令行提示如下。

指定第一点：输入第一点的坐标按 Enter 键

指定下一点或［放弃(U)］：输入第二点的坐标并单击鼠标右键确认

即可完成一条直线的绘制。

【例题 3-2】 绘制一条直线，直线的起点坐标为(30，30)，直线的终点坐标为(80，90)。

**操作提示：**

(1) 在命令行输入：line 按 Enter 键

(2) 命令行提示如下。

指定第一点：输入 30，30 按 Enter 键(输入第一点的绝对坐标)

指定下一点或［放弃(U)］：输入 80，90 按 Enter 键(输入第二点的绝对坐标)

单击鼠标右键直接结束直线绘制操作。

【例题 3-3】 用直线命令绘制一个矩形。矩形的四个角点坐标分别为：(15，30)、(85，30)、(85，70)、(15，70)。

**操作提示：**

(1) 在命令行输入：line 按 Enter 键

（2）命令行提示如下。

指定第一点：<u>输入 15，30 按 Enter 键</u>（输入第一点的绝对坐标）

指定下一点或［放弃（U）］：<u>输入 85，30 按 Enter 键</u>（输入第二点的绝对坐标）

指定下一点或［闭合（C）/放弃（U）］：<u>输入 85，70 按 Enter 键</u>（输入第三点的绝对坐标）

指定下一点或［闭合（C）/放弃（U）］：<u>输入 15，70 按 Enter 键</u>（输入第四点的绝对坐标）

指定下一点或［闭合（C）/放弃（U）］：<u>输入 C 按 Enter 键</u>（在命令行键入"C"选择闭合选项，完成矩形的绘制）

# 3.5　绘　制　多　线

AutoCAD 2014 提供了多线的绘制功能。多线由一组平行线组成，用户可以定义多线为双线、三线、四线及多线对象。同时，用户也可以对多线中的直线设置不同的线型和颜色。在土木工程 CAD 绘图中，墙体线的绘制可以采用多线命令。在绘制墙体时，可以采用双线绘制墙线；也可以在墙线中绘制轴线，形成三线的墙线形式。在土木工程制图中，道路也可以采用多线命令绘制。

## 3.5.1　启动和绘制多线

启动多线绘制的操作方法如下。

方法一：选择"绘图"下拉菜单中的"多线"命令。

方法二：在命令行中输入"mline"按 Enter 键。

启动多线命令后，命令行提示如下。

当前设置：对正＝上，比例＝20.00，样式＝STANDARD（标识当前多线的对齐方式、缩放系数和样式）

指定起点或［正对（J）/比例（S）/样式（ST）］：<u>输入 J 或 S 或 ST 或按 Enter 键默认指定起点</u>（开始绘制多线）

说明：

（1）当输入 J 并按 Enter 键时，可以设置多线对齐方式，命令行提示。

输入对正类型［上（T）/无（Z）/下（B）］＜上＞：<u>输入 T 或 Z 或 B 按 Enter 键</u>

其中：

① 输入 T 时为上对齐，即设置顶线对齐方式，表示绘制多线时顶线随光标移动。

② 输入 Z 时，设置中线对齐方式，表示绘制多线时中线随光标移动。

③ 输入 B 时，设置底线对齐方式，表示绘制多线时底线随光标移动。

在图 3.3 中分别显示了顶线对齐、底线对齐和中线对齐示例。关注图 3.3 中十字光标在多线中的位置变化。

（2）当输入 S 并按 Enter 时，可以设置多线缩放系数，系统默认为 20.00。

（3）当输入 ST 并按 Enter，命令行提示如下。

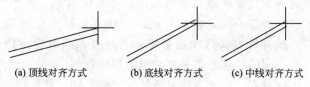

(a) 顶线对齐方式　　(b) 底线对齐方式　　(c) 中线对齐方式

**图 3.3　多线的对齐方式**

输入多线样式名或［?］：输入线型名或？

默认多线样式为 STANDARD，多线是相距为 1 的平行线。

当输入"?"时，列出多线样式的清单，供用户选择；默认多线样式为 STANDARD，多线是相距为 1 的平行线。

**【例题 3-4】**　运用多线命令的顶线对齐方式和底线对齐方式绘制由（200，200）、（600，200）、（600，300）、（200，300)所形成的的图形。

**操作提示：**

方法一：采用多线的顶线对齐方式绘图。

在命令行中输入"mline"并按 Enter，命令行提示如下。

指定起点或［对正(J)/比例(S)/样式(ST)］：输入 J 按 Enter 键(设置多线对齐方式)

输入对正类型［上(T)/无(Z)/下(B)］＜上＞：输入 T 按 Enter 键(选择顶线对齐方式)

指定起点或［对正(J)/比例(S)/样式(ST)］：输入 200，200 按 Enter 键(输入第一点)

指定下一点：输入 600，200 按 Enter 键(输入第二点)

指定下一点［放弃(U)］：输入 600，300 按 Enter 键(输入第三点)

指定下一点或［闭合(C)/放弃(U)］：输入 200，300 按 Enter 键(输入第四点)

指定下一点或［闭合(C)/放弃(U)］：输入 C 按 Enter 键(闭合多线，完成多线绘制)

方法二：采用多线的底线对齐方式绘图。

在命令行中输入"mline"并按 Enter，命令行提示如下。

指定起点或［对正(J)/比例(S)/样式(ST)］：输入 J 按 Enter 键(设置多线对齐方式)

输入对正类型［上(T)/无(Z)/下(B)］＜上＞：输入 B 按 Enter 键(选择底线对齐方式)

指定起点或［对正(J)/比例(S)/样式(ST)］：输入 200，200 按 Enter 键(输入第一点)

指定下一点：输入 600，200 按 Enter 键(输入第二点)

指定下一点［放弃(U)］：输入 600，300 按 Enter 键(输入第三点)

指定下一点或［闭合(C)/放弃(U)］：输入 200，300 按 Enter 键(输入第四点)

指定下一点或［闭合(C)/放弃(U)］：输入 C 按 Enter 键(闭合多线，完成多线绘制)

分别通过顶线对齐和底线对齐绘制的（200，200）、（600，200）、（600，300）、（200，300)所形成的图形如图 3.4 所示。

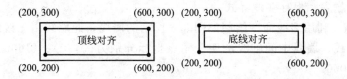

**图 3.4　运用顶线对齐和底线对齐方式绘制的图形**

注意：观察顶线对齐方式和底线对齐方式所绘图形的区别，图中为了便于大家识别，将(200，200)、(600，200)、(600，300)、(200，300)坐标对应的四点标注出来了。同时，注意绘制矩形时，顺时针方向依次绘制矩形各角点和逆时针方向依次绘制矩形各角点，最终的矩形大小是不同的，注意多思考和通过操作理解。

说明：由图3.4可以看到，由于多线对齐法方式的不同，所绘图形的大小也不同，这是因为在用顶线对齐方式和底线对齐方式分别绘制多线时，光标对应的部位不同的缘故。在顶线对齐和底线对齐中，坐标值标识的为黑点处的坐标。

## 3.5.2 定义多线样式

启动定义多线样式的操作方法如下。

方法一：在"格式"下拉菜单中单击"多线样式"。

方法二：在命令行输入"mlstyle"命令。

启动多线样式命令后，会弹出如图3.5所示的"多线样式"对话框。

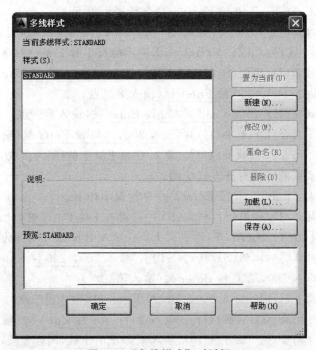

图3.5 "多线样式"对话框

在"多线样式"对话框中，可以将已有的"多线样式"置为当前，可以新建、加载、修改、重命名、删除和保存多线样式。

【例题3-5】 利用多线命令绘制如图3.6所示的墙线，此墙线由三线组成，中间为轴线，两侧各为墙线。墙线中间轴线的四个角点坐标分别为(0，0)、(16000，0)、(16000，12000)、(0，12000)。

操作提示：

步骤一：单击格式下拉菜单中的"多线样式"，打开"多线样式"对话框。

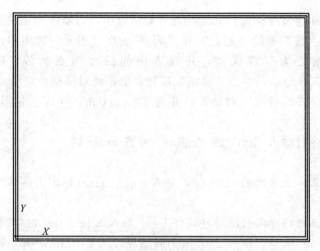

**图 3.6 用多线命令绘制的墙线**

步骤二：单击"新建"按钮，打开"创建新的多线样式"对话框（图 3.7），输入新样式名为"qiangxian"，单击"继续"按钮，打开"新建多线样式：qiangxian"对话框，如图 3.8 所示。

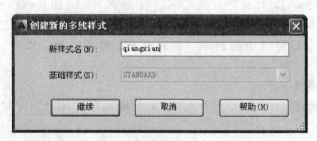

**图 3.7 定义多线样式名为"qiangxian"**

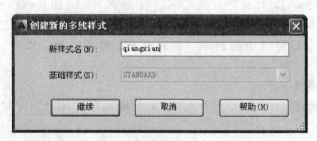

**图 3.8 设置多线参数**

步骤三：在"新建多线样式：qiangxian"对话框中，对墙线的相关参数进行设置。在此对话框中勾选"直线"项的"起点"和"端点"。在"图元"选项中，单击"添加"按钮，将双线线型变更为三线线型，并设置中间的线为点画线，线型为：ACAD_IS004W100，如图3.8所示，单击"确定"按钮并退出此对话框。

步骤四：回到"多线样式"对话框，并将"qiangxian"样式置为当前，单击"确定"按钮退出。

步骤五：在命令行输入"ml"或"mline"并按Enter键。

命令行提示如下。

当前设置：对正＝上，比例＝20.00，样式＝qiangxian（标识当前多线的对齐方式、缩放系数和样式）

指定起点或［正对(J)/比例(S)/样式(ST)］：输入S按Enter键（调整多线缩放比例）

输入多线比例＜1.00＞：输入240（因为砖墙厚度为240mm，所以调整多线缩放比例为240）

指定起点或［对正(J)/比例(S)/样式(ST)］：输入J按Enter键（设置多线对齐方式）

输入对正类型［上(T)/无(Z)/下(B)］＜上＞：输入Z按Enter键（设置多线对齐方式为中线对齐方式）

指定起点或［对正(J)/比例(S)/样式(ST)］：输入ST按Enter键（设置多线样式）

输入多线样式名或［?］：输入qiangxian按Enter键（设置多线样式为"qiangxian"多线样式，此时在命令行窗口中会显示"当前设置：对正＝无，比例＝240.00，样式＝QIANGXIAN"）

步骤六：绘制墙线。

指定起点或［对正(J)/比例(S)/样式(ST)］：输入0，0按Enter键（输入第一个角点的坐标）

指定下一点：输入16000，0按Enter键（输入第二个角点的坐标）

指定下一点或［闭合(C)/放弃(U)］：输入16000，12000按Enter键（输入第三个角点的坐标）

指定下一点或［闭合(C)/放弃(U)］：输入0，12000按Enter键（输入第四个角点的坐标）

指定下一点或［闭合(C)/放弃(U)］：输入C按Enter键（闭合图形）

即完成的墙线的绘制，如图3.6所示。

说明：

(1) 由于显示比例的缘故，图3.6中墙线中间的轴线显示为实线，只要将线型比例进行放大操作，中间的线型可见为点画线。下面对线型比例扩大30倍后，如图3.9所示，再观察图3.6和图3.9墙线图形的变化。说明：调整线型比例的命令为"ltscale"。

操作提示：

步骤一：在命令行输入"ltscale"并按Enter键。

步骤二：输入新线型比例因子＜默认值＞：输入30按Enter键（输入线型的比例因子为30，即将线型放大30倍）

对图3.6中的线型比例放大30倍，即得如图3.9所示的墙线图，其中轴线的点画线能清楚显示。

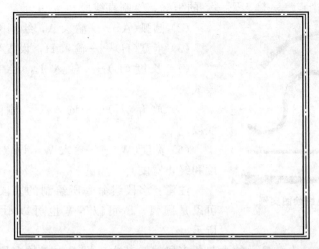

图 3.9　将图 3.6 的墙线图线型比例放大 30 倍后的显示效果

（2）注意此三线组成的多线中，由于选择的多线对齐方式为中线对齐，所以我们输入的四个角点的坐标是对应于轴线的四个角点。

（3）在运用 AutoCAD 2014 绘制墙线时，除了可以用"多线"命令绘制外，还可以用"偏移"命令绘制墙线，相对而言运用"偏移"命令绘制墙线比较容易操作和理解。例如：在"偏移"命令绘制墙线时，如果墙体厚度为 240mm，用 1∶1 比例绘图，首先绘制轴线，再将轴线分别向两侧各偏移 120，即可得到包含轴线的墙线，然后再对墙线进行相关的修剪操作，完善墙线。当然，在绘制墙线中的轴线时用的是点画线绘图，在偏移操作后得到墙线，需要对墙线的线型由点画线更改线型为实线，偏移操作绘制墙线的具体操作步骤可参考第 9 章建筑平面图的绘制。而"偏移"和"修剪"命令的具体操作可以参考第 6 章二维图形的修改。

# 3.6　绘制多段线

多段线又称为多义线。多段线是由不同宽度的直线和圆弧组成的连续线段。在多段线绘制中，可以编辑每条线段、设置各线段的宽度、对线段始末端设置不同的线宽、封闭和打断多段线等。

启动多段线的方法如下。

方法一：选择"绘图"下拉菜单中的"多段线"命令。

方法二：在"绘图"工具栏上单击"多段线"按钮。

方法三：在命令行中输入"pline"并按 Enter 键。

启动多段线命令后，命令行提示如下。

指定起点：输入起点坐标

指定下一个点或［圆弧（A）/半宽（H）/长度（L）/放弃（U）/宽度（W）］：输入 A 或 H 或 L 或 U 或 W

其中：

（1）指定下一个点——输入下一点的坐标，绘制直线段。

图 3.10　多段线绘图实例

（2）圆弧（A）——输入 A，绘制圆弧段。

（3）半宽（H）——输入 H，设置半宽度的数值。

（4）长度（L）——输入 L，绘制给定长度的多段线。

（5）放弃（U）——输入 U，删除前一次绘制的线段。

（6）宽度（W）——输入 W，设置线段宽度（起始宽度和终止宽度）。

**注意：** 多段线命令所绘制的多段线可以是直线也可以是圆弧，既可以等宽也可以不等宽。如图 3.10 所示。

**说明：** 在图 3.10 中，显示的为四条多段线。其中，标识为 1 的多段线是运用不等宽圆弧命令绘制的；标识为 2 的多段线是运用等宽圆弧命令绘制的；标识为 3 的多段线是运用等宽直线命令绘制的；标识为 4 的多段线是运用不等宽直线命令绘制的。

**【例题 3－6】** 绘制一个如图 3.11 所示的带箭杆的箭头，箭头长度为 300，箭杆自箭头起点全长 800。

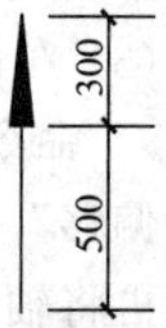

**操作提示：**

步骤一：单击"绘图"下拉菜单中的"多段线"命令，启动多段线绘图操作。

步骤二：启动多段线绘图操作后，命令行提示如下。

指定起点：在 AutoCAD 绘图区域空白处单击鼠标左键输入任意点或输入具体的点坐标按 Enter 键（确定输入起始点位置）

图 3.11　多段线绘制的箭头

步骤三：命令行提示如下。

指定下一个点或 ［圆弧（A）/半宽（H）/长度（L）/放弃（U）/宽度（W）］：输入 W 按 Enter 键（设定多段线的宽度，此处设定箭头起点和端点的宽度）

指定起点宽度＜0.0000＞：输入 0 按 Enter 键（指定多段线起点宽度为 0，即设定箭头的宽度为 0）

指定端点宽度＜0.0000＞：输入 90 按 Enter 键（指定多段线端点的宽度为 90，即设定箭尾的宽度为 90）

指定下一个点或 ［圆弧（A）/半宽（H）/长度（L）/放弃（U）/宽度（W）］：输入 L 按 Enter 键（设定多段线的长度，即设定箭头的长度）

指定直线的长度：输入 300 按 Enter 键（设定箭头的长度为 300，系统会沿鼠标指向方向完成箭头部分的绘制）

在命令行输入"pline"，重新启动多段线命令。

命令行提示如下。

指定起点：捕捉箭头的端点（确定箭杆的起始点）

指定下一个点或 ［圆弧（A）/半宽（H）/长度（L）/放弃（U）/宽度（W）］：输入 W 按 Enter 键（设定多段线的宽度，此时为设定箭杆的宽度）

指定起点宽度＜90.0000＞：输入 6 按 Enter 键（设定箭杆的起始宽度为 6）

指定端点宽度＜6.0000：＞：输入 6 按 Enter 键(设定箭杆的终点宽度为 6)

指定下一个点或［圆弧（A）/半宽（H）/长度（L）/放弃（U）/宽度（W）］：输入 L 按 Enter 键(设定箭杆的长度)

指定直线的长度：输入 800 按 Enter 键(设定箭杆的长度为 800，系统会沿鼠标指向完成箭杆部分的绘制)

至此完成了箭头的绘制。

**说明：**此带箭杆的箭头绘制中，箭头的绘制采用了变线宽的多段线绘制方法，箭杆的绘制采用了等线宽的多段线绘制方法。

# 3.7 绘 制 圆

启动绘制圆命令，操作方法如下。

方法一：选择"绘图"下拉菜单中的"圆"命令。

方法二：在"绘图"工具栏上单击"圆"按钮。

方法三：在命令行中输入"circle"按 Enter 键。

AutoCAD 2014 提供了 6 种绘制圆的方法，当采用菜单方式启动绘制圆命令时，会出现如图 3.12 所示的操作界面。

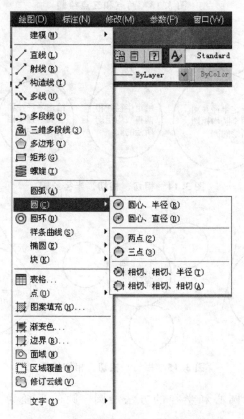

图 3.12 通过菜单方式启动绘制圆命令

由图 3.12 可见，圆的绘制方法如下。

方法一：圆心、半径(R)：指定圆心位置和半径尺寸绘圆，是最为常用的绘圆方法。

方法二：圆心、直径(D)：指定圆心位置和直径尺寸绘圆。

方法三：两点(2)：通过指定的两点绘圆，并且两点间距离即为圆的直径，如图 3.13(a)所示。

方法四：三点(3)：通过平面上不共线的任意三点绘制圆，如图 3.13(b)所示。

方法五：相切、相切、半径(T)：根据已知半径绘制与另两个圆(或一条直线和一个圆或者两条直线)相切的圆，如图 3.14 所示。

方法六：相切、相切、相切(A)：作与已有三个图形(可以是圆、圆弧或直线)公切的圆，如图 3.15 所示。

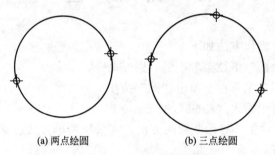

(a) 两点绘圆　　　　　　　(b) 三点绘圆

图 3.13　两点和三点绘圆

图 3.14　相切、相切、半径绘圆

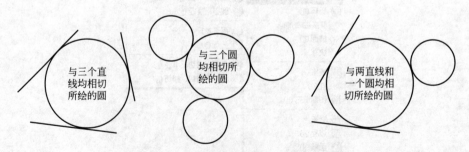

图 3.15　相切、相切、相切绘圆

【例题 3-7】　运用圆心和半径的方法绘圆。圆的半径为 200，圆心坐标为(300，400)。

**操作提示：**

步骤一：启动圆绘制命令。单击"绘图"下拉菜单中的"圆"命令的下级菜单"圆心、半径(R)"。

步骤二：命令行提示如下。

指定圆的圆心或 [三点(3P)/两点(2P)/切点、切点、半径(T)]：输入 300，400 按 Enter 键(输入圆心坐标 300，400)

指定圆的半径或 [直径(D)]：输入 200 按 Enter 键(默认状态为半径输入，直接输入圆的半径为 200)

即完成了所规定圆的绘制。

**【例题 3－8】** 运用圆心和直径的方法绘圆。圆的半径为 200，圆心坐标为(300，400)。

**操作提示：**

步骤一：启动圆绘制命令。单击"绘图"下拉菜单中的"圆"命令的下级菜单"圆心、直径(D)"。

步骤二：命令行提示如下。

指定圆的圆心或 [三点(3P)/两点(2P)/切点、切点、半径(T)]：输入 300，400 按 Enter 键(输入圆心坐标 300，400)

指定圆的半径或 [直径(D)]：_d 指定圆的直径：输入 400 按 Enter 键(输入圆的直径为 400)

即完成了所规定圆的绘制。

**说明：** 例题 3－7 和例题 3－8 所绘制的圆，虽然一个采用圆心和半径绘图方法，一个采用圆心和直径绘图方法，但绘制的圆的圆心坐标和圆的大小完全相同，在绘图过程中一个输入半径，一个输入直径，注意区分两种方法的不同。

# 3.8 绘 制 圆 弧

启动绘制圆弧命令，操作方法如下。

方法一：选择"绘图"下拉菜单中的"圆弧"命令。

方法二：在"绘图"工具栏上单击"圆弧"按钮。

方法三：在命令行中输入"arc"并按 Enter 键。

AutoCAD 2014 提供了 11 种绘制圆弧的方法，当采用菜单方式启动绘制圆弧命令时，会出现如图 3.16 所示的操作界面。

由图 3.16 可见，圆弧的绘制方法如下。

方法一：三点(P)：通过三点绘制圆弧，其中第一点为圆弧上的起点，第二点为圆弧上的点，第三点为圆弧的端点。

方法二：起点、圆心、端点(S)：通过圆弧的起点、圆心和端点来绘制圆弧。注意：所给出的端点不一定是圆弧端点，而只是指定圆弧结束的角度。

方法三：起点、圆心、角度(T)：通过指定的圆弧起点、圆心和圆心角来绘制圆弧。注意：所给的圆心角如为正值，将按逆时针方向绘制圆弧；所给的圆心角如为负值，将按顺时针方向绘制圆弧。

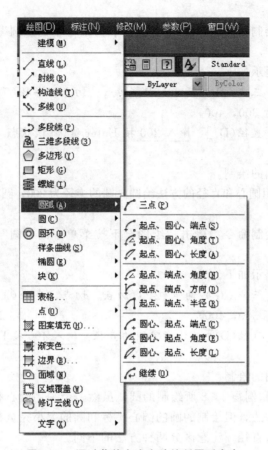

**图 3.16　通过菜单方式启动绘制圆弧命令**

方法四：起点、圆心、长度（A）：通过指定的圆弧起点、圆心和圆弧对应的弦长来绘制圆弧。系统总是按照逆时针方向绘制圆弧，所给弦长为正值，圆弧所对圆心角小于$180°$；所给弦长为负值，圆弧所对圆心角大于$180°$。

方法五：起点、端点、角度（N）：通过指定的圆弧的起点、端点和圆心角来绘制圆弧。

方法六：起点、端点、方向（D）：通过指定的圆弧的起点、端点和起点的切线方向来绘制圆弧。

方法七：起点、端点、半径（R）：通过指定的圆弧的起点、端点和圆弧半径来绘制圆弧。注意：系统将按逆时针方向作圆弧，所给半径为正值，圆弧所对圆心角小于$180°$；所给半径为负值，圆弧所对圆心角大于$180°$。

方法八：圆心、起点、端点（C）：首先指定圆弧圆心，再给出圆弧的起点和端点。

方法九：圆心、起点、角度（E）：首先指定圆弧圆心，再给出圆弧的起点和圆弧所对应的圆心角。

方法十：圆心、起点、长度（L）：首先指定圆弧圆心，再给出圆弧的起点和圆弧所对应的弦长。

方法十一：继续（O）：在"arc"命令启动后，以空回车响应提示，系统将按照最近一次画出的直线或圆弧终点为新圆弧起点，并以其终点的切线方向作为新圆弧的起始方向，给出圆弧终点后即可作出圆弧。

**说明：**在圆弧绘制过程中，因为绘制方法较多，与选择的起点、端点、圆心、圆心角、圆心角的正负等参量有关，圆弧的绘制有时比较繁琐。绘制圆弧时，可以通过绘制一个圆和过圆心或圆弧起点、端点的辅助直线，再运用"修剪"命令生成圆弧，可以使圆弧绘制较便捷。"修剪"命令将在第 6 章二维图形的修改中讲解。

# 3.9 绘制圆环

AutoCAD 2014 可以绘制圆环或实心圆。

系统变量"fill"可以控制是否填充圆环。当"fill"处于"on"状态时，圆环将被填充；当"fill"处于"off"状态时，圆环将不被填充，圆环是否填充效果如表 3-1 所示。

表 3-1　圆环填充类型

| 是否填充<br>圆环或实心圆 | 填　充 | 不填充 |
|---|---|---|
| 圆环(内径不为 0) | | |
| 实心圆(内径为 0) | | |

## 3.9.1 圆环填充设定

在绘制圆环前，根据要求先设定"fill"的"on"或"off"，再进行圆环的绘制。

在命令行输入"fill"并按 Enter 键。

命令行提示：输入模式 ［开(ON)/关(OFF)］＜默认值＞：输入 on 按 Enter 键(圆环填充开关打开。若在此输入"off"，即圆环填充开关关闭，不会对圆环进行填充)

## 3.9.2 启动圆环绘制的方法

方法一：选择"绘图"下拉菜单中的"圆环"命令。

方法二：在命令行中输入"donut"并按 Enter 键。

启动圆环绘制命令后，命令行提示如下。

指定圆环的内径＜默认值＞：输入圆环的内径

指定圆环的外径＜默认值＞：输入圆环的外径

指定圆环的中心或＜退出＞：输入圆环的圆心或按 Enter 键

即可完成圆环的绘制。

## 3.10　绘 制 椭 圆

启动椭圆绘制的方法如下。

方法一：单击"绘图"下拉菜单中的"椭圆"命令。

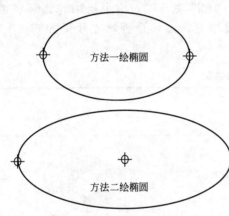

图 3.17　绘制椭圆的两种方法

方法二：单击"绘图"工具按钮中的"椭圆"命令。

方法三：在命令行中输入"ellipse"并按 Enter 键。

AutoCAD 2014 中绘制椭圆的方法主要有两种。

方法一：指定一根轴的两个端点和另一根轴的半轴长度绘制椭圆。

方法二：指定椭圆中心、一根轴的一个端点和另一根轴的半轴长度绘制椭圆。两种方法绘制的椭圆如图 3.17 所示，为了便于理解，椭圆轴的端点和椭圆中心用点进行标识。

## 3.11　绘 制 椭 圆 弧

AutoCAD 2014 中绘制椭圆弧的方法是先绘制一个完整的椭圆，再通过指定起始角和终止角或指定起始角及椭圆弧包含角来确定椭圆弧的长度。

启动椭圆弧绘制的方法如下。

方法一：选择"绘图"下拉菜单中的"椭圆弧"命令。

方法二：选择"绘图"工具按钮中的"椭圆弧"命令。

方法三：在命令行中输入"ellipse"按 Enter 键。

【例题 3-9】　绘制如图 3.18 所示的椭圆弧。

操作提示：

在命令行输入"ellipse"并按 Enter 键。命令行提示如下。

指定椭圆弧的轴端点或 ［圆弧（A）/中心点（C）］：输入 A 按 Enter 键（选择绘制椭圆弧）

指定椭圆弧的轴端点或 ［中心点（C）］：输入 200，

图 3.18　椭圆弧的绘制

350 按 Enter 键(指定椭圆的一个轴的端点)

指定轴的另一个端点：输入 600，350 按 Enter 键(指定椭圆的另一个轴的端点)

指定另一条半轴长度或 [旋转(R)]：输入 150 按 Enter 键(指定另一半轴长度)

指定起始角度或 [参数(P)]：输入 60 按 Enter 键(指定起始角度)

指定终止角度或 [参数(P)]：输入 220 按 Enter 键(指定终止角度)

**说明**：在椭圆弧实际绘制过程中，椭圆弧的起始角度、终止角度及包含角度不易确定，可以先绘制出椭圆及与之相交的直线或曲线段，再通过对椭圆的修剪生成椭圆弧，修剪命令详见第 6 章。

# 3.12 绘 制 矩 形

AutoCAD 2014 可以很方便地绘制矩形。

启动绘制矩形命令操作如下。

方法一：选择"绘图"下拉菜单中的"矩形"命令。

方法二：选择"绘图"工具按钮中的"矩形"命令。

方法三：在命令行中输入"rectang"按 Enter 键。

启动矩形绘制命令后，命令行显示如下。

指定第一个角点或 [倒角(C)标高(E)圆角(F)厚度(T)宽度(W)]：输入 C 或 E 或 F 或 T 或 W

其中：

(1) 倒角(C)——设置倒直角距离。说明：倒角的具体操作详见第 6 章。

(2) 标高(E)——设置构造平面的高度。即设置矩形相对于 $XOY$ 平面的高度值，当此选项不为零时，则可绘制一个平行于 $XOY$ 平面的矩形，适用于三维绘图。

(3) 圆角(F)——设置倒圆角半径。说明：倒圆角的具体操作详见第 6 章。

(4) 厚度(T)——设置矩形的厚度。指定矩形的厚度时，可以绘制一个四棱柱体，适用于三维绘图。

(5) 宽度(W)——设置线型宽度。

**【例题 3-10】** 分别绘制如图 3.19 和图 3.20 所示的带倒角和带倒圆角的矩形。分别设置不同的线型宽度，绘制如图 3.21 和图 3.22 所示的矩形。

**说明**：在圆环绘制时，设置圆环是否填充的系统变量"fill"同样适用于矩形线宽的填充。图 3.21 为 fill 设置为 off 状态；图 3.22 为 fill 设置为 on 状态。

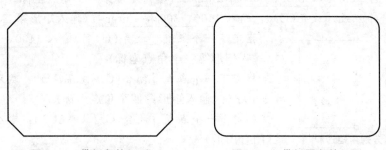

图 3.19 带倒角的矩形　　　　　图 3.20 带倒圆角的矩形

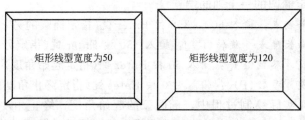

图 3.21　绘制不同线型宽度的矩形(fill 状态为 off)

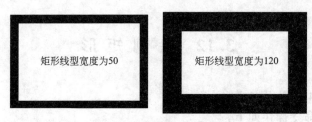

图 3.22　绘制不同线型宽度的矩形(fill 状态为 on)

【例题 3－11】　(1)运用矩形命令绘制一矩形，矩形四个角点坐标(200，300)、(600，300)、(600，900)、(200，900)。(2)运用直线命令绘制矩形，矩形四个角点坐标(1000，300)、(1400，300)、(1400，900)、(1000，900)。(3)思考分别运用直线命令和矩形命令绘制矩形操作上的不同？尝试选择两种方法绘制的矩形，观察选择过程中两个矩形有什么不同？

操作提示：

(1) 运用矩形命令绘制矩形。

命令行输入：rectang 按 Enter 键，命令行提示如下。

指定第一个角点或 ［倒角（C）/标高（E）/圆角（F）/厚度（T）/宽度（W）］：输入 200，300 按 Enter 键(输入第一个角点坐标)

指定另一个角点或 ［面积（A）/尺寸（D）/旋转（R）］：输入 600，900 按 Enter 键(输入第二个角点坐标)

完成用矩形命令进行矩形的绘制，如图 3.23 所示。

(2) 运用直线命令绘制矩形。

命令行输入：line 按 Enter 键

命令行提示如下。

指定第一个点：输入 1000，300 按 Enter 键(输入矩形第一个角点坐标)

指定下一个点或 ［放弃（U）］：输入 1400，300 按 Enter 键(输入矩形第二个角点坐标)

指定下一个点或 ［放弃（U）］：输入 1400，900 按 Enter 键(输入矩形第三个角点坐标)

指定下一个点或 ［闭合（C）/放弃（U）］：输入 1000，900 按 Enter 键(输入矩形第四个角点坐标)

指定下一个点或 ［闭合（C）/放弃（U）］：输入 C 按 Enter 键(闭合图形)

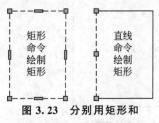

图 3.23　分别用矩形和直线命令绘制矩形

完成用直线命令进行矩形的绘制，如图 3.23 所示。

（3）观察 3.23 中的两个矩形，左边的矩形是用矩形命令绘制的，右边的矩形是用直线命令绘制的。分别用鼠标左键单击两个矩形的左铅垂边，观察夹点的显示。在左边矩形中，夹点会在整个矩形的四边突显；在右边的矩形中，仅左铅垂边一个边被选中。也即是，矩形命令绘制的矩形整个图形是一个图元。而直线命令绘制的矩形，每个边是独立的，每边均各自为一个图元，若要选择直线命令绘制的矩形，需要分四次依次选择此矩形的四个边。

## 3.13　绘制正多边形

AutoCAD 2014 可以绘制 3 到 1024 条边的正多边形。

启动绘制正多边形的方法如下。

方法一：选择"绘图"下拉菜单中的"多边形"命令。

方法二：选择"绘图"工具按钮中的"多边形"命令。

方法三：在命令行中输入"polygon"并按 Enter 键。

启动多边形绘制命令后，有三种常用方法绘制正多边形。

方法一：根据多边形边数以及一边的两个端点绘制正多边形。

命令行输入：polygon 按 Enter 键

命令行提示如下。

输入侧面数＜默认值＞：输入边数按 Enter 键（绘制几边形就输入数字几）

指定正多边形的中心点或 ［边(E)］：输入 E 按 Enter 键（以多边形一边的两个端点方式绘制多边形）

指定边的第一个端点：输入正多边形指定边的第一个端点坐标按 Enter 键（第一个端点坐标的输入可以用绝对坐标方式输入，也可以在绘图区任意位置单击鼠标左键输入）

指定边的第二个端点：输入正多边形指定边的第二个端点坐标按 Enter 键（第二个端点坐标的输入可以用绝对坐标，也可以用相对坐标方式输入）

说明：此方法绘制正多边形，从第一个端点到第二个端点，沿逆时针方向绘制多边形。

方法二：根据多边形边数和内切圆半径绘制正多边形。

命令行输入：polygon 按 Enter 键

命令行提示如下。

输入侧面数＜默认值＞：输入边数按 Enter 键（绘制几边形就输入数字几）

指定正多边形的中心点或 ［边(E)］：输入正多边形中心点坐标按 Enter 键

输入选项 ［内接于圆(I)/外切于圆(C)］ ＜I＞：输入 I 按 Enter 键（选择内接于圆的绘图方式）

指定圆的半径：输入半径大小按 Enter 键

方法三：根据多边形边数和外接圆半径绘制正多边形。

命令行输入：polygon 按 Enter 键

命令行提示如下。

输入侧面数＜默认值＞：输入边数按 Enter 键（绘制几边形就输入数字几）

指定正多边形的中心点或 ［边（E）］：指定正多边形的中心点

输入选项 ［内接于圆（I）/外切于圆（C）］＜I＞：输入 C 按 Enter 键（选择外切于圆的绘图方式）

指定圆的半径：输入半径大小按 Enter 键

**【例题 3 - 12】** 先绘制圆心坐标为（300，300），直径为 500 的圆；再分别用内接于圆和外切于圆两种方法绘制正六边形。

**操作提示：**

步骤一：绘制圆。

命令行输入：circle 按 Enter 键

命令行提示如下。

指定圆的圆心或 ［三点（3P）/两点（2P）/切点、切点、半径（T）］：输入 300，300 按 Enter 键（输入圆心坐标）

指定圆的半径或 ［直径（D）］＜默认值＞：输入 250 按 Enter 键（指定圆的半径 250）

步骤二：用内接于圆的方法绘制正六边形。

命令行输入：输入 polygon 按 Enter 键

命令行提示如下。

输入侧面数＜默认值＞：输入 6 按 Enter 键（绘制正六边形，所以输入数字 6）

指定正多边形的中心点或 ［边（E）］：输入 300，300 按 Enter 键（正多边形的中心和圆的中心重合）

输入选项 ［内接于圆（I）/外切于圆（C）］＜I＞：输入 I 按 Enter 键（选择内接于圆的绘图方式）

指定圆的半径：用鼠标捕捉圆边界上的点，单击鼠标左键确认

完成了用内接于圆的绘图方式绘制正六边形的操作，如图 3.24 所示。

步骤三：用外切于圆的方法绘制正六边形。

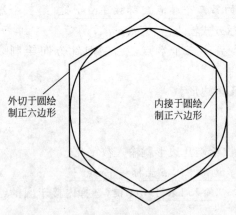

命令行输入：输入 polygon 按 Enter 键

命令行提示如下。

输入侧面数＜默认值＞：输入 6 按 Enter 键（绘制正六边形，所以输入数字 6）

指定正多边形的中心点或 ［边（E）］：输入 300，300 按 Enter 键（正多边形的中心和圆的中心重合）

输入选项 ［内接于圆（I）/外切于圆（C）］＜I＞：输入 C 按 Enter 键（选择外切于圆的绘图方式）

指定圆的半径：用鼠标捕捉圆边界上的点，单击鼠标左键确认

完成了用外切于圆的绘图方法绘制正六边形的操作，如图 3.24 所示。

外切于圆绘制正六边形

内接于圆绘制正六边形

**图 3.24 分别用内接于圆和外切于圆的方式绘制正六边形**

**说明：**此处绘制一个圆，再针对此圆分别采用外切于圆和内接于圆的方式绘制正六边形，是为了加深大家对多边形绘制方法的理解。

# 3.14 图案和渐变色的填充

图案填充或渐变填充是将指定的图案或渐变色填入指定区域。在土木工程 CAD 绘图中，经常需要对图形区域进行相关图案的填充，以表示物体的材质和相关特性。例如砖墙、混凝土材料和土壤等都有特定的图例，将相对应的图案填充到图形区域，即将材料的特性赋予给了图形。

在 AutoCAD 2014 中，提供了丰富的几何图案和多种类型的渐变图案，用户可以很方便地完成图案填充操作。

### 1. 基本概念

#### 1) 填充边界

在进行图案和渐变填充时，首先要确定封闭的填充边界。填充边界是由直线、射线、多段线、样条曲线、圆、圆弧、椭圆、椭圆弧和面域等对象或用这些对象定义的块确定的封闭边界。边界对象必须与当前的 UCS 的 $XY$ 平面平行，且在绘图区域可见。

#### 2) 填充图案

AutoCAD 2014 可以提供普通填充图案和渐变填充图案。在 AutoCAD 2014 中预定义或用户自定义了普通填充图案，这些图案是表达一定意义的图形，可以作为普通填充图案。同时，在 AutoCAD 2014 中也预定义了使用单色或双色通过平滑转换来表现色彩逐渐变化的色块作为渐变填充图案。

#### 3) 孤岛

在图案填充时，将填充区域内的封闭区域称为孤岛。用"bhatch"命令填充图案时，可以通过点取方式自动识别填充边界和填充区域内的孤岛，也可手工选取填充边界和填充区域内的孤岛。

### 2. 启动图案填充的方法

方法一：选择"绘图"下拉菜单中的"图案填充"命令。
方法二：选择"绘图"工具按钮中的"图案填充"命令。
方法三：在命令行中输入"bhatch"或者输入"hatch"并按 Enter 键。
启动图案填充命令后，会弹出"图案填充和渐变色"对话框，如图 3.25 所示。

### 3. "图案填充和渐变色"对话框中相关选项含义

在"图案填充和渐变色"对话框的"图案填充"选项卡中，相关选项的含义如下。

(1)"类型和图案"选项中，可以进行填充图案类型(预定义、用户定义和自定义)、填充图案、填充图案颜色的选择，并在"样例"中显示填充图案的整体效果。

单击"图案填充和渐变色"对话框中"图案填充"选项卡的"图案"右边的按钮时，会弹出"填充图案选项板"对话框，如图 3.26 所示。在"填充图案选项板"中有"ANSI""ISO""其他预定义"和"自定义"四个选项卡，可在适合的选项卡中选择所需要的图案进行填充。

图 3.25 "图案填充和渐变色"对话框

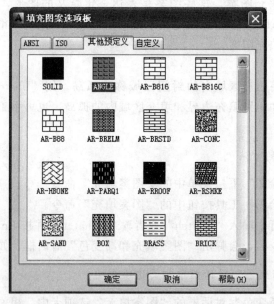

图 3.26 图案填充选项板

（2）"角度和比例"选项中，可以设置填充图案的旋转角度和缩放比例。如图 3.27（a）所示，左边图形的砖墙填充图案比例为 1，因比例过小，图案填充后效果识别度不高。在"图案填充和渐变色"的"角度和比例"选项中，将"比例"调整为 10，则填充效果显示如图 3.27（b）所示，此时图案填充后效果较好。对于图案比例的选择，有时不确定多大比例合适时，可能会存在多次调整比例的情形，直到效果最佳为止。

填充图案比例比为1　　　　　填充图案比例比为10

**图 3.27　填充图案比例的设置**

（3）"图案填充原点"选项中，可以设置生成填充图案时的起始位置。

（4）"边界"选项中的"添加：拾取点"和"添加：选择对象"是用于设定填充区域的。

单击图 3.25 "图案填充和渐变色"对话框中"添加：拾取点"按钮，在需要填充的区域内任意拾取一点，可以看到所选择的封闭区域的边界线变成虚线，则 AutoCAD2014 会根据选定对象来确定填充区域的边界。

单击图 3.25 "图案填充和渐变色"对话框中"添加：选择对象"按钮，拾取填充区域的边界线来确定填充区域的边界。

4. 启动渐变色填充命令的操作方法

在"图案填充和渐变色"对话框的"渐变色"选项卡中，可以创建一种或两种颜色形成的渐变色，并对其进行填充。

启动渐变色填充命令的操作方法如下。

方法一：选择"绘图"下拉菜单中"图案填充"命令，弹出"图案填充和渐变色"对话框，在对话框中单击"渐变色"选项卡，即可进入"渐变色"填充设定界面。

方法二：单击"绘图"工具栏中"渐变色"按钮。

方法三：在命令行中输入"gradient"并按回车键。

启动"渐变色"填充命令后，会弹出如图 3.28 所示的选项卡。

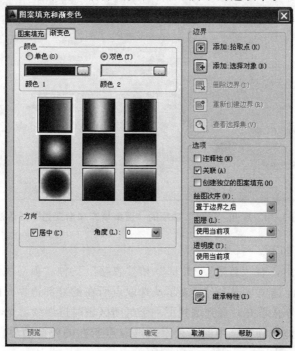

**图 3.28　"渐变色"选项卡**

在"渐变色"选项卡中可设置"单色"或"双色"渐变色填充效果。当选中"单色"时，则以单色渐变色效果填充，并且可以拖动"双色"下的滑块确定单色渐变颜色的"明"和"暗"；当选中"双色"时，则以双色渐变色效果填充。无论以单色渐变色还是双色渐变色填充时，均有9种渐变图案供选择，如图3.28所示。单色渐变色填充和双色渐变色填充实例如图3.29所示。

单色渐变填充　　　　　　　双色渐变填充

图3.29　单色和双色渐变色填充效果

### 5. 复杂图形的图案填充

当遇到比较复杂图案的填充时，可对图案填充的区域进行选择和限定。

单击"图案填充和渐变色"对话框中右下角"帮助"按钮右侧的小箭头，则可出现如图3.30所示的对话框，此时的"图案填充和渐变色"对话框中展开了"孤岛"选项。

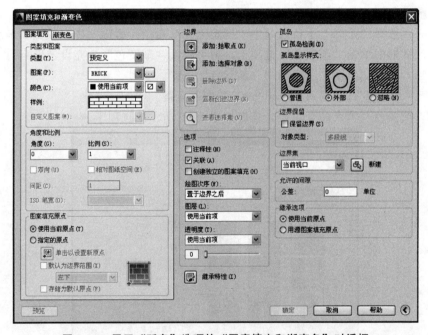

图3.30　展开"孤岛"选项的"图案填充和渐变色"对话框

孤岛选项的特点如下。

(1) 在孤岛选项中，有"普通""外部"和"忽略"三种"孤岛显示样式"，其中：

① "普通"——此选项被选中时，表示从选取点所在的外部边界向内填充，当遇到内部封闭区域时，系统将停止填充，直到遇到下一个封闭区域时再继续填充，如图3.31(a)所示。

② "外部"——此选项被选中时，表示从选取点所在的外部边界向内填充，当遇到封闭区域时，将不再继续填充，如图3.31(b)所示。

③"忽略"——此选项被选中时，表示从选取点所在的外部边界向内进行所有封闭区域的填充，内部所有封闭区域将被忽略，如图 3.31(c)所示。

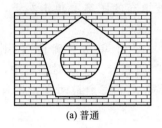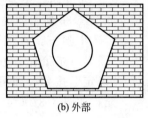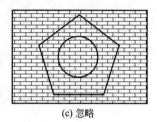

| (a) 普通 | (b) 外部 | (c) 忽略 |

图 3.31 孤岛显示样式

**注意**：以"普通"样式填充时，如果填充区域内有文字这类特殊对象，并且在选择填充边界时也选择了它们，则在填充时图案会在这类对象处自动断开，使得这些对象更清晰，如图 3.32 所示。

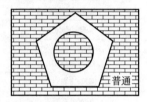

图 3.32 "普通"样式填充遇文字断开

（2）AutoCAD 2014 允许对没有完全封闭的边界进行填充。在"允许的间隙"选项的"公差"中设置相对应的数值，即可进行填充。

**【例题 3-13】** 如图 3.33 所示的图形没有完全封闭，通过设置允许边界间隙，对其进行图案填充。

**操作提示：**

步骤一：根据图形实际缝隙的大小，设置适当的"允许的间隙"，本例设置间隙为 60。

步骤二：单击"添加：拾取点"按钮，在单击图形中任一点后，会弹出"图案填充-开放边界警告"对话框，如图 3.34 所示。

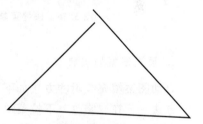

图 3.33 待填充的有间隙的图案

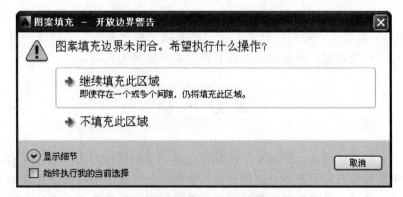

图 3.34 "图案填充-开放边界警告"对话框

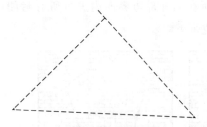

图 3.35　有间隙的图案边界被虚化

步骤三：单击"继续填充此区域"按钮，则需要被填充的有间隙图形边界被虚化，如图 3.35 所示。

步骤四：在要被填充的图案上单击右键，弹出如图 3.36 所示的快捷菜单。

步骤五：在图 3.36 中单击"确认"，则回到"图案填充和渐变色"选项卡。在此对话框中，单击"确定"按钮，即可完成不完全封闭图形的图案填充，如图 3.37 所示。

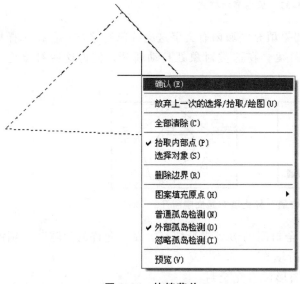

图 3.36　快捷菜单

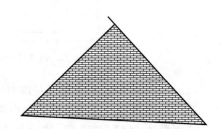

图 3.37　填充完成的不完全封闭图形

**6. 填充图案的编辑**

启动图案填充编辑的方法如下。

方法一：在"修改"下拉菜单中单击"对象"，再单击"图案填充"命令。

方法二：在命令行输入"hatchedit"并按 Enter 键。

启动"填充图案的编辑"命令后，命令行显示如下。

选择图案填充对象：用鼠标左键单击已被填充但需要修改填充效果的图形，会弹出"图案填充编辑"选项卡，此对话框基本与"图案填充和渐变色"选项卡一样，在此选项卡中修改或调整相关设置，即可完成对已有图案填充效果的编辑。

# 本 章 小 结

本章主要介绍了运用 AutoCAD 2014 绘制二维图形的操作方法。通过本章的学习要掌握绘制点、定数等分点和定距等分点的方法；掌握绘制直线、多线和多段线的方法；掌握绘制圆、圆弧、圆环、椭圆和椭圆弧的方法；掌握绘制矩形和正多边形的方法；掌握图案填充的方法。

对于本章的各类图元绘制的方法必须熟练掌握并多多练习，才能快速准确地绘制工程图样。

# 习　题

## 一、选择题（多选或单选）

1. 下面属于绘制圆操作的是（　　）。

   A. 相切、相切、半径　　　　　　　　B. 相切、相切、相切

   C. 起点、圆心、端点　　　　　　　　D. 轴、端点

2. 绘制圆环时，需要设置的系统变量是（　　）。

   A. fill　　　　　　B. donut　　　　　　C. mirrtext　　　　　D. dimtedit

## 二、思考题

1. AutoCAD 2014 中如何设置点样式？在 AutoCAD 2014 中，点样式有多少种？

2. 什么是定数等分点？什么是定距等分点？此两类点有什么区别？

3. 倒角和倒圆角操作有什么区别？

4. 如何绘制实心圆环？如何绘制空心圆环？

5. 图案填充和渐变色填充有什么不同？

## 三、绘图操作题

1. 绘制点。操作要求：选择"格式"下拉菜单中"点样式"命令，启动"点样式"选项卡，选择第二行第四种类型的点样式。启动采用"绘图"下拉菜单中绘制点命令，在 AutoCAD 2014 绘图区用"单点"命令绘制一个单点，再用"多点"命令绘制五个点，点的坐标任意。

2. 绘制如图 3.38 所示的图形。

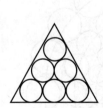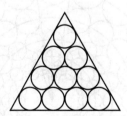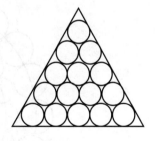

图 3.38　二维图形的绘制

3. 用直线命令绘制如图 3.39 所示的 $ABCDEF$ 图形，其中各边的边长标注在每边上，$AB=130$、$BC=70$、$CD=40$、$DE=110$、$EF=90$、$FA=180$。

4. 绘制如图 3.40 所示的图形。

5. 绘制如图 3.41 所示的 $AEFDGHBC$ 图形，其中 $A$ 点坐标为（160，180），$AD=DB=CD=150$，$E$、$F$、$D$、$G$、$H$ 为 $AB$ 边的六等分点。

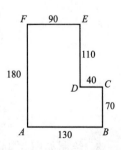

图 3.39　二维图形的绘制

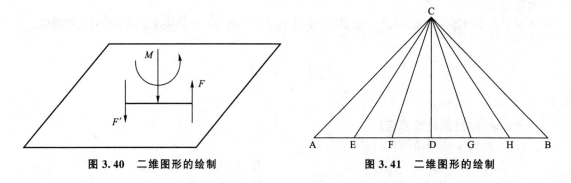

图 3.40　二维图形的绘制　　　　　　　图 3.41　二维图形的绘制

6. 分别完成如图 3.42(a)和(b)所示图案填充。操作说明：正方形 $ABCEA$ 的边长为 100，$ED=50$。图 3.42(a)和(b)均填充"brick"图例。如果填充图案比例过小，可以通过调整填充比例，使其清晰可见。

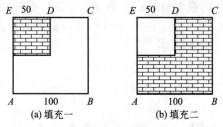

(a) 填充一　　　　　(b) 填充二

图 3.42　图案填充

7. 绘制如图 3.43 所示的图形。操作说明：图中每个同心圆均被二十等分，观察图中的直线辅助线，运用相切、相切、相切绘圆。

图 3.43　二维图形的绘制

8. 绘制如图 3.44 所示，五角星，用红色填充五个角。

图 3.44　五角星填充操作

9. 绘制如图 3.45 所示的三个图形。

图 3.45　二维图形的绘制

10. 绘制如图 3.46 所示的图形。

图 3.46　二维图形的绘制和填充

# 第**4**章
# 图形的信息查询

教学目标

　　AutoCAD 图形中包含了大量的图形信息，如几何特征和对象特性信息等。通过对这些图形信息的查询，可以使绘图操作更准确和便捷。通过本章的学习，应达到以下目标。

　　(1) 掌握查询点坐标的方法。

　　(2) 掌握查询距离信息的方法。

　　(3) 掌握查询面积和周长信息的方法。

　　(4) 掌握查询几何特征和对象特性信息的方法。

　　(5) 掌握查询图形状态信息的方法。

　　(6) 掌握查询操作时间信息的方法。

教学要求

| 知识要点 | 能力要求 | 相关知识 |
|---|---|---|
| 查询点的坐标 | 掌握点坐标的查询方法 | (1) 点坐标<br>(2) 掌握启动点坐标查询的方法 |
| 查询距离信息 | 掌握查询距离的方法 | 掌握启动距离查询的方法 |
| 查询面积和周长信息 | 掌握查询面积和周长的方法 | (1) 加法模式查询面积<br>(2) 减法模式查询面积<br>(3) 掌握启动面积和周长查询的方法 |
| 查询几何特征和对象特性信息 | 掌握查询几何特征和对象特性信息的方法 | 掌握启动几何特征和对象特性信息查询的方法 |
| 查询图形状态信息 | 掌握查询图形状态信息的方法 | 掌握启动图形状态信息查询的方法 |
| 查询操作时间信息 | 掌握查询操作时间信息的方法 | 掌握启动操作时间信息查询的方法 |

## 基本概念

　　图形信息、点坐标、距离、面积、周长、加法模式、减法模式、几何特征、对象特性、图形状态、操作时间。

引例

在 AutoCAD 2014 绘图过程中，信息的查询是经常用到的一个操作环节。通过信息的查询，一方面可以验证绘图的正确性和准确性，同时通过相关信息的查询，也可为下一个步骤的绘图操作提供指导。在信息查询中，最常用的是面积、图形几何特征及对象特性的信息查询。面积查询的难点是复杂几何图形面积的查询。

在 AutoCAD 2014 绘制的图形中会蕴含大量的几何特征和参数信息，例如：点的坐标、直线的长度、倾角、圆心坐标、半径、直径、面积和体积等。用户在绘图过程中，经常会对所绘制的图形进行信息查询，来查找图形的相关信息以便于后续的绘图操作，同时也可确认自己绘图的精确性。本章针对土木工程 CAD 绘图，主要介绍点的坐标、距离和图形面积的查询方法。

启动 AutoCAD 2014 信息查询功能的方法：单击"工具"下拉菜单中"查询"命令（图 4.1），即可查询图形的相关信息了。

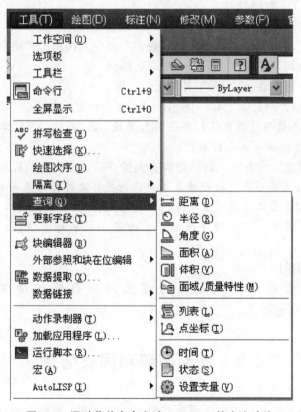

图 4.1 通过菜单命令启动 AutoCAD 的查询功能

## 4.1 查询点的坐标

在 AutoCAD 2014 中可以查询任意点的坐标。

启动点坐标查询命令的方法如下。

方法一：在"工具"下拉菜单中选择"查询"命令，再单击"单坐标"。

方法二：在"查询"工具栏上单击"定位点"按钮。

方法三：在命令行中输入"ID"并按 Enter 键。

启动点坐标查询后，命令行提示如下。

指定点：<u>用鼠标捕捉需要查询的对应点</u>

指定点：X＝＜指定点的 X 坐标＞Y＝＜指定点的 Y 坐标＞

即完成点坐标的查询操作。

## 4.2　查询距离信息

在 AutoCAD 2014 二维绘图中，可以查询任意两点间的距离、$XY$ 平面中的倾角、与 $XY$ 平面的夹角和 $XYZ$ 的增量。

启动距离查询命令的方法如下。

方法一：在"工具"下拉菜单中选择"查询"命令，再单击"距离"。

方法二：在"查询"工具栏上单击"距离"按钮。

方法三：在命令行中输入"dist"并按 Enter 键。

方法四：在命令行中输入"Measuregeom"。命令行提示如下。

Measuregeom 输入选项［距离(D)/半径(R)/角度(A)/面积(AR)/体积(V)］＜距离＞：输入 dist(输入距离查询命令 dist 即可)

而用方法一、方法二和方法三启动距离查询操作后，命令行均提示如下。

Measuregeom 指定第一点：<u>打开端点捕捉，用鼠标左键捕捉第一点</u>

Measuregeom 指定第二点或［多个点(M)］：<u>用鼠标左键捕捉第二点</u>

命令行提示：X 增量＝＜X 增量值＞，Y 增量＝＜Y 增量值＞，Z 增量＝＜Z 增量值＞

即完成距离查询操作。

**说明**：此命令查询的距离是指两点之间的直线长度。二维绘图中，距离＝$\sqrt{(X\ 增量)^2+(Y\ 增量)^2}$。

## 4.3　查询面积和周长信息

使用查询面积命令可以计算指定对象所围成区域或由一系列连续点所确定区域的面积和周长，还可以进行面积的加减运算完成对复杂对象的面积计算。

启动距离查询命令的方法如下。

方法一：在"工具"下拉菜单中选择"查询"命令，再单击"面积"。

方法二：在"查询"工具栏上单击"距离"按钮。

方法三：在命令行中输入"area"并按 Enter 键。

启动面积查询命令后，命令行会提示如下。

指定第一个角点或［对象(O)/增加面积(A)/减少面积(S)］＜默认值＞：输入 O 或 A 或 S 或指定第一个角点坐标并按 Enter 键

其中：

(1) 指定第一个角点——指根据各点连线所围成的封闭区域来计算面积和周长。

(2) 对象(O)——查询指定实体所围成的区域的面积。

(3) 增加面积(A)——面积加法运算，将新选图形的面积加入总面积中。

(4) 减少面积(S)——面积减法运算，将新选图形的面积从总面积中减去。

**【例题 4-1】**　绘制两个不重叠的矩形，运用面积加法模式计算两个矩形的总面积。

**操作提示：**

步骤一：分别绘制任意两个矩形。

步骤二：在"工具"下拉菜单中选择"查询"命令，再单击"面积"。

命令行提示：指定第一个角点或［对象(O)/增加面积(A)/减少面积(S)］＜默认值＞：A 按 Enter 键(以面积加法的运算规则计算图形面积)

指定第一个角点或［对象(O)/减少面积(S)/退出(X)］：输入 O 按 Enter 键(以对象选择模式计算面积)

("加"模式)选择对象：单击鼠标左键，依次选择两个矩形，再点击鼠标右键确认

在命令行会提示：总面积＝＜两个面积之和＞

即完成以面积加法的运算规则计算图形面积的操作。

**【例题 4-2】**　绘制两个不重叠的矩形，运用面积减法模式计算大矩形面积减去小矩形面积之差。

**操作提示：**

步骤一：分别绘制大小不同的任意两个矩形。

步骤二：在"工具"下拉菜单中选择"查询"命令，再单击"面积"。

命令行提示：指定第一个角点或［对象(O)/增加面积(A)/减少面积(S)］＜默认值＞：A 按 Enter 键(以面积加法的运算规则计算图形面积)

指定第一个角点或［对象(O)/减少面积(S)/退出(X)］：输入 O 按 Enter 键(以对象选择模式计算面积)

("加"模式)选择对象：单击鼠标左键，用加法模式选择大矩形

此时在命令行会提示：总面积＝＜显示大矩形的面积＞

步骤三：单击鼠标右键。

命令行提示：指定第一个角点或［对象(O)/减少面积(S)/退出(X)］：输入 S 按 Enter 键(以面积减法的运算规则计算图形面积)

指定第一个角点或［对象(O)/减少面积(S)/退出(X)］：输入 O 按 Enter 键(以对象选择模式计算面积)

("减"模式)选择对象：单击鼠标左键，用减法模式选择小矩形

此时在命令行会提示：总面积＝＜显示大小矩形之差，即为所要求的图形面积差值＞

即完成运用以面积加法和减法的运算规则计算图形面积的操作。

**说明：**在查询面积的时候，周长信息自动由系统给出。

## 4.4　查询几何特征和对象特性信息

该功能可以查询的信息有：对象类型、对象图层、特征点坐标及所属空间（模型空间和图纸空间）等。

启动查询几何特征和对象特性信息方法如下。

方法一：选择"工具"菜单中的"查询"，进入"列表显示"。

方法二：单击"查询"工具栏中的"列表"按钮。

方法三：在命令行输入"list"。

【例题4-3】　用内接圆方法绘制一正五边形，查询其几何特征和对象特性信息，如图4.2所示。

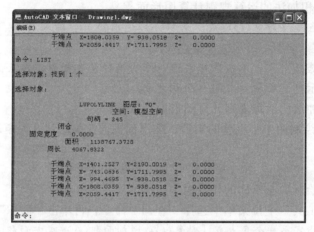

图4.2　查询实体对象几何特征和对象特性信息

从图4.2可知，在查询窗口显示了图形的图层、所属空间、宽度、面积、周长及正五边形的五个端点坐标等信息。

## 4.5　查询图形状态信息

该功能可以查询图形统计信息、模式及范围等状态信息。

启动查询图形状态信息方法如下。

方法一：选择"工具"菜单中的"查询"，进入"状态"。

方法二：在命令行输入"status"。

【例题4-4】　用内接圆方法绘制一正五边形，查询其图形信息，如图4.3所示。

由图4.3可知，查询结果和数据与具体的图形文件有关。查询图形文件的详细信息有：对象个数、图形界限、使用界限、图形显示范围、图形文件插入基点坐标、网格捕捉分辨率、栅格间距、当前空间模式、当前图形特征信息、当前标高、当前厚度、当前开关状态、当前对象捕捉模式、当前可用存储空间等。

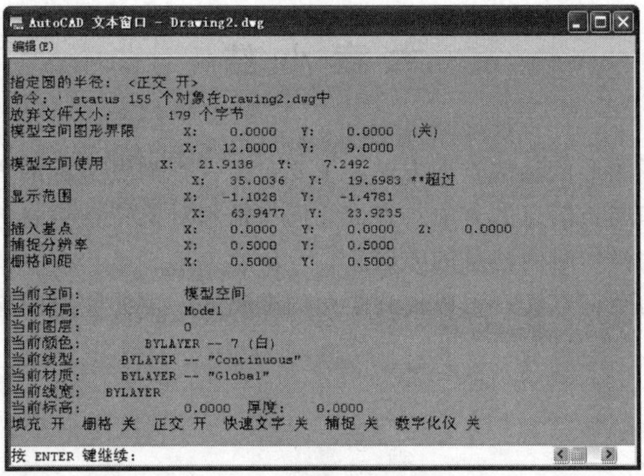

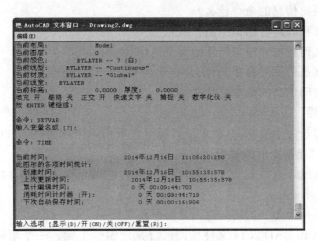

图 4.3　查询实体对象的图形信息

# 4.6　查询操作时间信息

此命令可以查询图形文件的日期和时间统计信息。

启动查询操作时间信息方法如下。

方法一：选择"工具"菜单中的"查询"，进入"时间"。

方法二：在命令行输入"time"。

【例题4-5】　用内接圆方法绘制一正五边形，查询其图形操作时间信息，如图 4.4 所示。

图 4.4　查询操作时间信息

由图 4.4 可知，通过查询对象操作时间信息，可以获知的时间信息有：当前时间、创建时间、上次更新时间、累计编辑时间、消耗时间计时器、下次自动保存时间等。

# 本 章 小 结

本章主要介绍了图形信息的查询方法，主要包括：查询点坐标的方法；查询距离信息的方法；查询面积和周长信息的方法；查询几何特征和对象特性信息的方法；查询图形状态信息的方法；查询操作时间信息的方法。

掌握图形信息的查询方法，可以提高绘图的准确性，也能使绘图操作更便捷和顺畅。

# 习    题

**一、选择题(多选或单选)**

1. 在 AutoCAD 2014 中，查询功能可以查询图形的(        )。

    A. 距离　　　　　　　B. 角度　　　　　　　C. 坐标　　　　　　　D. 周长

2. 查询点坐标的命令是(        )。

    A. donut　　　　　　　B. offset　　　　　　　C. id　　　　　　　D. dist

3. 查询图形距离的命令是(        )。

    A. donut　　　　　　　B. list　　　　　　　C. id　　　　　　　D. dist

**二、思考题**

1. 在 AutoCAD 2014 信息查询中，没有单独的周长查询命令，如何查询指定图形的周长？

2. 查询点坐标的命令是什么？

3. 查询图形距离信息的命令什么？

4. 查询图形面积和周长的命令是什么？

5. 查询图形几何特征和对象特性的命令是什么？

6. 查询图形状态信息的命令是什么？

7. 查询操作时间信息的命令是什么？

**三、绘图操作题**

1. 绘制一个边长为 $500 \times 800$ 的矩形，矩形左下角点坐标为(90，90)。(1)查询矩形其余三点坐标；(2)查询矩形的面积和周长。

2. 绘制一条直线，直线起点坐标为(20，80)，终点坐标为(120，190)，查询此直线的距离。

3. 绘制一个半径为 100 的圆，查询其面积和周长。

4. 在新建的 AutoCAD 2014 文件绘图区分别绘制一个圆、一个矩形和一条直线，将所有图形全部选中，查询其几何特征和对象特性信息、图形状态信息和操作时间信息。

# 第**5**章
# 图块及其属性

教学目标

本章是 AutoCAD 2014 的重点之一。把一组实体组合成块以后，这组实体就被赋予了一个块名。在以后绘制、编辑图形的过程中，就可根据需要用这个块名把这组实体插入到图形中所指定的位置，这样不仅提高了绘图速度，而且节省了磁盘空间。本章介绍图块的创建、插入以及属性的定义、显示和修改。通过本章的学习，应达到以下目标。

(1) 掌握图块的概念、属性和设置方法。

(2) 重点掌握图块的编辑方法及在实际绘图过程中的应用。

教学要求

| 知识要点 | 能力要求 | 相关知识 |
| --- | --- | --- |
| 图块的概念和创建 | (1) 图块的概念<br>(2) 创建块<br>(3) 写块 | (1) 掌握图块的应用范围<br>(2) 掌握创建块的多种途径和方法<br>(3) 掌握写块的方法和基本概念 |
| 图块的属性 | (1) 块属性的特点<br>(2) 定义属性 | (1) 掌握块的基本特征<br>(2) 掌握修改块属性的方法 |
| 图块的属性编辑 | 制作图块的过程掌握编辑块的方法 | 图块属性 |

 **基本概念**

图块、图块的属性、图块属性编辑。

**引例**

图块是将多个实体组合成一个整体，并给这个整体命名保存，在以后的图形编辑中图块就被视为一个实体。一个图块包括可见的实体如线、圆、圆弧以及可见或不可见的属性数据。图块的运用可以帮助用户更好地组织工作，快速创建与修改图形，减少图形文件的大小。

# 5.1　图块的概念和创建

在制图过程中，有时常需要插入某些特殊符号供图形中使用，此时就需要运用到图块及图块属性功能。利用图块与属性功能绘图，可以有效地提高作图效率与绘图质量，也是绘制复杂图形的重要组成部分。

## 5.1.1　图块的概念

块是由多个对象组合而成，并具有块名。用户给块定义属性，在插入时附加上不同的信息。块在图形中可以被移动、删除和复制。通过建立块，用户可以将多个对象作为一个整体来操作；并且随时将块作为独立对象插入到当前图形中的指定位置上，而且在插入时可以指定不同的缩放系数和旋转角度。

图 5.1　单扇门

## 5.1.2　创建块

在绘图过程中定义图块后，用户可以在图形中根据需要多次插入块参照。使用此方法可以快速创建块。每个块定义都包括块名、一个或多个对象、用于插入块的基点和所有相关的属性数据。插入块时，将基点作为放置块的参照。图 5.1 为对单扇门建立的图块。

1. 命令使用

在功能区"绘图"标签内的"块"面板上选择"创建图块"工具图标 🔲 。

从菜单依次选择"绘图"→"块"→"创建"命令。

在命令行输入"block"命令，按 Enter 键执行。

2. 操作

(1) 利用下面的"窗"图形，来创建窗块。

(2) 在功能区"绘图"标签内的"块"面板上选择" 🔲 创建图块"工具图标，弹出如图 5.2 所示的"块定义"对话框。

(3) 在"名称"文本框中输入"单扇门"；单击"拾取点"按钮，定义拾取点为图块的左下角点；单击"选择对象"按钮，选择定义图块的相应图形；最后单击"确定"按钮即完成了块定义。

## 5.1.3　写块

使用这个命令，可以将当前图形中指定对象保存为图形文件，以便其他图形文件调用。尤其对于那些在设计中需要多次用到的行业标准图形，可以创建为块形式的图形文件，即外部块。

图 5.2 "块定义"对话框

1. 命令使用

用 WBlock 命令创建"外部块"。

2. 操作

利用"写块"工具创建如图 5.3 所示的"沙发"图块，步骤如下。

（1）利用前面所学基本绘图命令，绘制如图 5.3 所示的"沙发"。

（2）在命令行输入"WBlock"，弹出如图 5.4 所示"写块"对话框，在"源"区域中选择"对象"。另外，要在图形中保留用于创建新图形的原对象，请确保未选中"从图形中删除"选项。如果选择了该选项，将从图形中删除原对象。

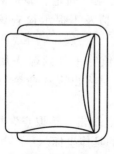

图 5.3 沙发

图 5.4 "写块"对话框

75

（3）单击"选择对象"图标，选择要创建为块的图形对象，按 Enter 键结束。

（4）在"基点"区域下，使用坐标输入或拾取点两种方法均可定义基点位置。

（5）在"目标"区域，输入新图形的文件名称和路径，或单击"…"按钮，显示标准的文件选择对话框，将图形进行保存，单击"确定"按钮即完成了定义。

## 5.2    图块的属性

属性块就是在图块上附加一些文字属性，这些文字可以非常方便地修改。在工程设计中会用属性块来设计轴号、门窗、水暖电设备等，例如，建筑图中的轴号就是同一个图块，但属性值可以分别是 1、2、3 等。

### 5.2.1    块属性的特点

属性是将数据附着到块上的标签或标记，它是一种特殊的文本对象，可包含用户所需要的各种信息。属性图块应用于形式相同，而文字内容需要变化的情况，如建筑图中的门窗编号、标高符号、房间编号等，用户可以将它们创建为带有属性的图块，使用时可按需要指定文字内容。当插入图块时，系统将显示或提示输入属性数据。属性是非图形信息，但它是块的组成部分。

### 5.2.2    定义块属性

要创建属性，首先创建包含属性特征的属性定义。特征包括标记（标识属性的名称）、插入块时显示的提示、值的信息、文字格式、块中的位置和所有可选模式（不可见、常数、验证、预置、锁定位置和多线）。

（1）定义块属性命令的启动方法如下。

选择下拉菜单的"绘图"→"块"→"定义属性"菜单项。

单击绘图工具条上的定义属性工具按纽。

在命令行输入"attdef"命令。

（2）启动该命令后，弹出如图 5.5 所示的"属性定义"对话框。对话框中各选项的功能如下。

①"模式"选项区：由上至下各选项可设置属性为不可见、固定、验证和预置。如各项为缺省值，则插入图块时系统不提示输入该块的属性值及不提示检查该属性的正确性。

②"属性"编辑区：用来定义属性。在"标记"和"值"中分别输入属性标记和属性值，"标记"不能空白。在"提示"中输入图块插入时将出现在命令行中的提示信息。

③"插入点"选项区：用于定义属性文本插入点的坐标。单击"拾取点"按钮，在屏幕上指定插入点，亦可在 X、Y、Z 的编辑框内输入插入点的具体坐标。

④"文字选项"选项区：用于定义文本的对齐、类型、高度和旋转角度。

图 5.5 "属性定义"对话框

# 5.3 编辑图块属性

### 5.3.1 添加图块属性

利用"定义属性"工具为标高符号添加标高值属性,步骤如下。

(1)在功能区"绘图"标签内的"绘图"面板上选择"多段线"工具图标。绘制出如图 5.6 所示的标高符号。

(2)在"绘图"→"块"→"定义属性"下选择"定义属性"工具,打开"属性定义"对话框。在"标记"文本框中输入"标高值","提示"文本框中输入"请输入标高值","默认"文本框中输入"±0.000",对正方式选为"左对齐","文字高度"设为 50。完成后单击"确认"按钮退出,并用鼠标指定标高值的放置位置。结果如图 5.7 所示。

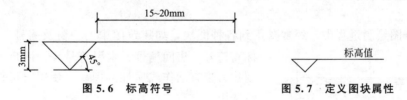

图 5.6 标高符号　　　　　　　图 5.7 定义图块属性

(3)在功能区"绘图"标签内的"块"面板上选择"创建块"工具，在弹出的"块定义"对话框的"名称"文本框中输入"标高符号",拾取标高符号的底部为基点,在选择对象时,将标高符号与其属性全部选中,如图 5.8 所示。

(4)块定义设置完成后,单击"确定"按钮,将弹出"编辑属性"对话框。这时将会显示前面所添加的属性内容,如图 5.9 所示,单击"确定"按钮完成块属性的编辑。

图 5.8 "块定义"对话框

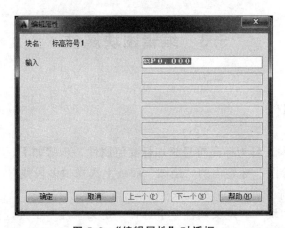

图 5.9 "编辑属性"对话框

## 5.3.2 插入图块

在建筑图绘制过程中，经常要用到各种图块，如建筑图中的门窗及编号、轴线编号、标高符号、房间编号、索引符号等，用户可以将它们创建为带有动作或属性的图块，使用时可根据需要灵活选用。

（1）命令使用。

在功能区"绘图"标签内的"块"面板上选择"插入块"工具。

在命令行中输入"insert"。

（2）将创建的标高符号插入到图 5.10 的平面图中，步骤如下。

① 打开平面图文件，重新创建标高符号，并且添加属性。

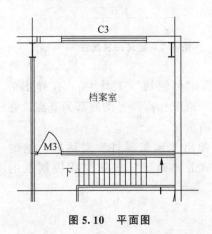

图 5.10 平面图

② 在"绘图"标签内的"块"面板上选择"插入块"工具，弹出"插入块"对话框，选择名称为"标高符号"的图块，如图 5.11 所示。

③ 单击"确定"按钮，在适当位置单击，出现"请输入标高值"提示，利用动态输入，完成标高值的标注，如图 5.12 所示。

图 5.11 "插入块"对话框

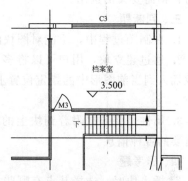

图 5.12 插入标高符号

④ 在绘图过程中，用户若要更改已插入的图块属性，可以利用鼠标左键双击该图块，在弹出的"增强属性编辑器"中进行相应修改，该对话框中列出了"属性"区域、"文字选项"区域、"特性"区域。

# 本 章 小 结

本章主要讲述了在 AutoCAD 2014 中进行自定义块的创建和使用方法，主要内容为图形环境设置方面的知识，其中包括图块的创建、插入及属性的定义、显示和修改。

本章的重点和难点是创建和使用块属性的编辑。

# 习 题

## 一、选择题

1. 在绘图过程中定义图块后，用户可以在图形中根据需要（    ）插入块参照。

　　A. 一次　　　　　B. 多次　　　　　C. 三次　　　　　D. 两次

2. 每个块定义都包括（    ）、一个或多个（    ）、用于插入块的基点和所有相关的属性数据。

　　A. 对象　　　　　B. 块名　　　　　C. 属性　　　　　D. 元素

3. 打开"写块"对话框，在"源"区域中选择"对象"。在图形中（    ）保留用于创建新图形的原对象。

　　A. 可以　　　　　B. 不可以　　　　C. 改变　　　　　D. 清除

## 二、填空题

1. 使用这个写块命令，可以将当前图形中指定对象保存为_____，以便其他图形文件调用。

2. 属性块就是在图块上附加一些_____，这些文字可以非常方便地修改。

3. 在建筑图绘制过程中，经常要用到各种图块，如建筑图中的门窗及编号、轴线编号、标高符号、房间编号、索引符号等，用户可以将它们创建为_____的图块，使用时可根据需要灵活选用。

**三、判断题**

1. 在制图过程中，不能对图块的创建、插入及属性进行定义、显示和修改。（　　）

2. 通过建立块，用户可以将多个对象作为一个整体来操作，并且随时将块作为独立对象插入到当前图形中的指定位置上，而且在插入时可以指定不同的缩放系数和旋转角度。

（　　）

3. 属性是将数据附着到块上的标签或标记，它是一种特殊的文本对象，可包含用户所需要的各种信息。（　　）

**四、思考题**

1. 插入块时，选择基点有哪些方法？

2. 块属性的基本特点有哪些？

3. 编辑块属性时，应该注意哪些问题？

**五、实训题**

按照如图5.13卫生间大样所示，根据本章节所学知识内容，完成建筑轴号的添加任务。

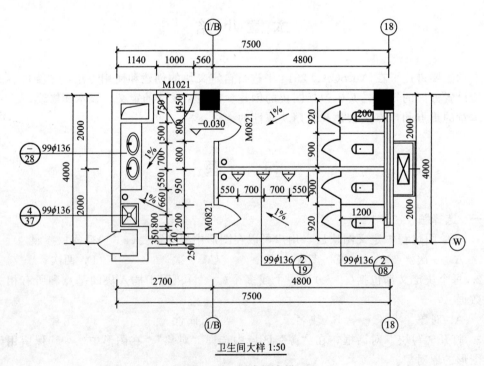

卫生间大样 1:50

**图 5.13　卫生间大样**

# 第**6**章
# 二维图形的修改

## 教学目标

本章主要介绍二维图形的编辑和修改操作方法。通过本章的学习，应达到以下目标。

（1）掌握选择图形对象的方法。

（2）掌握运用删除、复制、镜像、偏移、阵列、移动、旋转、缩放、拉伸、拉长、修剪、延伸、打断、倒角、圆角、分解等图形修改命令对图形进行编辑和修改。

（3）掌握综合编辑图形的方法。

## 教学要求

| 知识要点 | 能力要求 | 相关知识 |
|---|---|---|
| 选择图形对象的方法 | （1）掌握运用选择集选择对象的方法<br>（2）掌握快速选择对象的方法 | （1）选择集的确定<br>（2）掌握单个对象的选择、窗口方式、交叉方式、全部选择、窗口多边形、交叉多边形、循环选择、栏选方式等选择方式的操作方法<br>（3）掌握快速选择对象的方法 |
| 编辑和修改图形对象的方法 | 掌握运用删除、复制、镜像、偏移、阵列、移动、旋转、缩放、拉伸、拉长、修剪、延伸、打断、倒角、圆角、分解等图形修改命令对图形进行编辑和修改 | 删除、复制、镜像、偏移、阵列、移动、旋转、缩放、拉伸、拉长、修剪、延伸、打断、倒角、圆角、分解图形对象 |
| 综合编辑图形的方法 | 掌握综合编辑图形的方法 | （1）运用对象特性工具栏修改图形对象<br>（2）运用对象特性管理器修改图形对象<br>（3）运用特性匹配方法修改图形对象<br>（4）运用夹点方法修改图形对象 |

## 基本概念

选择集、单个对象的选择、窗口方式、交叉方式、全部选择、窗口多边形、交叉多边形、循环选择、栏选方式、快速选择对象、删除、复制、镜像、偏移、阵列、移动、旋转、缩放、拉伸、拉长、修剪、延伸、打断、倒角、圆角、分解、特性匹配、夹点。

引例

二维图形的修改是对已绘制的二维图形运用移动、复制、镜像、偏移、阵列、缩放、延伸、修剪、分解等操作命令进行图形编辑和完善的过程。AutoCAD 2014 具有强大的图形编辑和修改功能，用户只有熟练掌握图形绘制操作和图形修改操作，才可以精确绘制出复杂的工程图。

在运用 AutoCAD 2014 绘图时，需要随时对所绘制的图形进行编辑和修改，并且图形编辑和修改操作在整个图形绘制操作中占相当大的比重，所以掌握各种图形编辑命令对于图形的绘制和完善至关重要。

# 6.1 对象选择方式

图形的编辑和修改是针对具体的图形对象展开的，所以在对图形进行编辑和修改时，必不可少的一个环节就是对图形进行选择，然后再运用图形修改和编辑命令对图形进行修改。

## 6.1.1 选择集

一幅图形是由大量的图形对象所组成的，在绘图过程中需要对图形中的对象进行编辑和处理。每次编辑操作可能涉及一个对象或多个对象，所以在图形编辑前，或在编辑过程中必须对所处理的对象进行选择，这些被选中的对象集合称为选择集。

当用户执行某个编辑命令时，通常会出现信息提示"选择对象"，该提示信息即要求用户从当前已有的图形中选择要进行编辑的对象，进入选择状态时十字光标会变成矩形拾取框去选择图形对象，被选中的对象将被放在选择集中。用户可以在执行编辑命令之前构造选择集，也可以在选择编辑命令后构造选择集。

在 AutoCAD 2014 中，提供了多种选择图形对象的方法，主要有如下几种方法。

1. 单个对象的选择方式

该方式通过鼠标、键盘或其他定位设备移动拾取框到待选择对象上，单击鼠标左键来拾取，被选中的对象将以虚线显示。一次只能选中一个对象，若选择多个对象，则需要连续拾取多个对象。

2. 窗口方式（又称为 W 方式）

按住鼠标左键，从左向右拖动鼠标确定一矩形窗口，被窗口完全覆盖的对象均被选中，但不会选择与窗口边界相交的对象，如图 6.1 所示。图 6.1 中，圆被窗口完全覆盖，被选中；直线和矩形仅部分被窗口覆盖，未被选中。

3. 交叉方式（又称为 C 方式）

按住鼠标左键，从右向左拖动鼠标确定一矩形窗口，被窗口完全覆盖的对象和与窗口边界相交的所有对象均被选中，如图 6.2 所示。在图 6.2 中，直线、圆和矩形或被矩形窗口完全覆盖或与矩形窗口相交，但在此状态下直线、圆和矩形均被选中。

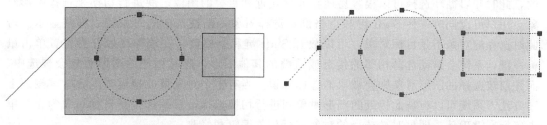

图 6.1　窗口选择方式只能选择被
　　　　窗口完全覆盖的圆

图 6.2　交叉方式可以选择窗口内和与
　　　　窗口边界相交的图形

4. 全部选择方式（又称为 ALL 方式）

在未执行任何修改命令时，按住"Ctrl＋A"组合键，或单击"编辑"下拉菜单中的"全部选择"，即可选择绘图窗口中的全部对象，此时可以对所选择的对象进行相应编辑操作。

5. 窗口多边形方式（又称圈围方式和 wp 方式）

此窗口多边形选择方式可以选择不规则形状区域，但此选择方法要和其他修改命令相结合才能使用。在"选择对象"时，在命令行输入"wp"，可以开始执行窗口多边形选择。

【例题 6－1】　用窗口多边形选择图 6.3 中绘图区的直线、圆和矩形。
操作提示：
选择"修改"下拉菜单中的"移动"命令。命令行提示如下。
选择对象：输入 wp 并按 Enter 键
第一圈围点：在需要被选择的图形外围任意位置单击鼠标左键
指定直线的端点或［放弃（U）］：接着在需要被选择的图形外围相关位置继续单击鼠标左键
指定直线的端点或［放弃（U）］：直到需要被选择的图形完全被此不规则的窗口完全覆盖，单击鼠标右键确认，即可完成选择，如图 6.3 所示（选择完成后，被选择的图形变成虚线状态）

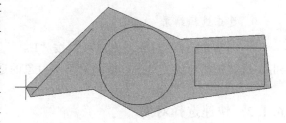

图 6.3　窗口多边形选择图形对象

6. 交叉多边形方式（又称圈交方式和 cp 方式）

同窗口多边形（圈围）方式，此操作也是要和其他修改命令相结合才能使用。但和窗口多边形不同，在交叉多边形模式下，只要是多边形内部以及和多边形相交的图形对象都会被选择，和本节介绍的第三种交叉方式选择图形对象相似。在"选择对象"时，在命令行输入"cp"，可以开始执行交叉多边形选择。

7. 循环选择方式

当图形对象有多个，并且图形对象之间非常接近或有重叠时，选择对象通常是困难的，此时开启循环选择可以很容易地在非常接近和重叠的图像之间进行切换来选择图形对象。用户可以同时按住 Shift 键和空格键，选择对象，则被选中的对象将以虚线显示。若此时选择的对象不是目标对象，可以放开 Shift 键和空格键，在绘图区域任意位置单击鼠标左键，系统会自动选择相邻的接近或重叠的其他图形，此时相邻的图形对象会被选中，而先前被选择的图形对象则会被取消选择标识。当有多个对象彼此接近或重叠时，按照上述方法，系统可以在彼此接近的图形对象间进行切换选择，直到选择到目标对象为止，单击鼠标右键确认，即可对被选择的对象进行相关编辑和修改。

【例题 6-2】 如图 6.4 所示的同心圆，内圈最小的两个小圆彼此非常接近，通过"循环选择"命令，可以在两个小圆间进行切换选择。

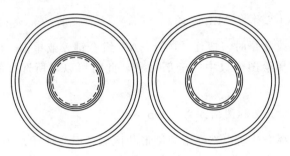

**图 6.4　循环选择同心圆中两个最小的圆**

8. 栏选方式(f 方式)

栏选方式就是在视图中绘制多段线来选择对象，与多段线交叉的图形对象都会被选中。在命令行提示：选择对象时，输入"f"，按空格键，开始以栏选方式选择对象。该方式允许绘制一条不闭合的多边形栅栏来选择对象，凡是被栅栏线所触及的所有对象都会被选中。

9. 更正选择结果

对于已经选择的对象，用户可以按"Esc"键取消所有对象的选择状态，也可以按住 Shift 键在选择对象上单击，取消对某个对象的选择。

### 6.1.2　快速选择对象

快速选择对象可以同时选中具有相同特征的多个对象，并可以在"对象特性管理器"中建立并修改快速选择参数。操作方法如下。

方法一：单击"工具"下拉菜单中的"快速选择"。

方法二：在绘图区右击，选择弹出的"快捷菜单"中的"快速选择"。

方法三：在命令行输入"qselect"。

当执行了快速选择对象操作后，会弹出"快速选择"对话框，如图 6.5 所示。

在弹出的"快速选择"对话框中，可以根据提示对对象类型和特性等参数进行设置。

其中：

(1)"应用到"下拉列表框中，可以确定选择整个图形还是选择绘图区域局部图形。

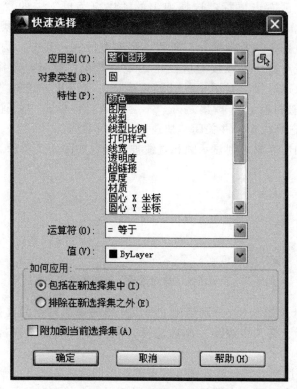

图 6.5 "快速选择"对话框

（2）"对象类型"下拉列表框中，可以指定选择对象类型。有多个选项：所有图元、圆、线等已绘制的图形对象。

（3）"特性"列表框中，可以指定选择对象特性。列出的特性有：颜色、图层、线型和线宽等。

（4）"运算符"下拉列表框中，可以指定操作符。有多个选项：＝、<>、>、<、全部等。

（5）"值"下拉列表框中，随对象特性决定，选择或输入对象特性值。

【例 6-3】 在绘图区用圆绘图命令绘制一个圆、用矩形绘图命令绘制一个矩形、用直线命令绘制一条直线，如图 6.6 所示，并运用"快速选择"选择其中的圆和直线。

**操作提示：**

步骤一：首先运用前面所学的圆、矩形和直线绘制命令，在绘图区域绘制如图 6.5 所示的一个圆、一个矩形和一条直线。

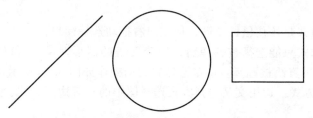

图 6.6 需要被"快速选择"操作的图形

步骤二：在绘图区右击鼠标，选择弹出的"快捷菜单"中的"快速选择"，会弹出"快速选择"对话框。在弹出的"快速选择"对话框中，观察"对象类型"下拉列表框中，有四个选择参量，分别是：所有图元、直线、圆和多段线。其中，圆对应图中的圆对象、直线对应图中的直线对象、多段线对应图中的矩形对象。此时，选择"对象类型"中的"多段线"，再在"快速选择"对话框的"如何应用"选项中，选择"排除在新选择集之外"，则"多段线"被排除在选择集之外，不会被选择。单击"快速选择"对话框中的"确定"按钮，完成选择操作，并关闭"快速选择"对话框。

步骤三：观察图形对象，则显示圆和直线被选择，如图 6.7 所示。

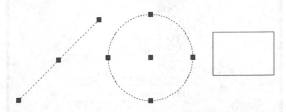

**图 6.7　显示通过"快速选择"被选择的圆和直线**

【例题 6 - 4】　针对图 6.8，分别运用上面所介绍的单个对象的选择、窗口、交叉、全部选择、窗口多边形、交叉多边形、循环选择、栏选等方式在选择提示下完成图形选择操作。

（1）单个对象的选择方式：选择图 6.8 中的矩形图形，如图 6.9 所示。

**注意：**矩形的四个边是一个图元，所以选择矩形命令绘制的矩形时，只用单击鼠标左键一次即可选中整个矩形。

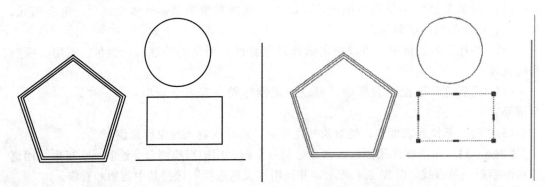

**图 6.8　例题 6 - 4 供选择的图形对象**　　　　**图 6.9　运用单个对象选择方式选择矩形**

（2）窗口选择方式：运用窗口选择方式选择图中的矩形和水平直线。

**注意：**

① 窗口选择方式是按住鼠标左键，从左向右拖动选择窗口。

② 窗口选择方式只能选择被选择窗口完全覆盖的图形对象，所以通过图示窗口选择操作后，矩形和水平直线被选择。窗口选择方式的操作如图 6.10 所示。

（3）交叉选择方式：运用交叉选择方式选择图中的正五边形、圆、矩形和水平直线。

**注意：**

① 交叉选择方式是按住鼠标左键，从右向左拖动选择窗口。

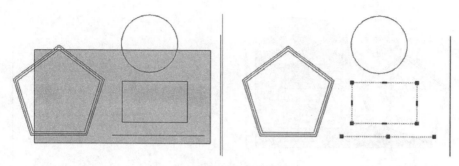

图 6.10　窗口选择方式

② 交叉选择方式可以选择被选择窗口完全覆盖的图形对象，也可选择与选择窗口交叉的图形对象。所以通过图示交叉选择操作后，正五边形、圆、矩形和水平直线被选择。交叉选择方式的操作如图 6.11 所示。

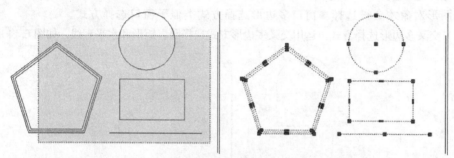

图 6.11　交叉选择方式

③ 对比图 6.10 的窗口选择和图 6.11 的交叉选择，在选择时，两者的选择窗口覆盖的范围是相同的，但交叉选择方式可以选择与选择窗口相交的图形对象，所以在本例中，交叉选择比窗口选择方式选择的图形对象数量要多一些。注意区分窗口选择和交叉选择，这两种选择方式是较常用的选择方式。

（4）全部选择方式：运用 Ctrl＋A 组合键可以选择绘图区全部图形对象。全部选择后的图形对象如图 6.12 所示。

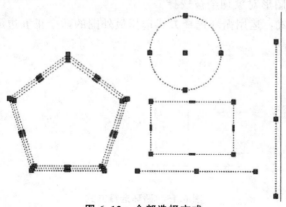

图 6.12　全部选择方式

（5）窗口多边形选择方式：运用窗口多边形选择圆、矩形和水平直线，如图 6.13 所示。

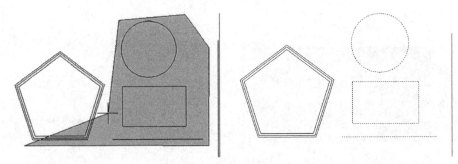

图 6.13 窗口多边形选择方式

注意：

① 窗口多边形选择的命令是"wp"。

② 窗口多边形可以通过拖动鼠标形成任意形状的多边形窗口，只有被选择窗口完全覆盖的图形对象才会被选择。窗口多边形选择方式类似于窗口选择方式。

（6）交叉多边形选择方式：运用交叉多边形方式选择圆、矩形和水平直线，如图 6.14 所示。

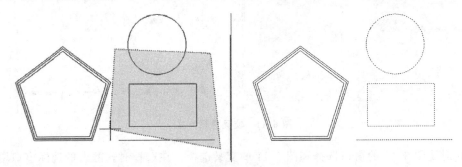

图 6.14 交叉多边形选择方式

注意：

① 交叉多边形选择的命令是"cp"。

② 交叉多边形可以通过拖动鼠标形成任意形状的多边形窗口，被选择窗口完全覆盖或与选择窗口相交的图形对象均会被选择。

（7）循环选择方式：运用循环选择方式选择最外围的两个正五边形，如图 6.15 所示。

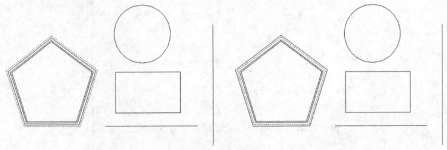

图 6.15 循环选择方式

注意：

① 同时按下 Shift 键和空格键可以打开循环选择开关。

② 循环选择可在彼此接近或彼此重叠的图形对象中进行切换选择。

③ 在图 6.15 中，打开循环选择开关后，首先选择的是最外围的正五边形，然后循环选择切换选择倒数第二个最外围的正五边形。

（8）栏选方式：运用栏选方式选择所有正五边形、圆和矩形，如图 6.16 所示。

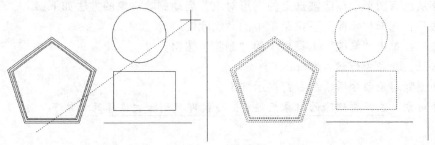

图 6.16　栏选方式

**注意：**

① 开启栏选方式的命令是"f"。

② 栏选命令开启后，只要与栅栏线相交的图形均会被选中。

## 6.1.3　设置对象选择模式

设置对象选择模式可以控制选择对象时的操作方式，以便用户依据自己的习惯更便捷和灵活地选择对象。设置对象选择模式的方法如下。

方法一：单击"工具"下拉菜单中的"选项"，弹出"选项"对话框，再单击"选择集"标签。

方法二：在绘图区右击鼠标，单击"选项"，弹出"选项"对话框，再单击"选择集"标签。

方法三：在命令行输入"options"，弹出"选项"对话框，再单击"选择集"标签。

"选项"对话框如图 6.17 所示。在该对话框中即可完成选择模式和拾取框的相关设定。

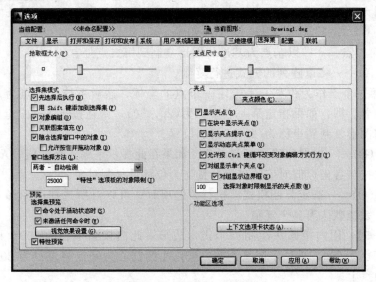

图 6.17　"选项"对话框

## 6.2 删 除 对 象

能够从已有图形中删除被选定的图形对象。启动删除对象的方法如下。

方法一：选择"修改"下拉菜单中的"删除"。

方法二：单击"修改"工具栏中的"删除"按钮。

方法三：在命令行输入"erase"。

启动删除对象命令后，命令行提示如下。

选择对象：<u>选择要删除的对象后按 Enter 键即可删除被选择的对象了</u>

## 6.3 复 制 对 象

将图形对象选择后复制到指定的位置，此复制功能可以进行单个对象的复制也可以进行多个对象的连续复制。启动"复制"对象的方法如下。

方法一：选择"修改"下拉菜单中的"复制"。

方法二：单击"修改"工具栏中的"复制"按钮。

方法三：在命令行输入"copy"。

启动复制对象命令后，命令行提示如下。

选择对象：<u>选择要复制的对象，单击鼠标右键并确认</u>

指定基点或［位移(D)/模式(O)］＜默认值＞：<u>输入基点坐标或 D 或 O 或按 Enter 键</u>

其中：

(1) 指定基点——确定复制基点，执行此命令后，AutoCAD 2014 将所选择的对象按由两点确定的位移矢量复制到指定位置。命令行提示如下。

指定第二个点或［阵列(A)］＜使用第一个点作为位移＞：<u>此处可以指定复制到的点，选择阵列方式复制或者给定一个点的坐标将图形复制到指定坐标位置处</u>

说明：

① 指定第二点——即以基点为基准将图形复制到第二点处。

② 阵列(A)——将以阵列的方式进行复制。

③ 使用第一个点作为位移——给定一个点的坐标，然后系统以基点为基准将图形复制到此坐标位置。即：如果指定第一点坐标为(20，50)，则在按下 Enter 键后，系统将以基点为基准将图形复制到坐标为(20，50)的位置。

(2) 位移(D)——根据位移量复制对象。如果在此提示下输入坐标值，AutoCAD 2014 将所选择对象按与各坐标值对应的坐标分量作为位移量复制对象。

(3) 模式(O)——确定复制模式。执行该选项时，可以对所选择的图形对象进行一次或多次复制，系统默认为多个复制。

【例题 6-5】 用内接圆法绘制一个正六边形，此内接圆半径为 500。再绘制一个小圆，小圆的直径为 200。采用多图复制的方法以小圆圆心为基点将直径为 200 的小圆复制到六边形的角点上。

**操作提示：**

步骤一：内接圆法绘制一个正六边形，且内接圆半径为 500。

步骤二：绘制任意一个圆，圆的直径为 200。

步骤三：选择"修改"下拉菜单中"复制"。命令行提示如下。

选择对象：在小圆周上单击，圆圈被虚线化，再单击鼠标右键确认选择

指定基点 ［位移(D)/模式(O)］＜位移＞：输入 O 按 Enter 键

输入复制模式选项［单个(S)/多个(M)］＜多个＞：输入 M 按 Enter 键(多次重复复制)

指定基点 ［位移(D)/模式(O)］＜位移＞：打开对象捕捉中的圆心捕捉，并捕捉小圆圆心，再依次单击正六边形的各个角点，则圆被复制到正六边形的角点上

# 6.4 镜 像 对 象

镜像对象命令将指定图形对象依镜像线进行复制，源图可保留也可不保留。

启动镜像命令的方法如下。

方法一：选择"修改"下拉菜单中的"镜像"。

方法二：单击"修改"工具栏中的"镜像"按钮。

方法三：在命令行输入"mirror"。

启动镜像命令后，命令行提示如下。

选择对象：单击鼠标左键选择需要镜像的图形对象，并再单击鼠标右键确认选择

指定镜像线的第一点：指定镜像线的起点

指定镜像线的第二点：指定镜像线的终点

要删除源对象吗？［是(Y)/否(N)］＜N＞：输入 Y 或 N，并按 Enter 键或空格键完成镜像操作

其中：

（1）输入"Y"——完成镜像操作并删除被镜像的原始图形。

（2）输入"N"——完成镜像操作并保留被镜像的原始图形。

**说明：**

① 此处的镜像线是不可见的，所选择的图形将依据镜像线进行镜像，并且镜像完成后，此直线在绘图区域也没有显示。

② 系统变量 MIRRTEXT 值决定图形对象的镜像方式，当 MIRRTEXT＝1 时，图形对象完全镜像；当 MIRRTEXT＝0 时，则图形对象部分镜像。

【例题 6-6】 在绘图区分别输入"土木工程 CAD"和"AutoCAD 制图"文本，再分别设定 MIRRTEXT＝1 时对"土木工程 CAD"文本进行镜像；设定 MIRRTEXT＝0 时对"AutoCAD 制图"文本进行镜像，并观察镜像后的结果。

**操作提示：**

步骤一：首先在绘图区输入"土木工程 CAD"文本。

步骤二：设定 MIRRTEXT＝1。

在命令行输入：输入 MIRRTEXT 按 Enter 键

命令行提示：

输入 MIRRTEXT 的新值＜默认值＞：<u>输入 1 按 Enter 键</u>

步骤三：在 MIRRTEXT＝1 的环境下，进行镜像操作。

单击"修改"下拉菜单中的"镜像"，启动镜像操作命令，命令行提示如下。

选择对象：<u>单击鼠标左键选择需要的"土木工程 CAD"文本，并再单击鼠标右键确</u>
<u>认选择</u>

指定镜像线的第一点：<u>指定镜像线的起点</u>

指定镜像线的第二点：<u>指定镜像线的终点</u>

要删除源对象吗？［是(Y)/否(N)］＜N＞：<u>输入 N 按 Enter 键</u>(不删除源对象，完成
MIRRTEXT＝1 状态下的镜像操作)

步骤四：设定 MIRRTEXT＝0。

在命令行输入：<u>输入 MIRRTEXT 按 Enter 键</u>

命令行提示如下。

输入 MIRRTEXT 的新值＜默认值＞：<u>输入 0 按 Enter 键</u>。

步骤五：在 MIRRTEXT＝0 的环境下，进行镜像操作。

单击"修改"下拉菜单中的"镜像"，启动镜像操作命令，命令行提示如下。

选择对象：<u>单击鼠标左键选择需要的"AutoCAD 制图"文本，并再单击鼠标右键确</u>
<u>认选择</u>

指定镜像线的第一点：<u>指定镜像线的起点</u>

指定镜像线的第二点：<u>指定镜像线的终点</u>

要删除源对象吗？［是(Y)/否(N)］＜N＞：<u>输入 N 按 Enter 键</u>(不删除源对象，完成
MIRRTEXT＝0 状态下的镜像操作)

镜像操作结果如图 6.18 所示。

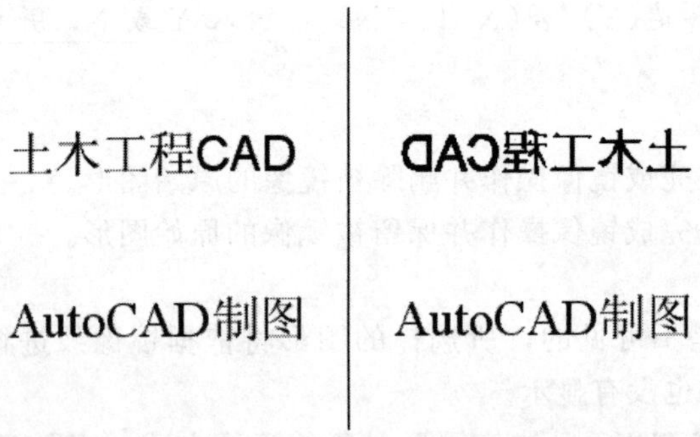

**图 6.18　MIRRTEXT 值为 1 和 0 时的镜像结果对比**

由图 6.18 可知：

(1) MIRRTEXT＝1 时，"土木工程 CAD"文字完全相对于镜像线镜像，即源文本和镜像文本关于镜像线完全对称。

(2) MIRRTEXT＝0 时，"AutoCAD 制图"文字部分相对于镜像线镜像，即源文本关于镜像线进行了对称复制，但文字显示效果同原文本。

(3) 图 6.18 中的镜像线是为了便于用户理解而绘制的，在实际绘图中镜像线不一定要绘出，或者是不显示的。

# 6.5 偏 移 对 象

偏移对象命令用于创建等距线或同心拷贝，可以偏移直线、圆弧、圆、椭圆、椭圆弧（形成椭圆形样条曲线）、二维多段线、构造线（参照线）、射线和样条曲线等。

启动偏移命令的方法如下。

方法一：选择"修改"下拉菜单中的"偏移"。

方法二：单击"修改"工具栏中的"偏移"按钮。

方法三：在命令行输入"offset"。

启动偏移命令后，命令行提示如下。

指定偏移距离或［通过(T)/删除(E)/图层(L)］＜通过＞：指定要偏移的距离，输入 T 或 E 或 L 并按 Enter 键/空格键

其中：

(1) 指定偏移距离——输入偏移距离，按照指定的偏移距离复制被偏移对象。

命令行提示：指定偏移距离或［通过(T)/删除(E)/图层(L)］＜通过＞：输入要偏移的距离按 Enter 键

命令行提示：选择要偏移的对象，或［退出(E)/放弃(U)］＜退出＞：在要偏移的图形对象上单击鼠标左键选择偏移对象或按 Enter 键退出

命令行提示：指定要偏移的那一侧上的点，或［退出(E)/多个(M)/放弃(U)］＜退出＞：指定对象将要偏移的那一侧上的点或输入 E 或 M 或 U 并按 Enter 键/空格键

其中：

① 退出(E)——退出 OFFSET 命令。

② 多个(M)——将使用当前偏移距离重复进行偏移操作。

③ 放弃(U)——恢复前一个偏移。

(2) 通过(T)——此命令操作使偏移后得到的对象通过指定的点。

命令行提示：指定偏移距离或［通过(T)/删除(E)/图层(L)］＜通过＞：输入 T 并按 Enter 键

命令行提示：选择要偏移的对象，或［退出(E)/多个(M)/放弃(U)］＜退出＞：在需要偏移的图形对象上单击选择对象，再捕捉需要通过的指定点，单击鼠标左键即可完成偏移操作

(3) 删除(E)——此命令操作将决定偏移操作后是否将偏移源对象删除。

命令行提示：指定偏移距离或［通过(T)/删除(E)/图层(L)］＜通过＞：输入 E 并按 Enter 键

命令行提示：要在偏移后删除源对象吗？［是(Y)/否(N)］＜默认状态＞：输入 Y 或 N 并按 Enter 键/空格键

说明：输入 Y 后，则偏移操作完成后，偏移源对象将被删除；输入 N 后，则偏移操作完成后，偏移源对象将不被删除。

(4) 图层(L)——此命令操作将确定将偏移对象创建在当前图层上还是源对象所在的图层上。

命令行提示：指定偏移距离或［通过(T)/删除(E)/图层(L)］＜当前距离＞：输入 L 并按 Enter 键/空格键

命令行提示：输入偏移对象的图层选项［当前(C)/源(S)］＜源＞：输入 C 或 S 并按 Enter 键/空格键

【例题 6-7】 首先绘制一水平直线，然后将此水平直线分别向上和向下方向偏移 50。

操作提示：

步骤一：打开如图 6.19 所示的 AutoCAD 2014 工作界面最底部状态栏的正交操作开关，用于绘制水平直线。

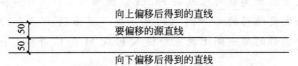

图 6.19　状态栏中的正交模式按钮

步骤二：运用直线命令绘制任意一条水平直线。

步骤三：在命令行输入 "offset"，启动偏移命令操作。命令行提示如下。

指定偏移距离或［通过(T)/删除(E)/图层(L)］＜通过＞：输入 50 并按 Enter 键

选择要偏移的对象，或［退出(E)/多个(M)/放弃(U)］＜退出＞：单击选择要偏移的水平直线，然后分别在水平直线的上方位置单击鼠标左键，完成向上偏移操作。然后，再单击选择源水平直线，再在源水平直线的下方位置单击，完成向下偏移操作

操作完成后的三条直线如图 6.20 所示。

```
              向上偏移后得到的直线
┌──50──────────────────────────────────
│       要偏移的源直线
└──50──────────────────────────────────
              向下偏移后得到的直线
```

图 6.20　例题 6-7 完成偏移操作后的三条直线

说明：在图 6.20 中，为了便于识别，对源直线、向上偏移直线和向下偏移直线分别进行文字标注，同时标注出了三条直线的间距。

# 6.6　阵列对象

阵列操作可以将所选对象按矩形或环形进行多重复制。

启动阵列命令的方法如下。

方法一：选择"修改"下拉菜单中的"阵列"。

方法二：单击"修改"工具栏中的"阵列"按钮。

方法三：在命令行输入 "array"。

阵列命令启动后，可以对所选择的图形进行相应的矩形阵列、路径阵列和环形阵列操作。

## 6.6.1　矩形阵列

启动矩形阵列操作，可以通过单击"修改"下拉菜单中的"阵列"子菜单中的"矩形

阵列"来进行。

**命令行提示**：选择对象：<u>通过拖动鼠标左键的方式，来窗选需要阵列的图形元素，然后单击鼠标右键确认选择</u>

**说明**：完成此操作后，在绘图窗口会自动出现一个三行四列的矩形阵列。但此时，阵列操作并未完成，可以通过调整行数、列数、间距等参量来完成所要求的阵列操作。

**【例题 6 - 8】** 绘制一个任意三角形，运用矩形阵列方式，生成一个四行五列的矩形阵列。

**操作提示：**

步骤一：运用直线命令绘制任意一个三角形。

步骤二：选择"修改"下拉菜单中的"阵列"子菜单中的"矩形阵列"，启动矩形阵列操作命令。

**命令行提示**：选择对象：<u>通过窗选方式选择绘制好的三角形</u>

绘制的三角形被选择后，会以虚线的形式呈现。然后单击鼠标右键，则在绘图区域，自动生成如图 6.21 所示的一个三行四列的矩形阵列，但此阵列并不是需要完成的四行五列矩阵。观察这个三行四列矩形矩阵，可以看到在阵列四周的三角形上有蓝色的方形和三角形夹点。在此，要完成所规定的四行五列矩形阵列操作，可以有两种方法。

**图 6.21 矩形阵列操作中生成的三行四列矩形阵列**

第一种方法：通过拖动夹点，来更改阵列的行数和列数，完成相应的阵列操作。

第二种方法：通过命令行的提示完成相应的阵列操作。当需要阵列的三角形被选择后，命令行提示如下。

选择夹点以编辑阵列或 ［关联(AS)/基点(B)/计数(COU)/间距(S)/列数(COL)/行数(R)/层数(L)/退出(X)］＜退出＞：<u>输入 col 并按 Enter 键(更改列数)</u>

输入列数或 ［表达式(E)］＜4＞：<u>输入 5 并按 Enter 键(更改列数为 5 列)</u>

指定列数之间的距离或 ［总计(T)/表达式(E)］＜默认的列间距＞：<u>在此可以直接按Enter 键默认当前的列间距或输入新的列间距并按 Enter 键</u>

选择夹点以编辑阵列或 ［关联(AS)/基点(B)/计数(COU)/间距(S)/列数(COL)/行数(R)/层数(L)/退出(X)］＜退出＞：<u>R 并按 Enter 键(更改行数)</u>

输入行数或 ［表达式(E)］＜3＞：<u>输入 4 并按 Enter 键(更改行数为 4 行)</u>

指定行数之间的距离或 ［总计(T)/表达式(E)］＜默认的行间距＞：<u>在此可以直接按Enter 键默认当前的行间距或输入新的行间距并按 Enter 键</u>

最终生成的矩形阵列如图 6.22 所示。

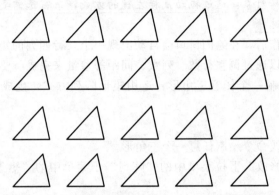

图 6.22　运用矩形阵列方法生成的四行五列矩形阵列

### 6.6.2　路径阵列

启动路径阵列操作，可以通过单击"修改"下拉菜单中的"阵列"子菜单中的"路径阵列"来进行。

启动路径阵列后，命令行提示如下。

选择对象：拖动鼠标左键窗选需要路径阵列的图形，再单击鼠标右键确认选择

选择路径曲线：单击选择阵列操作前已绘制的直线或曲线，则自动沿已有的直线或曲线进行图形的阵列（注意：在此之前已绘有一条直线或曲线）

选择夹点以编辑阵列或［关联(AS)/方法(M)/基点(B)/切向(T)/项目(L)/行(R)/层(L)/对齐项目(A)/Z方向(Z)/退出(X)］＜退出＞：输入相应选项对路径阵列操作进行设置即可

路径阵列可以将选定的图形按照已有的直线、曲线或圆等图形进行阵列。

如图 6.23、图 6.24 和图 6.25 所示是分别将一个三角形按照直线路径阵列、曲线路径阵列和圆形路径阵列。

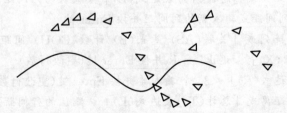

图 6.23　将一个三角形按照已有的直线路径进行阵列

图 6.24　将一个三角形按照已有的曲线路径进行阵列

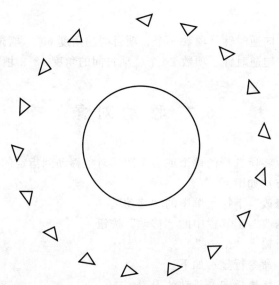

**图 6.25    将一个三角形按照已有的圆形路径进行阵列**

### 6.6.3    环形阵列

启动环形阵列操作，可以通过单击"修改"下拉菜单中的"阵列"子菜单中的"环形阵列"来进行。

启动环形阵列后，命令行提示如下。

选择对象：拖动鼠标左键窗选需要路径阵列的图形，再单击鼠标右键确认选择

指定阵列的中心点或［基点(B)/旋转轴(A)］：输入阵列中心点坐标或输入 B 或 A 并按 Enter 键

其中：

(1) 基点(B)——指定阵列时绕中心点旋转的基准点，基准点可以选取默认值也可以通过鼠标选取。

(2) 旋转轴(A)——指定阵列的旋转轴，可以使指定被阵列的图形绕轴进行阵列。将一正五边形绕指定旋转轴进行环形阵列如图 6.26 所示。对图 6.26 环形阵列修改相关参数：方向、项数、项目间的角度、填充角度、旋转项目或拖动夹点调整阵列，如图 6.27 所示。

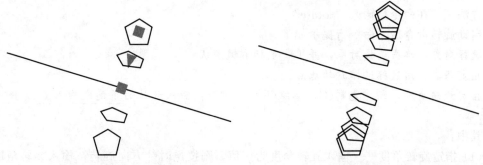

**图 6.26    指定旋转轴后，进行环形阵列**　　　　**图 6.27    修改参数后的环形阵列**

说明：

① 图 6.26 中，方向逆时针、项数 6 个、项目间的角度 60°、填充角度 360°。

② 图 6.27 中，方向逆时针、项数 20 个、项目间的角度 18°、填充角度 360°。

# 6.7 移动对象

移动对象命令可以将所选择的单个或多个图形对象移动到指定的位置。

启动移动命令的方法如下。

方法一：选择"修改"下拉菜单中的"移动"。

方法二：单击"修改"工具栏中的"移动"按钮。

方法三：在命令行输入"move"。

启动移动命令后，命令行显示如下。

选择对象：运用鼠标选择需要移动的图形

指定基点或［位移(D)］＜位移＞：用鼠标指定基点或输入位移

指定第二个点或＜使用第一个点作为位移＞：输入第二点或直接按 Enter 键

说明：

(1) 输入两点，将需要移动的对象从第一个点移到第二个点。

(2) 在指定基点或位移的提示下，输入"D"，则命令行提示如下。

指定位移＜0.0000，0.0000，0.0000＞：输入表示矢量的坐标，输入的坐标值将指定相对距离和方向

(3) 移动命令和复制命令有些类似，但移动命令操作后，源图形会被删除；复制命令操作后，源图形被保留。

# 6.8 旋转对象

旋转对象可以将指定的图形对象绕指定点进行旋转。

启动旋转命令的方法如下。

方法一：单击"修改"下拉菜单中的"旋转"。

方法二：单击"修改"工具栏中的"旋转"按钮。

方法三：在命令行输入"rotate"。

启动旋转命令后，命令行提示如下。

选择对象：单击选择对象，并单击鼠标右键确认

指定基点：用鼠标选择旋转基点

指定旋转角度，或［复制(C)/参照(R)］＜0＞：输入旋转的角度或输入 C 或 R 并按 Enter 键

其中：

(1) 指定旋转角度——输入旋转角度为正值，则按逆时针方向旋转；输入旋转角度为负值，则按顺时针方向旋转，如图 6.28 所示。

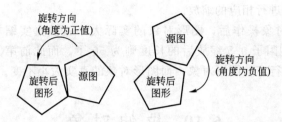

**图 6.28　旋转角度分别为正值和负值时的旋转结果对照**

（2）复制（C）——输入"C"后并按 Enter 键，可以旋转选定的对象，并保留源图形。

（3）参数（R）——输入"R"并按 Enter 键后，命令行提示如下。

指定参照角<0>：输入参照角度并按 Enter 键

指定新角度或［点（P）］<0>：输入新角度并按 Enter 键

**说明：**

AutoCAD 2014 会根据参照角和新角度的值自动计算旋转角度，旋转角度值＝新角度－参照角度，然后将对象依照该角度绕基点旋转。

# 6.9　缩放对象

缩放对象命令可以将所选的图形对象按照指定的基点和比例放大或缩小，且 $X$、$Y$、$Z$ 方向的缩放比例相同。

启动缩放对象命令的方法如下。

方法一：选择"修改"下拉菜单中的"缩放"。

方法二：单击"修改"工具栏中的"缩放"按钮。

方法三：在命令行输入"scale"。

启动缩放对象命令后，命令行提示如下。

选择对象：单击选择对象，并单击鼠标右键确认

指定基点：用鼠标选择旋转基点

指定比例因子或［复制（C）/参照（R）］：输入比例因子或输入 C 或 R 并按 Enter 键

其中：

（1）指定比例因子——直接输入一个数值，当数值为大于1的比例因子则使对象放大；当数值为介于0和1之间的比例因子则使对象缩小。同时，用户还可以拖动光标使对象变大或变小。

（2）复制（C）——可以缩放选定的图形对象，并在指定的位置保留源图形，原理和旋转命令中的复制（C）操作相同。

（3）参照（R）——输入"R"并按 Enter 键后，命令行提示如下。

指定参照长度<1.0000>：输入参照长度

指定新的长度或［点（P）］<1.0000>：输入新的长度

AutoCAD 2014 会根据参照长度和新的长度值自动计算比例因子，比例因子＝新的长

度值/参照长度值,并进行相应的缩放。

**注意**:进行缩放对象操作后,图形对象的实际大小就被真实缩放了。例如:原长为100的直线,通过比例因子0.5缩放后的长度则为50了。而此前第1章所讲的"视图缩放",只是在视觉上进行缩放图形对象,而图形对象的真实大小不变。

# 6.10 拉 伸 对 象

拉伸对象命令可以将图形对象中被选中的部分进行拉长、缩短或改变形状,同时,保持与源图形对象中未被选择部分相连。

启动拉伸对象命令的方法如下。

方法一:选择"修改"下拉菜单中的"拉伸"。

方法二:单击"修改"工具栏中的"拉伸"按钮。

方法三:在命令行输入"stretch"。

启动拉伸对象命令后,命令行提示如下。

以交叉窗口或交叉多边形选择要拉伸的对象……

选择对象:<u>以交叉窗口或交叉多边形方式选择对象</u>

指定基点或 [位移(D)] <位移>:<u>输入基点或位移</u>

其中:

(1)指定基点——输入基点,则系统会根据基点和第二个点确定的长度和方向拉伸,命令行会提示如下。

指定第二个点或<使用第一个点作为位移>:<u>输入第二个点或按 Enter 键</u>

(2)位移(D)——根据位移量拉伸对象。

**说明**:

① 在选择需要拉伸的图形对象时,必须用交叉窗口或交叉多边形选择要拉伸的对象,并能保持与窗口外对象的连接关系。

② 如果用窗口方式或多边形窗口方式选择对象,则类似"move"操作,将移动图形对象而不是拉伸图形对象。

**【例题6-9】** 对图6.29所示的图形进行拉伸操作。

图6.29 需要被拉伸操作的图形

**操作提示**:

选择"修改"下拉菜单中的"拉伸",启动拉伸对象命令。命令行提示如下。

以交叉窗口或交叉多边形选择要拉伸的对象……

选择对象:<u>以交叉窗口方式选择对象</u>(图6.30)。

指定基点或 [位移(D)] <位移>:<u>单击选定基点</u>(图6.31)

指定第二个点或<使用第一个点作为位移>:<u>拖动鼠标左键确定第二个点,单击鼠标左键确认</u>(拉伸过程中的图形如图6.32所示,图6.33则为拉伸完成后的图形对象)

图6.30 用交叉窗口方式选择部分图形对象

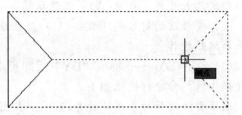

图6.31 选定图形对象上的点为基点

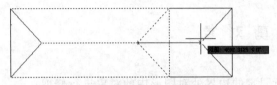

图6.32 拖动鼠标对图形对象进行拉伸

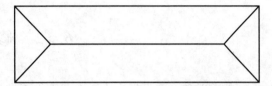

图6.33 完成拉伸后的图形

# 6.11 拉 长 对 象

拉长对象命令可以用于改变非封闭图形对象的长度或圆弧的夹角，但对于封闭的对象则无效。

启动拉长对象命令的方法如下。

方法一：选择"修改"下拉菜单中的"拉长"。

方法二：在命令行输入"lengthen"。

启动拉长对象命令后，命令行提示如下。

选择对象或［增量(DE)/百分数(P)/全部(T)/动态(DY)］：<u>选择对象或输入 DE 或 P 或 T 或 DY</u>

其中：

(1) 选择对象——选择直线、圆弧、多段线、样条曲线。选择对象后，系统会显示当前长度或圆心角。

(2) 增量(DE)——输入"DE"后，按照增量值加长或缩短线段或圆弧。执行此操作后，命令行提示如下。

输入长度增量或［角度(A)］<默认值>：<u>输入长度增量或 A 按 Enter 键</u>

(3) 百分数(P)——指定占总长度的百分比来设置图形对象的长度。执行此操作后，命令行提示如下。

输入长度百分数<默认值>：<u>输入相应的长度百分数</u>(如果长度百分数大于100%，则将源图形拉长；如果长度百分数小于100%，则将源图形缩短)

选择要修改的对象或［放弃(U)］：<u>在图形对象上单击则实时完成对所选择的图形的拉长和缩短操作</u>

(4) 全部(T)——指定图形对象的总的长度或圆弧夹角的总角度值。执行此操作后，命令行提示如下。

指定总长度或［角度(A)］＜默认值＞：输入新的总长度

选择要修改的对象或［放弃(U)］：在图形对象上单击则实时完成对所选择的图形的拉长和缩短操作

(5) 动态(DY)——输入"DY"后即可以动态方式改变对象的长度或圆弧的角度。执行此操作后，命令行提示如下。

选择要修改的对象或［放弃(U)］：在图形对象上单击，则图形对象似橡皮筋一样可以任意伸缩

指定新端点：输入新端点的坐标，即可完成图形的拉长和缩短操作

# 6.12 修剪对象

修剪对象命令可以在由一个或多个对象所限定的边界处对图形中的对象进行修剪。

启动修剪对象命令的方法如下。

方法一：选择"修改"下拉菜单中的"修剪"。

方法二：单击"修改"工具栏中的"修剪"按钮。

方法三：在命令行输入"trim"。

启动修剪对象命令后，命令行提示如下。

选择对象或＜全部选择＞：选择剪切边界对象(可以连续选择多个图形实体作为剪切边界，选择完毕后按 Enter 键确认)

选择要修剪的对象，或按住 Shift 键选择要延伸的对象或

［栏选(F)/窗交(C)/投影(P)/边(E)/删除(R)/放弃(U)］：输入 F 或 C 或 P 或 E 或 R 或 U 执行相应操作

其中：

(1) 选择对象——当要修剪的对象被选择后，AutoCAD 2014 会以剪切边为边界，将鼠标单击处剪切边上的多余部分或鼠标单击的介于两条剪切边之间的部分剪切掉，如图 6.34 和图 6.35 所示。由图可知，相对于剪切边界，鼠标单击被剪切边位置不同，剪切效果是不同的。

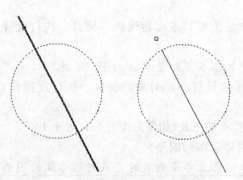

图 6.34　修剪剪切边界一侧的多余对象

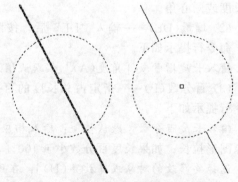

图 6.35　修剪剪切边界内侧的多余对象

(2) 按住 Shift 键选择要延伸的对象——在修剪时，如果剪切边界和被修剪边没有相

交，此时按住 Shift 键，并在被剪切对象上单击，则被剪切对象被延伸到剪切边上，此选项提供了修剪和延伸之间切换的简便方法，操作方式如图 6.36 所示。

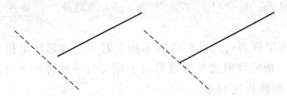

图 6.36  运用修剪命令完成延伸操作

**注意**：图 6.36 的操作是运用修剪命令完成了 6.13 节的延伸操作。其步骤是先选择延伸边界，再按住 Shift 键单击需要延伸的对象，完成延伸操作。

（3）栏选（F）——以栏选方式确定被修剪对象。操作步骤：①选择剪切边界；②通过栏选方式选择需要被修剪的对象；③执行修剪操作。栏选方式修剪对象过程如图 6.37 所示。

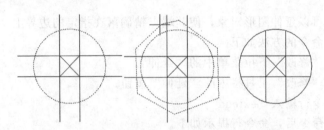

图 6.37  以栏选方式确认修剪对象并执行修剪操作

（4）窗交（C）——选择与窗口边界相交的图形对象作为被修剪对象。操作步骤：①选择剪切边界；②通过窗交方式选择需要被修剪的对象；③执行修剪操作。窗交方式修剪对象的过程如图 6.38 所示。

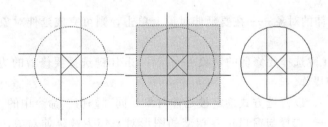

图 6.38  以窗交方式确认修剪对象并执行修剪操作

（5）投影（P）——确定修剪时的投影方式。执行投影方式修剪对象时，命令行提示如下。

输入投影选项［无(N)/UCS(U)/视图(V)］＜UCS＞：输入 N 或 U 或 V

其中：

① 无(N)——指定修剪边和被修剪边在三维空间精确相交才能进行修剪。

② UCS(U)——指定修剪边和被修剪边在当前 UCS 的 *XOY* 平面上投影相交，即可进行修剪。

③ 视图(V)——指定修剪边和被修剪边在视图平面上相交，即可进行修剪。

（6）边（E）——确定修剪时修剪边是否允许隐含延伸至相交。执行边方式修剪对象时，命令行提示如下。

输入隐含边延伸模式 ［延伸（E）/不延伸（N）］ ＜不延伸＞：输入 E 或 N

其中：

① 延伸（E）——指定修剪边与被修剪边不相交时可隐含延伸至相交。

② 不延伸（N）——指定修剪边与被修剪边不相交时不允许隐含延伸。

（7）删除（R）——删除指定对象。

（8）放弃（U）——结束修剪操作。

**说明**：在进行修剪操作时，始终是先选择剪切边界，然后选择被修剪的对象，这个选择顺序不要颠倒。

# 6.13  延  伸  对  象

延伸对象命令可以延伸图形对象，使其端点精确落在指定的边界上。

启动延伸对象命令的方法如下。

方法一：单击"修改"下拉菜单中的"延伸"。

方法二：单击"修改"工具栏中的"延伸"按钮。

方法三：在命令行输入"extend"。

启动延伸对象命令后，命令行提示如下。

选择对象或＜全部选择＞：选择作为延伸边界的对象

选择要延伸的对象，或按住 Shift 键选择要修剪的对象，或

［栏选（F）/窗交（C）/投影（P）/边（E）/放弃（U）］：输入 F 或 C 或 P 或 E 或 U 执行相应操作

其中：

（1）选择要延伸的对象——在要延伸对象上单击，则可完成延伸对象延伸至延伸边界的操作。

（2）按住 Shift 键选择要修剪的对象——按住 Shift 键选择要修剪的边，在延伸对象过程中完成对象修剪操作。

（3）栏选（F）——以栏选方式确定被延伸对象，同"修剪"命令中的"栏选"选项。

（4）窗交（C）——选择与窗口边界相交的图形对象作为被延伸对象，同"修剪"命令中的"窗交"选项。

（5）投影（P）——确定延伸时的投影方式，同"修剪"命令中的"投影"选项。

（6）边（E）——确定延伸边界是否允许延伸至相交，同"修剪"命令中的"边"选项。

（7）放弃（U）——结束延伸操作。

**【例题 6-10】**  完成图 6.39 中水平和垂直直线向外围圆的延伸操作。

**操作提示：**

步骤一：选择"修改"下拉菜单中的"延伸"，启动延伸命令。

步骤二：启动延伸命令后，命令行提示如下。

选择对象或＜全部选择＞：选择作为延伸边界的对象（在外围圆上单击鼠标左键，选

择此圆）

选择要延伸的对象，或按住 Shift 键选择要修剪的对象，或

[栏选（F）/窗交（C）/投影（P）/边（E）/放弃（U）]：在此状态下依次在水平和垂直直线
需要被延伸的边上的 1、2、3、4、5、6、7、8 点单击，即可完成延伸操作，图 6.39 所示

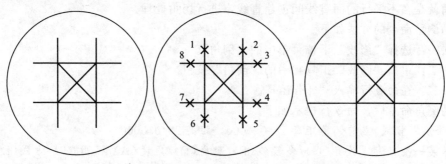

图 6.39　延伸操作实例

# 6.14　打断对象

从指定的点处将对象分成两部分，或删除对象上所指定两点之间的部分。
启动打断对象命令的方法如下。
方法一：选择"修改"下拉菜单中的"打断"。
方法二：单击"修改"工具栏中的"打断"按钮。
方法三：在命令行输入"break"。
启动打断对象命令后，命令行提示如下。
选择对象：选择需要被打断的图形对象
指定第二个打断点或 [第一点（F）]：用鼠标直接指定第二个打断点或输入 F（即可将
图形对象打断成为两部分）。
其中：
（1）指定第二个打断点——AutoCAD 2014 将用户在此前步骤选择对象时的拾取点作
为第一个打断点，在此要求被打断的对象上指定第二个打断点。此时有两种打断方法：一
种是直接在被打断对象上单击确定第二个打断点，则拾取点和第二个打断点之间的对象被
删除（图 6.40）；另一种是输入符号"@"后按 Enter 键，AutoCAD 2014 在选择图形对象
时拾取点处将图形对象一分为二（图 6.41）。由图 6.41 可知，打断直线前夹点三个；打
断直线后，夹点五个，此时直线已经被分为两段了。

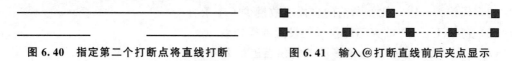

图 6.40　指定第二个打断点将直线打断　　　图 6.41　输入@打断直线前后夹点显示

（2）第一点（F）：在此输入 F，则重新在图形对象上指定第一个打断点和第二个打断点。

# 6.15 倒 角

倒角就是在不平行的两直线间创建直线，进行切角处理。

启动倒角命令的方法如下。

方法一：选择"修改"下拉菜单中的"倒角"。

方法二：单击"修改"工具栏中的"倒角"按钮。

方法三：在命令行输入"chamfer"。

启动倒角命令后，命令行提示如下。

（"修剪"模式）当前倒角距离 1＝0.0000，距离 2＝0.0000

选择第一条直线 ［放弃(U)/多段线(P)/距离(D)/角度(A)/修剪(T)/方式(E)/多个(M)］：<u>直接选择第一条需要倒角的直线或输入 U 或 P 或 D 或 A 或 T 或 E 或 M 并按 Enter 键</u>

其中：

(1) 选择第一条直线——运用鼠标单击需要倒角的第一条直线，则命令行提示如下。

选择第一条直线 ［放弃(U)/多段线(P)/距离(D)/角度(A)/修剪(T)/方式(E)/多个(M)］：<u>直接选择第一条需要倒角的直线</u>

选择第二条直线，或按住 Shift 键选择直线以应用角点或 ［距离(D)/角度(A)/方法(M)］：<u>选择第二条倒角直线或按住 Shift 键选择直线以应用角点，或输入 D 或 A 或 M</u>

说明：

① 在此如果选择第二条倒角直线，则倒角操作完成。

② 按住 Shift 键再选择对象时，如果选定的倒角对象是多段线，选择的两对象被另一条多段线分隔，则倒角命令将删除此分隔多段线并用倒角代替。如果选定的倒角对象是直线，则倒角命令不会删除两倒角直线间的分隔直线，而会直接倒角并保留两倒角对象间的直线。

【例题 6-11】 分别用直线和多段线绘制一任意图形，在倒角时按住 Shift 键选择对象，观察两种不同线型倒角效果的差异。

说明：在图 6.42 中，(a)图形是用直线绘制；(b)图形是用多段线绘制；(c)图形是对直线绘制的图形进行倒角；(d)图形是对多段线绘制的图形进行倒角。同时，为了便于识别，在(a)和(b)源图中用"点"标识了需要被倒角的边。在按下 shift 键状态下选择第二个需要被倒角的图形对象后，直线和多段线倒角的结果是不同的。在直线图形倒角的(c)图中，没有删除被倒角两直线间的直线，完成倒角后图形中的直线为 7 条，同倒角前的直线数；在多段线图形倒角的(d)图中，则删除了被倒角两多段线间的线段，完成倒角后图形中的多段线为 6 段，比倒角前的多段线数量少了 1 条。

(2) 放弃(U)——放弃已经执行的设置或操作。

(3) 多段线(P)——对整条多段线的顶点进行倒角。

选择第一条直线 ［放弃(U)/多段线(P)/距离(D)/角度(A)/修剪(T)/方式(E)/多个(M)］：<u>输入 P 并按 Enter 键</u>

选择二维多段线或 ［距离(D)/角度(A)/方法(M)］：<u>在多段线上单击鼠标左键选择多</u>

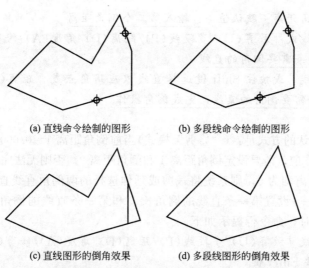

(a) 直线命令绘制的图形　　　　(b) 多段线命令绘制的图形

(c) 直线图形的倒角效果　　　　(d) 多段线图形的倒角效果

**图 6.42　在按住 Shift 键时分别对直线和多段线图形倒角**

段线则可完成对多段线所有顶点的倒角操作

多段线(P)方式下的倒角如图 6.43 所示。从图 6.43 可见，多段线的所有顶点都一次倒角成功。

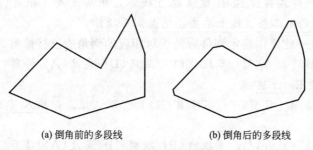

(a) 倒角前的多段线　　　　　　(b) 倒角后的多段线

**图 6.43　多段线的倒角**

（4）距离（D）——此操作设置倒角的距离，如图 6.44 所示。执行此操作时，命令行提示如下。

(a) 将被倒角的两直线　　　(b) 倒角距离为0时的效果　　　(c) 倒角距离不为0时的效果

**图 6.44　倒角距离设置不同时的倒角效果**

选择第一条直线 ［放弃（U）/多段线（P）/距离（D）/角度（A）/修剪（T）/方式（E）/多个
（M）］：<u>输入 D 并按 Enter 键</u>
指定第一个倒角距离＜默认值＞：<u>输入第一个倒角距离</u>

指定第二个倒角距离<默认值>：<u>输入第二个倒角距离</u>

选择第一条直线或［放弃（U）/多段线（P）/距离（D）/角度（A）/修剪（T）/方式（E）/多个（M）］：<u>选择第一条需要倒角的直线</u>

选择第二条直线，或按住 Shift 键选择直线以应用角点或［距离（D）/角度（A）/方法（M）］：<u>选择第二条需要倒角的直线，完成倒角操作</u>

**注意：**

① 因为系统默认的方式是：（"修剪"模式）当前倒角距离 1＝0.0000，距离 2＝0.0000，所以在执行倒角操作前，需要设定倒角距离 1 和倒角距离 2，否则无法完成倒角操作。

② 如果倒角距离均为 0，则系统将裁剪或延伸选择的两倒角直线直至相交。

（5）角度（A）——设置第一条直线的倒角长度和第一条直线的倒角角度，来完成倒角操作。执行此操作时，命令行提示如下。

选择第一条直线［放弃（U）/多段线（P）/距离（D）/角度（A）/修剪（T）/方式（E）/多个（M）］：<u>输入 A 并按 Enter 键</u>

指定第一条直线的倒角长度<默认值>：<u>输入第一条直线的倒角长度</u>

指定第一条直线的倒角角度<默认值>：<u>输入第一条直线的倒角角度</u>

选择第一条直线［放弃（U）/多段线（P）/距离（D）/角度（A）/修剪（T）/方式（E）/多个（M）］：<u>在需要倒角的第一条直线上单击</u>

选择第二条直线，或按住 Shift 键选择直线以应用角点或［距离（D）/角度（A）/方法（M）］：<u>在需要倒角的第二条直线上单击，完成倒角操作</u>

（6）修剪（T）——此操作确定倒角后是否对相应的倒角边进行修剪，如图 6.45 所示。

选择第一条直线［放弃（U）/多段线（P）/距离（D）/角度（A）/修剪（T）/方式（E）/多个（M）］：<u>输入 T 并按 Enter 键</u>

输入修剪模式选项［修剪（T）/不修剪（N）］<默认值>：<u>输入 T 或 N（T 模式修剪，N 模式不修剪）</u>

选择第一条直线［放弃（U）/多段线（P）/距离（D）/角度（A）/修剪（T）/方式（E）/多个（M）］：<u>选择第一条需要倒角的直线</u>

选择第二条直线，或按住 Shift 键选择直线以应用角点或［距离（D）/角度（A）/方法（M）］：<u>选择第二条需要倒角的直线，完成倒角操作</u>

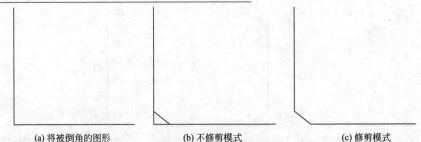

(a) 将被倒角的图形　　　(b) 不修剪模式　　　(c) 修剪模式

**图 6.45　修剪模式设置不同时的倒角效果**

（7）方式（E）——此选项控制的是用两个倒角距离方式还是用一个倒角距离和一个角度方式来执行倒角操作。

（8）多个（M）——选择此选项后，在执行了两条对象的倒角操作后，可以继续执行下一步的倒角操作，而不用重新启动倒角命令。

# 6.16 圆 角

倒圆角与倒角操作基本类似，不同的是倒圆角命令可以通过指定的圆弧来光滑连接两个对象。

启动倒圆角命令的方法如下。

方法一：选择"修改"下拉菜单中的"圆角"。

方法二：单击"修改"工具栏中的"圆角"按钮。

方法三：在命令行输入"fillet"。

启动倒圆角命令后，命令行提示如下。

选择第一个对象或［放弃(U)/多段线(P)/半径(R)/修剪(T)/多个(M)］：选择第一个对象或输入U或P或R或T或M并按Enter键

其中：

(1) 选择第一个对象——此选项为默认项，用户选择第一个对象后，系统会提示选择第二个对象，然后根据指定半径对两个对象执行倒圆角操作。

(2) 放弃(U)——放弃已经执行的设置或操作。

(3) 多段线(P)——对多段线执行倒圆角操作，同倒角操作。

(4) 半径(R)——设置圆角半径。

(5) 修剪(T)——执行倒圆角操作的修剪模式，同倒角操作。

(6) 多个(M)——选择此选项后，在执行了两条对象的倒圆角操作后，可以继续执行下一步的倒圆角操作，而不用重新启动倒圆角命令，同倒角操作。

倒圆角操作基本和倒角操作基本相同，倒圆角操作可以参看图 6.46、图 6.47 和图 6.48。同时，观察倒角图 6.43、图 6.44 和图 6.45 和倒圆角图 6.46、图 6.47 和图 6.48 之间的不同。

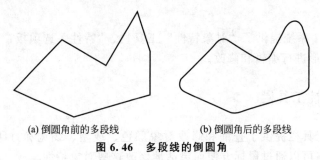

(a) 倒圆角前的多段线　　　　　　(b) 倒圆角后的多段线

图 6.46　多段线的倒圆角

(a) 将被倒圆角的两直线　　　　(b) 圆角距离为0时的效果　　　　(c) 圆角距离不为0时的效果

图 6.47　倒圆角距离设置不同时的倒圆角效果

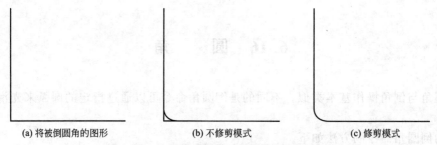

(a) 将被倒圆角的图形　　　　　(b) 不修剪模式　　　　　(c) 修剪模式

图 6.48　修剪模式设置不同时的倒圆角效果

# 6.17　分　解　对　象

分解对象命令可以将一个复杂的对象(如多段线、块、尺寸标注、多线、矩形、多边形等)分解为多个简单的对象。

启动分解对象命令的方法如下。

方法一：选择"修改"下拉菜单中的"分解"。

方法二：单击"修改"工具栏中的"分解"按钮。

方法三：在命令行输入"explode"。

启动分解对象命令后，命令行提示如下。

选择对象：用鼠标选择要分解的对象即可完成分解操作

**说明**：复杂的对象被分解后，变成直线、圆弧、圆等单一对象后，会保留图层、线型、颜色等属性。

# 6.18　综　合　编　辑

AutoCAD 2014 系统提供了"对象特性"工具栏、"特性"选项板、"特性匹配"和夹点的编辑功能对图形进行编辑和修改。

## 6.18.1　对象特性工具栏

"对象特性"工具栏提供了查询和修改对象颜色、线型、线宽和打印样式等功能，如图 6.49 所示，用户可以通过鼠标方便而灵活地修改这些对象特性。

图 6.49　"对象特性"工具栏

## 6.18.2　对象特性管理器

"对象特性管理器"是一个选项板，称为"特性"选项板，用户可以通过"特性"选项板快速查询和修改图形对象的有关特性。

启动"对象特性管理器"的方法如下。

方法一：选择"修改"下拉菜单中的"特性"。

方法二：按 Ctrl+1 组合键。

方法三：在命令行输入"properties"。

启动对象特性管理器后，会弹出如图 6.50 所示的"特性"选项板。

**说明：**

（1）"特性"选项板可以显示选定对象的特性，而且可以在"特性"选项板中修改所选定对象的特性。如果未选择对象，"特性"选项板将只显示当前图层和布局的基本特性、附着在图层上的打印样式表名称、视图特性和用户坐标系的相关信息。

（2）单击"特性"选项板右上角的"切换 PICKADD 系统变量的值"按钮时，可以打开或关闭 PICKADD 系统变量。PICKADD 打开时，每个选定对象都将添加到当前选择集中。PICKADD 关闭时，选定对象将替换当前的选择集。

（3）单击"特性"选项板右上角的"选择对象"按钮时，可以选择对象，并将对象的特性在选项板中显示出来。

（4）单击"特性"选项板右上角的"快速选择"按钮时，会弹出"快速选择"对话框，可以使用"快速选择"创建基于过滤条件的选择集。

图 6.50 "特性"选项板

## 6.18.3 特性匹配

特性匹配功能可以将一个对象的某些或所有特性复制到另一个或多个对象上，有点类似于 Word 软件中的格式刷功能。

启动特性匹配的方法如下。

方法一：选择"修改"下拉菜单中的"特性匹配"。

方法二：单击"标准"工具栏中的"特性匹配"按钮。

方法三：在命令行输入"matchprop"。

启动特性匹配命令后，命令行提示如下。

选择源对象：选择特性匹配的源对象

选择目标对象或［设置（S）］：选择需要被更改特性的目标对象或输入 S 并按 Enter 键

其中：

（1）选择目标对象——目标对象即将要被赋予源对象特性的对象。

（2）设置（S）——输入 S 按 Enter 键后会弹出如图 6.51 所示的"特性设置"对话框。在此被勾选的基本特性和特殊特性可以被赋予目标对象。

土木工程CAD

图 6.51 "特性设置"对话框

### 6.18.4 运用夹点编辑对象

1. 夹点的概念

在 AutoCAD 2014 绘制的图形对象中，都会有若干个几何特征点，直接编辑和修改这些特征点可以提高图形的编辑效率，从而快捷、方便地进行移动、旋转、缩放、拉伸和镜像等编辑操作，这些特征点在 AutoCAD 2014 中称为"夹点"。

对于不同的图形，其图形对象的夹点数量是不同的，夹点的几何特征也不同。选取对象后，图形中的夹点会用蓝色小方框显示，夹点标记的颜色和大小可以改变，常见图形对象的夹点显示如图 6.52 所示。

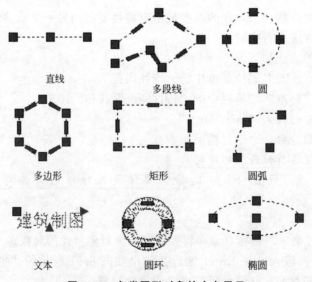

图 6.52 各类图形对象的夹点显示

2. 夹点编辑

1）使用夹点拉伸对象

拉伸对象是选择夹点后的默认操作。在 AutoCAD 2014 中，可以通过选定图形对象上的夹点，单击鼠标左键来移动夹点到新位置完成拉伸对象操作。但是，选定文字、块参照、直线中点、圆心和点对象上的夹点将移动对象而不是拉伸对象。

**【例题 6-12】** 如图 6.53 所示的正六边形，通过移动夹点完成其拉伸操作。

**操作提示：**

步骤一：首先选择正六边形，如图 6.54 所示。

步骤二：用鼠标左键分别选定顶点和边上任意一个夹点，进行拖动，即可完成夹点拉伸对象操作，如图 6.55 和图 6.56 所示。

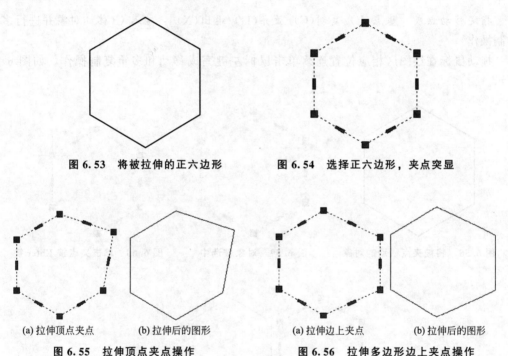

图 6.53 将被拉伸的正六边形　　　图 6.54 选择正六边形，夹点突显

(a) 拉伸顶点夹点　　(b) 拉伸后的图形　　　(a) 拉伸边上夹点　　(b) 拉伸后的图形

图 6.55 拉伸顶点夹点操作　　　　　图 6.56 拉伸多边形边上夹点操作

**说明：** 在选择对象后，按住 Shift 键，可以选择多个夹点进行相应的拉伸操作，如图 6.57 所示。观察图 6.57 中的(a)图，多夹点选择时，被选择的夹点是红色显示。

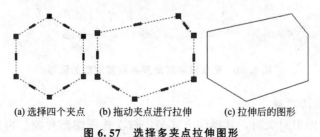

(a) 选择四个夹点　　(b) 拖动夹点进行拉伸　　(c) 拉伸后的图形

图 6.57 选择多夹点拉伸图形

2）使用夹点移动对象

运用夹点移动图形对象时，其操作方式是：首先选择图形对象，再选取夹点，在拉伸模式下按一次 Enter 键或输入 move，进入移动对象模式则可完成运用夹点移动对象操作，其功能类似 move 命令。但相对 move 命令，运用夹点移动对象时，其中的"复制"选项能进行多重复制操作。

**【例题 6 - 13】** 运用夹点功能移动图 6.58 所示正六边形并完成多重复制操作。

**操作提示：**

首先选择需要被移动的对象，被选择的对象中的夹点会被突显，如图 6.59 所示。命令行显示如下。

指定拉伸点或 ［基点(B)/复制(C)/放弃(U)/退出(X)］：<u>单击夹点直接按一次 Enter 键或单击夹点输入 move 再按 Enter 键</u>（由拉伸对象模式进入移动对象模式，如图 6.60 所示）。

指定移动点或 ［基点(B)/复制(C)/放弃(U)/退出(X)］：<u>输入 C</u>（移动对象并进行多重复制操作）

拖动鼠标在绘图区相应位置连续单击鼠标左键完成移动和多重复制操作，如图 6.61 所示。

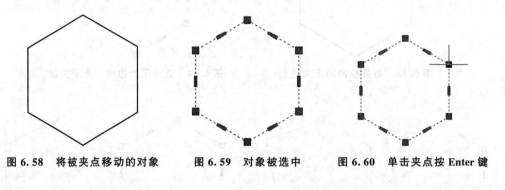

图 6.58 将被夹点移动的对象　　　图 6.59 对象被选中　　　图 6.60 单击夹点按 Enter 键

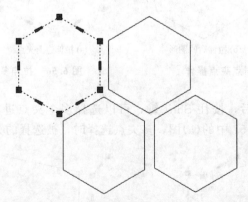

图 6.61 夹点移动对象并多重复制后的图形

3) 使用夹点旋转对象

运用夹点旋转图形对象时，其操作方式是：首次选择图形对象，再选取夹点，在拉伸模式下按两次 Enter 键或输入"rotate"，进入旋转对象模式则可完成运用夹点旋转对象操作。同样，运用夹点旋转对象时，其中的"复制"选项能进行多重复制操作。

4）使用夹点缩放对象

运用夹点缩放图形对象时，其操作方式是：首次选择图形对象，再选取夹点，在拉伸模式下按三次 Enter 键或输入 scale，进入缩放对象模式则可完成运用夹点缩放对象操作。同样，运用夹点缩放对象时，其中的"复制"选项能进行多重复制操作。

5）使用夹点镜像对象

运用夹点镜像图形对象时，其操作方式是：首次选择图形对象，再选取夹点，在拉伸模式下按四次 Enter 键或输入 mirror，进入镜像对象模式则可完成运用夹点镜像对象操作。同样，运用夹点镜像对象时，其中的"复制"选项能进行多重复制操作。

# 本 章 小 结

本章主要介绍了二维图形的编辑和修改操作方法，着重阐述了运用删除、复制、镜像、偏移、阵列、移动、旋转、缩放、拉伸、拉长、修剪、延伸、打断、倒角、圆角、分解等命令对图形进行编辑和修改的操作方法。

图形的编辑和修改操作是 AutoCAD 2014 绘图过程中非常重要的环节，在准确绘图的基础上，对图形的编辑和修改可以使绘制的图形更精确和完美。

# 习 题

## 一、选择题（单选或多选）

1. 快速选择图形对象的命令是（　　）。

    A. qselect         B. select         C. wp         D. cp

2. 下列编辑方法中，（　　）均有完成图形复制的功能。

    A. 复制         B. 镜像         C. 阵列         D. 偏移

3. 下列描述中正确的是（　　）。

    A. MIRRTEXT＝1 时，镜像前后的图形依镜像线完全对称

    B. MIRRTEXT＝0 时，镜像前后的图形依镜像线完全对称

    C. MIRRTEXT＝1 时，镜像前后的图形图形依镜像线部分对称，文字依然可读

    D. MIRRTEXT＝0 时，镜像前后的图形图形依镜像线部分对称，文字依然可读

4. 阵列的形式有（　　）。

    A. 环形阵列                   B. 矩形阵列

    C. 路径阵列                   D. A、B、C 项均正确

5. 旋转图形对象时，当旋转的角度值为正值时，图形将沿（　　）方向转动。

    A. 逆时针                       B. 顺时针

    C. 可以顺时针也可以逆时针         D. 仅 A 项正确

6. 修剪图形对象操作时，下列描述正确的是（　　）。

    A. 先选择被修剪对象，再选择修剪边界     B. 先选择修剪边界，再选择被修剪对象

    C. 可以同时全部选择再修剪             D. 以上描述均正确

7. 特性匹配操作可以将下述描述中的(　　)图形参量进行相应匹配操作。

A. 线型　　　　　B. 线条颜色　　　　　C. 文本　　　　　D. 标注

**二、思考题**

1. 什么是选择集？在 AuotCAD2014 中选择图形对象时有哪些选择方式？请一一列举。

2. 什么是窗口方式？什么是交叉方式？窗口方式和交叉方式选择图形对象时在操作和效果上有什么不同？

3. 什么是循环选择？执行循环选择的条件是什么？如何执行循环选择？

4. 什么是栏选方式？

5. AutoCAD 2014 中对图形进行编辑和修改的命令操作有哪些？请一一列举。

6. 拉伸和拉长图形对象有什么不同？

7. 什么是夹点？运用夹点编辑图形对象有什么特点或优势？

**三、绘图操作题**

1. 完成如图 6.62 所示的打断操作。操作说明：图 6.62（a）为需要被打断的圆；图 6.62（b）为打断结果一；图 6.62（c）为打断结果二。

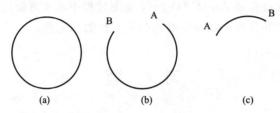

图 6.62　图形绘制

2. 绘制如图 6.63 所示的图形。操作提示：先参照图 6.64 绘制图形，进行适当修剪，再复制或阵列即可得到图 6.63。

图 6.63　图形绘制

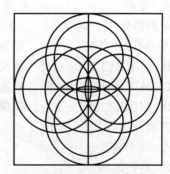

图 6.64　提示图

3. 如图 6.65 所示，绘制正五边形，用"brick"图案填充。再将"brick"图案填充的正五边形创建为图块并存盘，进行写块和插入块操作。

4. 绘制如图 6.66 所示的图形。操作提示：先参照图 6.67 绘制图形，再复制或阵列即可得到图 6.66。

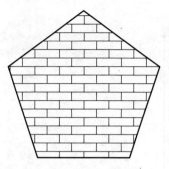

图 6.65 图案填充正五边形

图 6.66 图形绘制

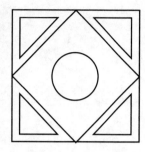

图 6.67 提示图

5. 如图 6.68 所示，绘制正五边形，用"brick"图案填充，分别按照 1 和 0.5 的填充比例进行填充，观察两者的不同。操作说明：当填充比例过小时，有可能填充图例不可识别，此时要放大填充比例，具体放大的比例要在多次尝试过程中取最佳效果。

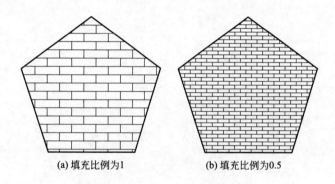

(a) 填充比例为1　　　　　　　　(b) 填充比例为0.5

图 6.68 不同填充比例填充正五边形

6. 绘制如图 6.69 所示的简支梁图形。

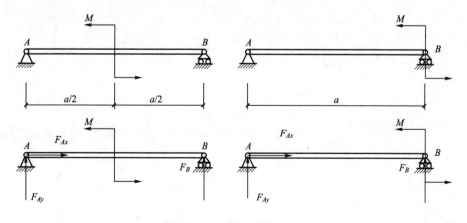

图 6.69 简支梁图形

7. 绘制如图 6.70 所示的刚架图形。

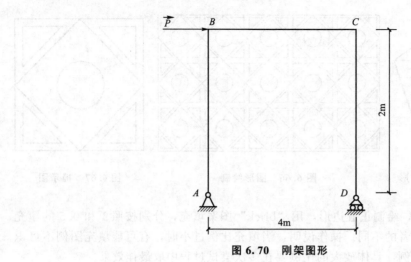

图 6.70　刚架图形

# 第**7**章
# 文字标注和表格创建

### 教学目标

本章主要介绍在 AutoCAD 2014 中进行文字和表格输入及编辑的方法，具体涉及创建文字样式、创建单行文字、创建多行文字、编辑文本、设置表格样式、创建表格和修改表格等操作。通过本章的学习，应达到以下目标。

(1) 掌握文字样式的设置方法。

(2) 掌握单行文字的输入方法。

(3) 掌握多行文字的输入方法。

(4) 掌握对已有文字进行编辑和修改的方法。

(5) 掌握表格样式的设置方法。

(6) 掌握运用 AutoCAD 2014 软件创建表格的操作。

(7) 能对 AutoCAD 2014 创建的表格进行编辑和修改。

### 教学要求

| 知识要点 | 能力要求 | 相关知识 |
|---|---|---|
| 设置文字样式 | (1) 能设置文字样式名<br>(2) 能设置中英文字体<br>(3) 能设置文字效果 | (1) 掌握 AutoCAD 2014 字库的概念<br>(2) 掌握对 gbenor. shx、gbeitc. shx 和 gbcbig. shx 字体的理解<br>(3) 掌握文字样式中颠倒、反向、垂直、宽度比例和倾斜角度等效果的操作 |
| 创建与编辑单行文字和多行文字 | (1) 掌握单行文字的创建方法<br>(2) 掌握单行文字的编辑方法<br>(3) 掌握多行文字的创建方法<br>(4) 掌握多行文字的编辑方法 | (1) 掌握单行文字输入时的菜单、命令输入和工具栏三种创建方法<br>(2) 掌握单行文字设置时各参数的含义<br>(3) 掌握单行文字的编辑和修改方法<br>(4) 掌握多行文字输入时的菜单、命令输入和工具栏三种创建方法<br>(5) 掌握多行文字设置时各参数的含义<br>(6) 掌握多行文字的编辑和修改方法 |
| 创建和编辑表格 | (1) 掌握表格的创建方法<br>(2) 掌握表格的编辑和修改方法 | (1) 掌握表格样式设置时数据、列标题和标题样式的设置方法<br>(2) 掌握表格输入时的菜单、命令输入和工具栏的创建方法<br>(3) 掌握表格文字和表格单元的修改和编辑方法 |

**119**

**基本概念**

AutoCAD 2014 字库、文字样式、中英文字体、文字效果、单行文字、多行文字、表格、数据、列标题、标题样式、表格文字和表格单元格等。

**引例**

AutoCAD 2014 是一款具备绘图功能的计算机辅助设计软件，运用 AutoCAD 2014 软件绘制的工程图在很多领域得到广泛应用。但图形的表达还需要文字和表格的注释和说明，在 AutoCAD 2014 软件中，提供了强大的文字和表格的输入和表达功能，通过文字和表格的运用，各类工程图的阅读和理解变得更便捷。

# 7.1　创建文字

在土木工程 CAD 制图中，图纸目录、设计说明及建筑构造做法等均需要通过文字标注进行注释加以说明，文字是运用 AutoCAD 2014 绘制土木工程图形时重要的组成部分。

## 7.1.1　定义文字样式

字体样式是在进行文本标注时，设定文字字体、字体高度、字体宽度比例、倾斜角度和字体效果（包括反向、倒置及垂直等字体效果）等参数的表达形式。

1. 启动文字样式

在 AutoCAD 2014 中，启动文字样式的命令为"style"，启动文字样式的具体操作如下。

方法一：在命令行输入"style"并按 Enter 键启动文字样式。

方法二：选择"格式"下拉菜单中的"文字样式"，即可打开"文字样式"对话框。

方法三：单击如图 7.1 所示的"文字"工具栏中的"文字样式"按钮启动文字样式。

**图 7.1　文字工具栏**

启动文字样式后，会弹出如图 7.2 所示的"文字样式"对话框，即可对文字样式进行相关的设定操作。

2. 定义文字样式

在图 7.2 所示的"文字样式"对话框中，可以进行文字样式的新建、删除、置为当前等操作，还可以设置文字样式的字体、大小和效果等操作。

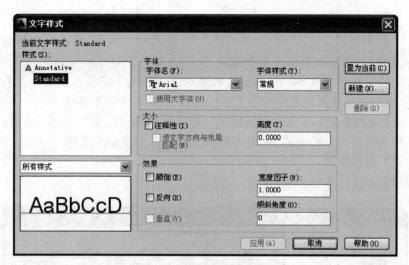

**图 7.2　文字样式对话框**

1)"样式"选项组

"文字样式"对话框中的"样式"选项区中显示了文字样式的名称、新建文字样式、将已有的文字样式置为当前和删除文字样式，各选项的含义如下。

(1)"样式"列表框——列出当前可以使用的文字样式，默认文字样式为"Standard"。

(2)"新建"按钮——单击该按钮打开"新建文字样式"对话框。在"样式名"文本框中输入新建文字样式名称后，单击"确定"按钮可以创建新的文字样式。新建文字样式将显示在"样式"列表框中。

(3)"删除"按钮——单击该按钮可以删除某一已有的文字样式，但无法删除已经使用的文字样式和默认的"Standard"样式。

(4)"置为当前"按钮——选择需要应用的文字样式，置为当前样式。

2)"字体"和"大小"选项组

"文字样式"对话框中的"字体"和"大小"选项组用于设置文字样式使用的字体和字高等属性。其中，"字体名"下拉列表框用于选择字体；"字体样式"下拉列表框用于选择字体格式，如斜体、粗体和常规字体等；"高度"文本框用于设置文字的高度。当选中"使用大字体"复选框，"字体样式"下拉列表框变为"大字体"下拉列表框，用于选择大字体文件。大字体是用来指定简体、繁体汉语、日语、韩语等亚洲语言所使用的字体文件。

如果在"高度"文本框中输入了文字高度，AutoCAD 2014 将按此高度标注文字，而不再提示指定高度。

AutoCAD 2014 提供了符合标注要求的多种字体：gbenor.shx、gbeitc.shx 和 gbcbig.shx 等。其中，gbenor.shx 和 gbeitc.shx 分别用于标注直体和斜体字母与数字；gbcbig.shx 则用于标注中文字体。

【例题 7-1】　在 AutoCAD 2014 中将 gbenor.shx、gbeitc.shx 和 gbcbig.shx 字体文件设定为新文字样式，并设置新文字样式的文件名为"Fonts"。

**操作提示：**

(1)在"文字样式"对话框中单击"新建"按钮，打开"创建文字样式"对话框。在"样式名"文本框中输入名称"Fonts"。

**121**

（2）单击"创建文字样式"对话框中的"确定"按钮，返回到"文字样式"对话框。

（3）在"文字样式"对话框中"字体"选项组的"字体名"下拉列表框中选择 gbenor.shx 选项(用于标注直体字母和数字)。如果标注斜体字母和数字，则应选择 gbe-itc.shx。再选择"使用大字体"复选框，此时"字体样式"下拉列表框将变为"大字体"下拉列表框(大字体是亚洲国家使用的文字)，在该下拉列表框中选择 gbcbig.shx 选项。

（4）完成上述操作后，单击"文字样式"对话框中的"应用"按钮，完成新文字样式的设置，并将文字样式"Fonts"置为当前样式，单击"关闭"按钮，AutoCAD 2014 关闭"文字样式"对话框。

本例题的具体操作界面显示如图 7.3 所示。

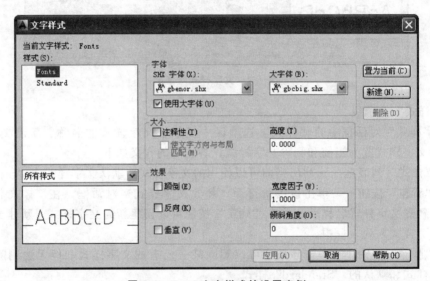

图 7.3　FontS 文字样式的设置实例

**注意：** AutoCAD 的所有字体都保存在 AutoCAD 安装目录下的 Fonts 文件夹中。如需要标注相应的工程字体，可以直接将字体文件拷贝到 Fonts 目录中，并在文字样式设定时启动需要的字体样式即可。

3）"效果"选项组

在"文字样式"对话框中，使用"效果"选项组中的选项可以设置文字的颠倒、反向、垂直等显示效果，文字效果显示如图 7.4 所示。

（1）颠倒效果——选中此复选框，可以设置字体上下颠倒的效果。

（2）反向效果——选中此复选框，可以设置字体反向排列的效果。

（3）垂直效果——选中此复选框，可以设置字体垂直排列。只有在选定字体支持双向"垂直"时才可用。TrueType 字体的垂直定位不可用。

（4）宽度因子——选中此复选框，可以设置字体宽度与高度的比值。当输入值为 1 时，将按系统定义的高宽比书写文字；输入值小于 1.0 时，字符会变窄；输入值大于 1.0 时，字符会变宽。

（5）倾斜角度——选中此复选框，可以设置字体的倾斜角度。输入一个 $-85\sim85$ 的值将使文字倾斜。角度为正值时，字体向右倾斜；角度为负值时，字体向左倾斜。

宽度变化和倾斜角度效果如图 7.5 所示。

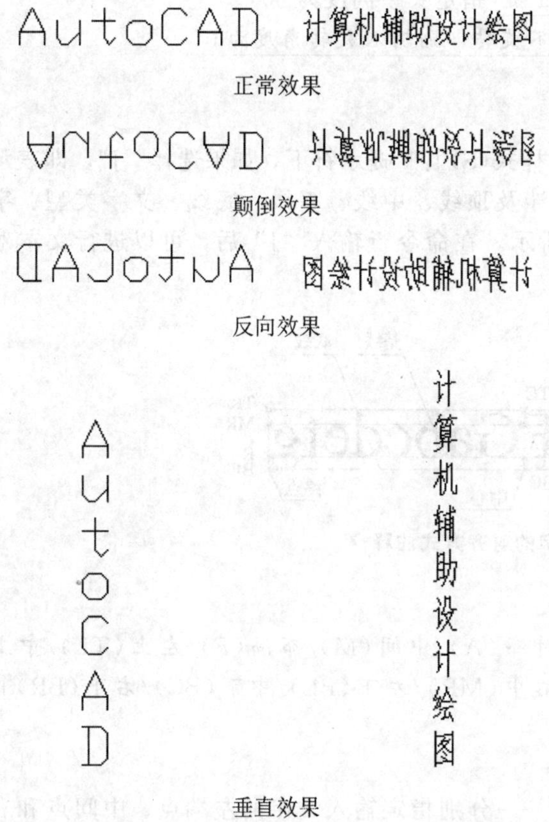

AutoCAD  计算机辅助设计绘图

正常效果

∀ntoCAD  图绘计设he辅机算计

颠倒效果

ꓷAⱭoⱦuA  图绘计设he辅机算计

反向效果

A
u
t
o
C
A
D

计
算
机
辅
助
设
计
绘
图

垂直效果

AutoCAD

正常效果

AutoCAD

宽度比增大效果

*AutoCAD*

倾斜效果

**图 7.4  AutoCAD 字体颠倒、反向和垂直效果显示** 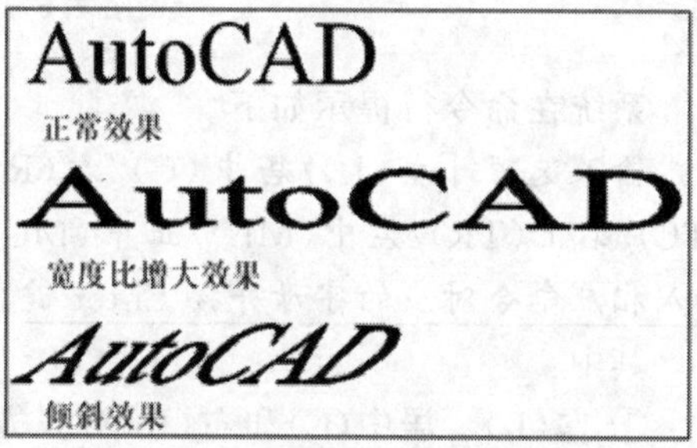　　　**图 7.5  AutoCAD 字体宽度比变化和倾斜效果**

4）"预览"选项组

在"文字样式"对话框的"预览"选项组中，可以在预览框中预览所选择或所设置的文字样式效果。

设置完文字样式后，单击"应用"按钮即可应用所设定的文字样式。然后单击"关闭"按钮，关闭"文字样式"对话框。

## 7.1.2  创建单行文字

执行单行文字输入命令时，每次只能输入一行文本，不能自动换行输入。

单行文本输入的操作方法如下。

方法一：选择"绘图"下拉菜单中"文字"选项，再单击"单行文字"。

方法二：在"文字"工具栏中单击"单行文字"按钮，"文字"工具栏参见图 7.1。

方法三：命令行输入"dtext"。

启动单行文字命令后，命令行显示如下。

当前文字样式：Standard　 当前文字高度：2.5000

指定文字的起点或［对正（J）/样式（S）］：用鼠标在绘图界面中拾取一点，作为文字起点

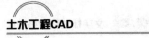

指定高度<2.5000>：<u>输入 50 按 Enter 键(指定文字高度为 50)</u>。

指定文字的旋转角度<0>：<u>如果文字不旋转，则输入旋转角度为 0</u>

即完成单行文字的输入。

**说明：**

(1) 在"指定文字的起点或 [对正(J)/样式(S)]："提示符下，如果选择"J"，即表示设置文字的对齐方式。文本的对齐方式会涉及顶线、中线、基线、底线、文字类型、字高、字宽、起点、终点等参量，如图 7.6 所示。在命令行输入"J"后，可以进行文本对齐方式的选择操作。

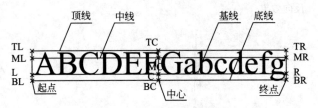

**图 7.6　文字的对齐方式注释**

系统在命令行提示如下。

输入选项 [左(L)/居中(C)/右(R)/对齐(A)/中间(M)/布满(F)/左上(TL)/中上(TC)/右上(TR)/左中(ML)/正中(MC)/右中(MR)/左下(BL)/中下(BC)/右下(BR)]：<u>输入相应命令对应的字母并按 Enter 键</u>

其中：

① 左(L)、居中(C)和右(R)对齐方式——分别指定输入文字的左端点、中间点和右端点。

② 对齐(A)——将文字注释在起点和终点之间，字宽和字高自动调节。

③ 中间(M)——将文字按指定高度、旋转角度注释在文字中心点两侧。

④ 布满(F)——在指定文字的起点和终点后，将文字布满起点整个区域中。

⑤ 左上(TL)/中上(TC)/右上(TR)——将文字按指定高度、旋转角度注释在顶线起点右侧、顶线中点两侧、顶线终点左侧。

⑥ 左中(ML)/正中(MC)/右中(MR)——将文字按指定高度、旋转角度注释在中线起点右侧、中线中点两侧、中线终点左侧。

⑦ 左下(BL)/中下(BC)/右下(BR)——将文字按指定高度、旋转角度注释在底线起点右侧、底线中点两侧、底线终点左侧。

(2) 在"指定文字的起点或 [对正(J)/样式(S)]："提示符下，如果选择"S"，即表示设定"Style"命令定义的文本字体样式。当输入"S"时，系统命令行提示如下。

输入样式名或 [?]<Standard>：<u>输入样式名或按 Enter 键</u>

此时，输入当前要使用的文字样式的名称；如果输入"?"后按两次 Enter 键，则显示当前所有的文字样式；如果直接按 Enter 键，则使用默认的文字样式。

【例题 7-2】 采用所有文本对齐注释方式标注文字"土木工程"，如图 7.7 所示。

×土木工程
　TL

　　土木工×程
　　　TC

土木工程×
　　TR

×土木工程
　ML

土木×工程
　MC

土木工程×
　MR

　×土木工程
　　BL

土木×工程
　BC

土木工程　×
　BR

**图 7.7 文字注释实例**

## 7.1.3 创建多行文字

在指定边界内创建多行文字及文字段落，AutoCAD 自动行列对齐，标注后的多行文本为一个整体，易于编辑。

多行文本输入的操作方法如下。

方法一：选择"绘图"下拉菜单中"文字"选项，再单击"多行文字"。

方法二：在"文字"工具栏中单击"多行文字"按钮，"文字"工具栏参看图 7.1。

方法三：命令行输入"mtext"。

启动多行文字命令后，系统命令行显示如下。

当前文字样式：Standard 当前文字高度：100

指定第一角点：拾取多行文字注释区第一顶点

指定对角角点或〔高度(H)/对正(J)/行距(L)/旋转(R)/样式(S)/宽度(W)/栏(C)〕：拖动鼠标到合适位置拾取多行文字注释区第一顶点的对角顶点或输入 H 或 J 或 L 或 R 或 S 或 W，则可弹出如图 7.8 所示对话窗口

其中：

(1) 高度(H)——指定新的文字高度。

(2) 对正(J)——指定矩形边界中文字的对正方式和文字的走向。

(3) 行距(L)——指定文字行与行之间的间距。

(4) 旋转(R)——指定整个文字的旋转角度。

(5) 样式(S)——指定多行文字对象所使用的文字样式。

(6) 宽度(W)——键盘输入或拾取图形中的点指定多行文字的宽度。

**图 7.8 多行文本编辑窗口**

## 7.1.4 特殊字符的输入

在 AutoCAD 2014 绘图过程中，常常会涉及一些特殊符号的输入，如直径符号、角度

符号、正负号等，而这些符号无法从键盘直接输入，需要通过 AutoCAD 2014 提供的控制码来注释这些特殊字符。AutoCAD 的控制码由"％％"和一个字符组成，如表 7-1 所示。输入控制码后，屏幕上不会立即显示它们所代表的特殊符号，只有按 Enter 键后，控制码才会变成相应的特殊字符。

表 7-1 控制码与特殊字符

| 控制码 | 特殊符号 | 控制码 | 特殊符号 |
| --- | --- | --- | --- |
| ％％O | 开关文字上划线 | ％％P | 正负号"±" |
| ％％U | 开关文字下划线 | ％％C | 直径符号"φ" |
| ％％D | 度的符号"°" | | |

**【例题 7-3】** 采用单行文字输入下列特殊字符。

(1) $5\pm25-0.4\%=?$

(2) $\phi10@100/200(2)$

(3) $5^3+9^2\pm120=?$

**操作提示：**

(1) 命令行输入：dtext 按 Enter 键

当前文字样式：Standard 当前文字高度：0.0000

指定文字的起点或 [对正(J)/样式(S)]：拾取绘图窗口任意点为起点

指定高度<0.0000>：输入字高 50

指定文字的旋转角度<0>：输入旋转角度 0

输入文字：5％％P25-0.4％=?

(2) 命令行输入：dtext 按 Enter 键。

当前文字样式：Standard 当前文字高度：0.0000

指定文字的起点或 [对正(J)/样式(S)]：拾取绘图窗口任意点为起点

指定高度<0.0000>：输入字高 50。

指定文字的旋转角度<0>：输入旋转角度 0

输入文字：％％C10@100/200(2)。

(3) 命令行输入：dtext 按 Enter 键

当前文字样式：Standard 当前文字高度：0.0000

指定文字的起点或 [对正(J)/样式(S)]：拾取绘图窗口任意点为起点

指定高度<0.0000>：输入字高 50

指定文字的旋转角度<0>：输入旋转角度 0

输入文字：5\U+00B3+9\U+00B2％％P120=?。

**注意：** 在特殊符号输入时应选择合适的字体才能正常显示，在此处选择"Time New Roman"字体可以正常显示输入的特殊字符效果。

### 7.1.5 文字编辑

文字标注后，有时需要对其属性或文字本身进行修改。AutoCAD 2014 提供了两种文本编辑的方法，即"Ddedit"命令和属性管理器，可以很方便地对文本进行相关编辑和修改。

1. 运用"ddedit"命令编辑文本

启动"ddedit"命令的操作如下。

方法一：单击"修改"下拉菜单"对象"子菜单中"文字"子菜单，再单击"编辑"。

方法二：在"文字"工具栏中单击"编辑"按钮。

方法三：命令行输入"ddedit"。

启动文字编辑命令后，系统命令行显示如下。

选择注释对象或 [放弃(U)]：在要修改的文本上单击选择要编辑的文本

如果选取的文本是"dtext"命令标注的单行文本，则会出现所选择的文本内容，如图 7.9 所示，此状态下只能对文字内容进行修改，不能对文字字高、字体和文字颜色等进行更改。

如果选择的文本是"mtext"命令标注的多行文本，则会弹出"文字样式"对话框，如图 7.10 所示。在"ddedit"命令下，可对多行文本进行字体、字高、文字颜色等多项内容的编辑和修改。

图 7.9 编辑单行文字

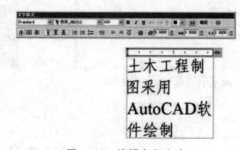

图 7.10 编辑多行文字

2. 运用"特性"管理器编辑文本

运用"特性"管理器可以编辑修改文字有关特性。

启动"特性"选项卡的操作如下。

方法一：选择文字对象，在绘图区域中单击鼠标右键，在弹出的快捷菜单(图 7.11)中，选择"特性"，打开"特性"管理器(图 7.12)。

方法二：选择"修改"下拉菜单中的"特性"，进入"特性"管理器。

方法三：单击"标准"工具栏的"对象特性"按钮。

方法四：命令行输入"properties"或"ddmodify"按 Enter 键。

启动"特性"管理器后，选择待修改的文字对象，选项卡中给出该文字对象的有关特性，用鼠标单击待修改特性处，出现闪动的光标竖条，输入新的特性值即可。

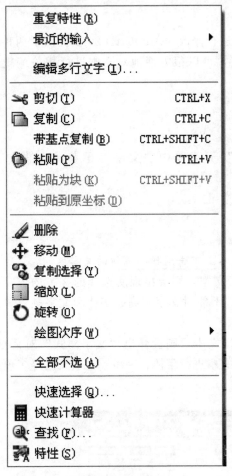

图 7.11　快捷菜单

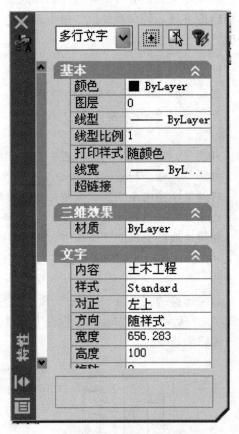

图 7.12　"特性"管理器

# 7.2　创建表格对象

在 AutoCAD 2014 中，能提供自动创建表格的功能，可以十分便捷地在土木工程绘图中绘制图纸目录、门窗表、标题栏和材料表等表格。

## 7.2.1　表格样式的设置

表格样式主要用于设定表格的外观，控制表格中的字体、颜色和文本的高度、行距等特性。

启动"表格样式"的设置方法如下。

方法一：在"格式"下拉菜单中选择"表格样式"命令。

方法二：在"样式"工具栏单击"表格样式"按钮。

方法三：在命令行中输入"tablestyle"命令。

启动"表格样式"后，会弹出如图 7.13 所示的"表格样式"对话框。在"表格样式"对话框中有"样式"列表区、"列出"下拉列表框、"预览"列表区，以及"置为当前""新建""修改"等按钮，通过相关操作可以设置表格样式。

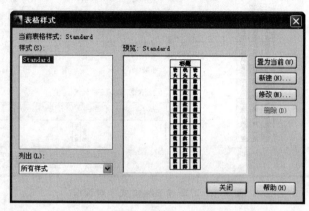

**图 7.13 "表格样式"对话框**

其中：

（1）样式——"表格样式"的左侧列出所有表格样式名，选择一个表格样式名，单击右侧按钮，可将其置为当前、修改或删除。"表格样式"的右侧则给出相应表格样式的预览图形，置为当前的表格样式作为表格插入时使用的表格样式。

（2）列出——从列表清单中选择样式类别。

（3）置为当前——单击该按钮，将所选表格样式置为当前样式。

（4）新建——单击该按钮，弹出如图 7.14 所示的"创建新的表格样式"对话框，输入新样式名后，单击"继续"按钮，弹出如图 7.15 所示的"新建表格样式"对话框。

在图 7.15 所示的"新建表格样式"对话框中：在"单元样式"下拉列表框中，可以对数据、表头和标题进行设置。根据提示设置表格常规参数（填充颜色、对齐方式、格式、类型、水平和垂直页边距），设置文字（文字样式、文字高度、文字颜色和文字角度），设置边框特性（栅格线宽、栅格线型、栅格颜色和间距），设置表格方向（向下、向上）等。根据提示对相关表格样式参数进行设置后，单击"确定"按钮，关闭"新建表格样式"对话框。然后在"表格样式"对话框中单击"置为当前"按钮，新的表格样式被置为当前样式。

**图 7.14 "创建新的表格样式"对话框**

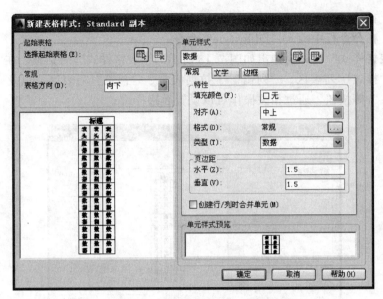

图 7.15 "新建表格样式"对话框

## 7.2.2 表格的创建

在 AutoCAD 2014 中插入表格并进行修改。

创建表格的操作方法如下。

方法一：在"绘图"下拉菜单中，选择"表格"命令。

方法二：在"绘图"工具栏中单击"表格"按钮。

方法三：在命令行中输入"table"命令。

启动表格命令后，系统将弹出"插入表格"对话框，如图 7.16 所示。在"插入表格"对话框中，用户可以设置表格的样式、列宽、行高和表格的插入方式等。

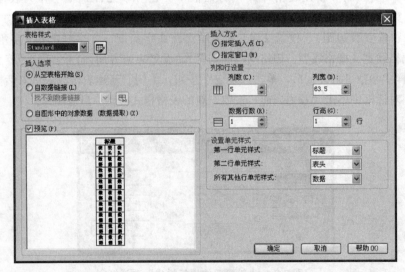

图 7.16 "插入表格"对话框

其中：

（1）表格样式——包含了所有定义的表格样式，其默认样式为 Standard。用户可在列表中指定一个表格样式作为当前表格的样式。

（2）插入方式——用来确定插入表格时的具体方式。"指定插入点"表示可以通过在绘图窗口内指定一点作为表格的一个角点的方式来插入表格。如果表格样式将表格的方向设置为由上而下读取，则插入点为表格的左上角点；如果将表格的方向设置为由下而上读取，则插入点为表格的左下角点。"指定窗口"是指将通过指定一个窗口的方式来确定表格的大小和位置。选定此选项时，行数、列数、列宽和行高取决于窗口的大小以及列和行的设置。

（3）列和行设置——用于设置表格的列数、行数以及列宽和行高。

（4）设置单元样式——可以在第一行单元样式、第二行单元样式及所有其他行单元样式中对标题、表头和数据进行设置。

表格设置完成后，单击"确定"按钮，系统会提示：指定插入点。根据提示确定表格的位置，插入表格后 AutoCAD 会弹出"文字格式"对话框，显示可编辑状态的表格第一个单元格(图 7.17)，在其中录入文字后，单击或按［Tab］、←、→、↑、↓方向键进入下一个单元格继续输入文字信息，以此类推可以完成表格内文字的输入。

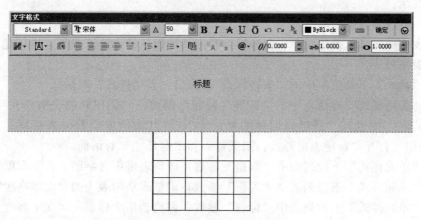

图 7.17 表格单元数据编辑状态

## 7.2.3 表格的修改

表格生成后，可以随时对表格进行编辑和修改。

### 1. 表格数据编辑

双击待修改数据的表格单元，弹出"文字格式"对话框，进入表格数据编辑状态。此时，修改文字后，单击"确定"按钮即完成操作。

### 2. 表格结构编辑

在需要编辑和修改的表格边线上单击鼠标，系统会立即在表格的关键点显示蓝色的夹点，移动夹点可以修改表格的宽度和高度。

说明：

（1）表格可以作为图形对象进行删除、复制、镜像、阵列、移动、旋转、缩放和分解等操作。

（2）可将表格行、列进行均匀调整，即均匀调整列大小和均匀调整行大小操作。选中表格，在夹点处单击鼠标右键弹出"表格结构编辑"快捷菜单，在此菜单中选择均匀调整列大小和均匀调整行大小操作，即可设置等宽的列和等高的行。

【例题 7 - 4】 运用 AutoCAD 2014 创建如图 7.18 所示的表格。

| 图纸幅面和图框尺寸(mm) | | | | | |
|---|---|---|---|---|---|
| 幅面代号 | A0 | A1 | A2 | A3 | A4 |
| B×L | 841×1189 | 594×841 | 420×594 | 297×420 | 210×297 |
| C | | 10 | | | 5 |
| a | | 25 | | | |

图 7.18　例题 7 - 4 图

**操作提示：**

步骤一：设定表格样式。

设定表格样式可以运用菜单、命令输入和工具按钮三种方法来操作，本例题运用菜单方式设定表格样式。

选择"格式"下拉菜单中的"表格样式"，弹出"表格样式"对话框。

单击"表格样式"对话框中的"新建"按钮，则弹出"创建新的表格样式"对话框。在"新样式名"中输入"图纸幅面和图框尺寸"，使其为所要绘制的表格样式名。单击"继续"按钮，打开"新建表格样式：图纸幅面和图框尺寸"对话框。

设置"单元样式"下拉列表中"数据"参数，调整表格中文字的"文字高度"为300。

设置"单元样式"下拉列表中"表头"参数，调整表格中表头的"文字高度"为300。

设置"单元样式"下拉列表中"标题"参数，调整表格中标题的"文字高度"为450。

单击"确定"按钮，关闭"新建表格样式：图纸幅面和图框尺寸"对话框。

在"表格样式"对话框中，将"图纸幅面和图框尺寸"样式置为当前，并关闭"表格样式"对话框。

步骤二：创建表格。

选择"绘图"下拉菜单中的"表格"，打开"插入表格"对话框。

在"插入表格"对话框中的"列和行设置"中设置"列"为6，设置"数据行"为3，插入方式按"指定窗口"方式插入，单击"确定"按钮，关闭"插入表格"对话框。

进入 AutoCAD 绘图窗口，拖动鼠标左键，大致控制表格幅面，形成如图7.19所示的空白表格。

由于表格最下两行列数有变化，所以需要对相应单元格进行合并单元格操作。如图7.20所示，表格第4行的2列、3列、4列中标注为"1"的单元格需要合并为一个单元格；表格第4行的5列、6列中标注为"2"的单元格需要合并为一个单元格；表格第5行的2列、3列、4列、5列、6列中标注为"3"的单元格需要合并为一个单元格。

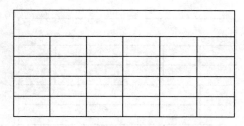

图 7.19 在绘图窗口生成空白表格

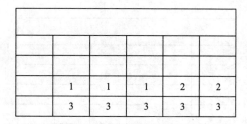

图 7.20 参照 7.18 表格，三个 1 号单元格，两个 2 号单元格和 5 个 3 号单元格需要分别合并

首先合并第 4 行的 2 列、3 列、4 列 3 个单元格。在第 4 行第 2 列单元格上单击鼠标左键，选中此单元格，如图 7.21 所示。

在选中第 4 行第 2 列单元格的基础上，按下"shift"键并同时分别选中第 4 行第 3 列和第 4 列单元格，即同时选中 3 个需要合并的单元格，如图 7.22 所示。

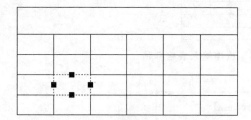

图 7.21 选中表格第 4 行第 2 列单元格

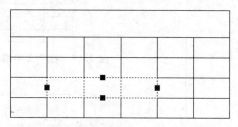

图 7.22 选中需要合并的 3 个单元格

单击鼠标右键，弹出如图 7.23 所示的"快捷菜单"。选择"合并"中的"全部"，即可完成此 3 个单元格的合并操作，如图 7.24 所示。

同理，可以完成表格第 4 行的 5 列、6 列单元格的合并操作；表格第 5 行的 2 列、3 列、4 列、5 列、6 列单元格的合并操作。

完成所有单元格合并操作后的表格如图 7.25 所示。

步骤三：输入文字。

在表格第 1 行中单击，弹出"文字格式"对话框，在其中输入表格标题"图纸幅面和图框尺寸"，如图 7.26 所示。

然后，依次在需要输入文字的单元格中单击，选中相应的单元格，并在单元格中输入相应的文字，即可完成单元格中的文字输入，如图 7.27 所示。

步骤四：编辑和修改表格。

（1）调整单元格宽度。

由图 7.27 可见，由于单元格宽度偏小，在第 3 行的单元格出现了转行现象，此时需要调整单元格宽度，使每个单元格的文字在一行中呈现。

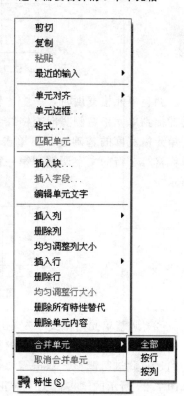

图 7.23 快捷菜单

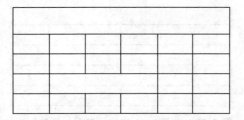

图 7.24　合并第 4 行的 2、3、4 列单元格后的表格形式　　　图 7.25　合并单元格完成后的表格形式

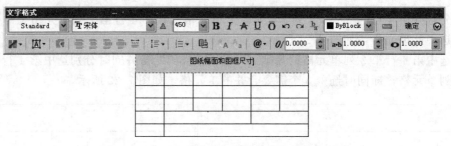

图 7.26　在"文字格式"对话框中输入表格标题

| 图纸幅面和图框尺寸（mm） | | | | | |
|---|---|---|---|---|---|
| 幅面代号 | A0 | A1 | A2 | A3 | A4 |
| B×L | 841×1189 | 594×841 | 420×594 | 297×420 | 210×297 |
| c | | | 10 | | 5 |
| a | | | 25 | | |

图 7.27　完成文字输入后生成的表格

　　调整单元格宽度时，一个比较简单的方法就是选中第 1 行的标题单元格。按住鼠标左键捕捉到单元格右侧竖向表格线上的夹点向右拖动鼠标，则可扩大单元格的宽度。在调整了单元格宽度的基础上，再单击此单元格，进入编辑状态，按下"backspace"键则可将单元格第 3 行的文字调整到第一行。同理，其他单元格的文字也可调整为一行，如图 7.28 所示。

| 图纸幅面和图框尺寸（mm） | | | | | |
|---|---|---|---|---|---|
| 幅面代号 | A0 | A1 | A2 | A3 | A4 |
| B×L | 841×1189 | 594×841 | 420×594 | 297×420 | 210×297 |
| c | | | 10 | | 5 |
| a | | | 25 | | |

图 7.28　调整单元格宽度后的表格

　　（2）调整单元格中文字左右居中和上下居中。

　　在图 7.28 中，第 3、4、5 行中的文字在单元格中不是上下居中的，或者不是左右居中的，对此进行调整。双击需要调整文字的单元格，弹出"文字格式"对话框，分别单击如图 7.29 所示的"多行文字对正"下拉按钮中的"正中"选项，即可将文字置于表格正中位置。

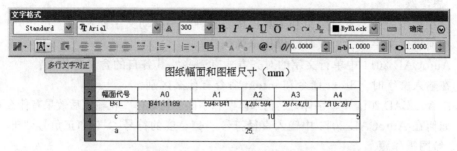

**图 7.29 调整第 3 行第 2 列单元格中文字左右和上下居中**

同理，其他单元格文字的位置也可以此方法依次调整，调整好的文字在表格各单元格中正中，对正如图 7.30 所示。

至此，即完成了在 AutoCAD 中输入表格的操作。

| 图纸幅面和图框尺寸（mm） | | | | | |
|---|---|---|---|---|---|
| 幅面代号 | A0 | A1 | A2 | A3 | A4 |
| B×L | 841×1189 | 594×841 | 420×594 | 297×420 | 210×297 |
| c | 10 | | | 5 | |
| a | 25 | | | | |

**图 7.30 调整单元格文字正中对正后的表格形式**

# 本 章 小 结

本章主要讲述了在 AutoCAD 2014 中进行文字输入和表格输入的方法，主要内容包括：创建文字样式、创建单行文字、创建多行文字、对已输入的文字进行编辑、表格样式的设置、表格的创建和表格的修改等。

本章的重点和难点是文字样式和表格样式的设置；创建和编辑单行文字和多行文字；创建和编辑表格和表格单元格。

# 习 题

**一、选择题**

1. 定义文字样式的命令是（　　）。
   A. style　　　　　B. dtext　　　　　C. ddedit　　　　　D. properties
2. 在文字对齐方式设定中，将文字按照"左中"设定的命令是（　　）。
   A. TL　　　　　B. TR　　　　　C. ML　　　　　D. BC
3. 多行文字输入的命令是（　　）。
   A. mtext　　　　　B. dtext　　　　　C. ddedit　　　　　D. properties
4. 表格创建的命令是（　　）。
   A. style　　　　　B. dtext　　　　　C. table　　　　　D. tablestyle

**二、思考题**

1. 分别运用命令、下拉菜单和工具栏按钮三种方法启动文字样式。

2. 如何设置文字样式？其具体操作步骤如何？

3. AutoCAD 2014 中单行文字的对齐方式有哪些？其各自的含义是什么？

4. 在输入文字时，dtext 命令和 mtext 命令有什么区别？

5. 在 AutoCAD 2014 中，字体"@仿宋体"和字体"仿宋体"在输入后效果有什么不同？

6. 如何在 AutoCAD 2014 中输入直径符号"φ"、度的符号"°"和正负号"±"？

**三、绘图操作题**

1. 请在 AutoCAD 2014 中输入如图 7.31 所示的特殊字符。

KL1(4)300×700

Φ10@100/200(2)

图 7.31　绘图操作题 1 图

2. 请运用 AutoCAD 2014 输入 φ45±0.15。

3. 在 AutoCAD 2014 绘图区，运用文字标注功能标注如图 7.32 所示的文字。注意：文字段中的英文字符用 Times New Roman 字体，中文用仿宋体，字高为 20。

AutoCAD 提供了超强的文字、字段和表格功能。使用这些功能，可灵活、方便、快捷地在图形中注释文字说明。

图 7.32　绘图操作题 3 图

4. 在 AutoCAD 2014 绘图区域分别用单行文字和多行文字输入"土木工程 cad"，并进行"文字样式"的设置，分别生成颠倒、反向和垂直的文字效果。

5. 请在 AutoCAD 2014 绘图区输入如图 7.33 所示的王之涣所作唐诗"登鹳雀楼"。注意：建立名为"唐诗 A"的文字样式，字体为"tet.shx"，高度为 50。

6. 请在 AutoCAD 2014 绘图区输入如图 7.34 所示的李白所作唐诗"静夜思"。注意：建立名为"唐诗 B"的文字样式，字体为"txt.shx"，高度为 20，效果为垂直。

登鹳雀楼

作者：王之涣

白日依山尽，

黄河入海流。

欲穷千里目，

更上一层楼。

图 7.33　绘图操作题 5 图　　　　图 7.34　绘图操作题 6 图

静夜思 作者：李白 床前明月光， 疑是地上霜。 举头望明月， 低头思故乡。

7. 请在 AutoCAD 2014 中输入下面文字："例如：四分之三、百分之二十五和一比二十应分别写成 3/4、25％和 1：20"。

8. 将第 7 题文字改为："例如：二分之一、百分之五十五应分别写成 1/2、50％"。

9. 请在 AutoCAD 2014 中输入如图 7.35 所示的大、小写希腊字母。提示：采用多行文字输入，文字字体设为 symbol 即可输入，或通过字符映射表输入。

αβχδεφγηιφκλμνοπθρστυϖξψζ
ΑΒΧΔΕΦΓΗΙϑΚΛΜΝΟΠΘΡΣΤΥςΩΞΨΖ

图 7.35 绘图操作题 9 图

10. 如何设置表格样式？其具体操作步骤如何？

11. 请在 AutoCAD 2014 中输入如图 7.36 所示的表格。

| 填充墙材料选用表 | | | | |
|---|---|---|---|---|
| 砌体部分 | 适用砌块名称 | 墙厚 | 砌块强度等级 | 砂浆强度等级 |
| 外围护墙 | 黏土多孔砖 | 240 | MU10 | M5 |
| 卫生间墙 | 黏土多孔转 | 120 | MU10 | M5 |
| 楼梯间墙 | 混凝土空心砌块 | 240 | MU5 | M5 |

图 7.36 绘图操作题 11 图

12. 请在 AutoCAD 2014 中输入如图 7.37 所示的表格。表格标题字高 80，表中英文字字高 60，比例数字符号用 Times New Roman 字体，中文字体用 txt，gbcbig 字体输入。表格中的文字在每个单元格中左右居中，上下居中。

| 建筑施工图的比例 | |
|---|---|
| 图名 | 比例 |
| 建筑物或构筑物的平面图、立面图、剖面图 | 1：50、1：100、1：200 |
| 建筑物或构筑物的局部放大图 | 1：10、1：20、1：50 |
| 配件及构造详图 | 1：1、1：2、1：5、1：10、1：20、1：50 |

图 7.37 绘图操作题 12 图

# 第**8**章
# 尺寸的标注

**教学目标**

尺寸标注是工程绘图中非常重要的一个操作环节,在工程预算、工程施工和工程管理等环节中都需要按照图样标注的尺寸标注来进行相应技术管理工作。本章介绍了尺寸标注的规则和组成、设置尺寸标注样式、创建尺寸标注和编辑尺寸标注等内容。通过本章的学习,应达到以下目标。

(1) 掌握尺寸标注的规则、类型和组成。

(2) 掌握设置尺寸标注样式的方法。

(3) 掌握创建尺寸标注的方法。

(4) 掌握编辑尺寸标注的方法。

**教学要求**

| 知识要点 | 能力要求 | 相关知识 |
|---|---|---|
| 尺寸标注概述 | (1) 掌握尺寸标注的相关规定<br>(2) 掌握尺寸标注的类型<br>(3) 掌握尺寸标注的组成 | (1) 土木类尺寸标注的规定<br>(2) 掌握多种尺寸标注的类型<br>(3) 掌握尺寸标注的组成 |
| 设置尺寸标注样式的方法 | 掌握新建、修改和替代尺寸标注样式的方法 | (1) 新建尺寸标注样式的方法<br>(2) 修改尺寸标注样式的方法<br>(3) 替代尺寸标注样式的方法 |
| 创建尺寸标注的方法 | 掌握各类尺寸的标注方法 | (1) 掌握线性标注的方法<br>(2) 掌握对齐标注的方法<br>(3) 掌握基线标注的方法<br>(4) 掌握连续标注的方法<br>(5) 掌握快速标注的方法 |
| 编辑尺寸标注的方法 | 掌握对尺寸标注、尺寸文本进行编辑的方法 | (1) 掌握编辑尺寸标注的方法<br>(2) 掌握编辑尺寸标注文字的方法<br>(3) 掌握更新尺寸标注的方法 |

**基本概念**

尺寸标注、尺寸标注样式、尺寸线、尺寸界线、尺寸箭头、尺寸文本、线性标注、对齐标注、基线标注、连续标注、快速标注。

**引例**

尺寸标注是对图形尺寸的准确数字表达，是工程绘图中必备的一项重要操作。尺寸标注也是 AutoCAD 2014 绘图中的重点和难点，重点是因为尺寸标注的准确性与工程质量管理密切相关；难点是因为尺寸标注样式中设定的参数较多，也需要一定的理解力。针对土木工程绘图，需重点掌握尺寸标注样式的设置方法，掌握线性标注、对齐标注和连续标注的标注方法。在此基础上，才能完成对图形的准确和清晰的尺寸表达。

尺寸标注是土木工程绘图过程中的一个重要组成部分。建筑结构尺寸的准确把握和运用需要准确的尺寸标注来表达。只有在尺寸标注准确的前提下，才能提高土木工程施工和预决算等环节的准确性，本章主要针对土木工程尺寸标注规定来进行阐述。

# 8.1 尺寸标注概述

## 8.1.1 尺寸标注的规则

在 AutoCAD 2014 中，进行工程绘图尺寸标注时应遵循相关规定。

（1）图形对象的实际大小应以工程图中所标注的尺寸数值为依据，与图形的显示大小及绘图的准确性无关。

（2）通常，建筑平面图中的尺寸多均以"毫米"为单位，而建筑平面图、建筑立面图和剖面图中的标高尺寸，均是以"米"为单位，不需要单独标注尺寸单位的名称或代号。如果有其他单位标注时，应在图纸说明中加以注明。

（3）工程图纸中所标注的尺寸均为所表达图形的最终实际尺寸。

（4）进行尺寸标注时，所有尺寸标注的文字应排列整齐、间隔均匀、字高一致，并符合建筑制图规范。

## 8.1.2 AutoCAD 2014 中尺寸标注的类型

AutoCAD 2014 提供了多种尺寸标注类型，通过"标注"下拉菜单或"标注"工具栏可以进行线性、对齐、半径、直径、角度、圆心、连续和基线等标注。在土木工程 CAD 制图中，常用的标注类型主要有线性标注、连续标注和快速标注等。

## 8.1.3 尺寸标注的组成

在土木工程绘图中，一个完整的尺寸标注通常由尺寸线、尺寸界线、尺寸箭头和尺寸文本四部分组成通常，如图 8.1 所示。其中：

（1）尺寸线：一般由一条两端带箭头的直线段组成。

（2）尺寸界线：通常出现在要标注尺寸的物体的两端，表示尺寸的开始和结束。

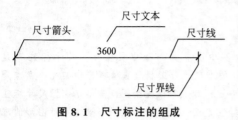

图 8.1　尺寸标注的组成

（3）尺寸箭头：在尺寸线的端头，表明尺寸线的终止。

（4）尺寸文本：是一个文本实体，表明两个尺寸界线之间的距离或角度，是尺寸标注的核心内容。

**注意**：尺寸文本不一定是两条尺寸界线之间的实际距离值。如果一个长为 20 的图形按 1∶5 的比例绘制，那么尺寸文本的标注值应为 100。

# 8.2　设置尺寸标注样式

## 8.2.1　新建尺寸标注样式

设置尺寸标注样式的目的是为了保证标注在图形对象上的各个尺寸的形式相同、风格一致。启动 AutoCAD 2014 尺寸标注样式设置的方法如下。

**方法一**：选择"标注"下拉菜单中的"标注样式"命令。

**方法二**：单击"标注"工具栏上的"标注样式"按钮。

**方法三**："格式"下拉菜单中单击"标注样式"。

**方法四**：命令行输入"Dimstyle"或"D"或"DST""DDIM""DIMSTY"并按 Enter 键。

新建尺寸标注样式命令启动后，会弹出如图 8.2 所示的"标注样式管理器"。

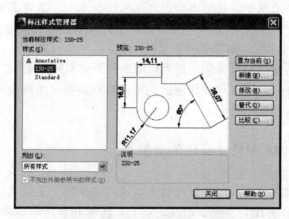

图 8.2　"标注样式管理器"对话框

在"标注样式管理器"对话框中，用户可以完成对尺寸样式的预览、新建、修改、替代、删除等操作，也可以完成设置当前尺寸样式、比较两个尺寸标注样式和更改尺寸标注样式名称等操作。"标注样式管理器"对话框中，各选项的功能如下。

（1）当前标注样式——显示当前标注样式的名称。

（2）"样式"列表框——显示当前图形文件中已定义的所有尺寸标注样式。要修改当前尺寸标注样式，可在该列表框中直接选择所需的尺寸标注样式名称，再单击"修改"按钮即可。

（3）"预览"图像框——显示当前尺寸标注样式设置各特征参数的最终效果图。利用该功能可以明显提高设置尺寸标注样式的工作效率和准确性。

（4）"列出"下拉列表框——在"样式"列表中控制样式显示。如果要查看图形中所有的标注样式，可选择"所有样式"；如果只查看图形中标注当前使用的标注样式，则选择"正在使用的样式"。

（5）"置为当前"按钮——将在"样式"下选定的标注样式设置为当前标注样式。

（6）"新建"按钮——单击"新建"按钮，会弹出如图 8.3 所示的"创建新标注样式"对话框。在此对话框中，可以定义新的标注样式名。在土木工程绘图中，可以将标注样式名设置为建筑标注。然后单击"继续"按钮，则弹出如图 8.4 所示的"新建标注样式"对话框。在此对话框中，可以进行尺寸线、尺寸界线、尺寸箭头、尺寸文本、尺寸标注单位等的设置。

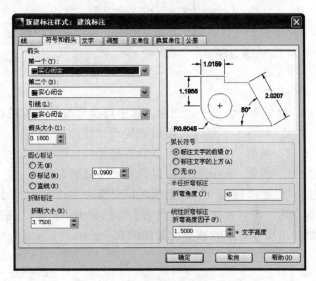

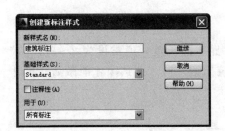

图 8.3 "创建新标注样式"对话框　　　　图 8.4 "新建标注样式"对话框

（7）"修改"按钮——单击"修改"按钮，则会弹出"修改标注样式"对话框，此对话框与"新建标注样式"对话框完全相同，只是对话框标题栏不同。

（8）"替代"按钮——单击"替代"按钮，会弹出"替代当前样式"对话框，此对话框与"新建标注样式"对话框完全相同，只是对话框标题栏不同。在"替代当前样式"对话框中可以设置标注样式的临时替代，替代将作为未保存的更改结果显示在"样式"列表中的标注样式下。

（9）"比较"按钮——单击"比较"按钮，将弹出"比较标注样式"对话框，在该对话框中可以对两个标注样式进行比较，并列出两者的区别。

在图 8.4 所示的"新建标注样式"对话框中有 7 个选项卡，用户可以通过设置这 7 个选项卡中的参量来设置尺寸标注样式。下面针对土木工程 CAD 制图的特点来进行相应的尺寸标注样式的设置。

1. 设置"线"选项卡

在"线"选项卡中，可以设置尺寸线和尺寸界线等参量，如图 8.5 所示。

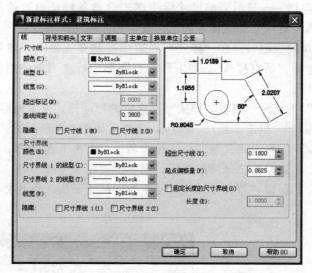

图 8.5 "线"选项卡

其中:

(1) 尺寸线——此选项区域中可以设置尺寸线的相关特性。

① 颜色——该选项可以设置尺寸线的颜色。

② 线型——该选项可以设置尺寸线的线型。

③ 线宽——该选项可以设置尺寸线的宽度。

④ 超出标记——该选项可以设置尺寸线超出尺寸界线的长度,通常设为 2~3mm 较为合适。但只有在"符号和箭头"选项卡中选择"建筑标记"时,此选项才能激活。尺寸线超出尺寸界线的长度设置如图 8.6 所示。

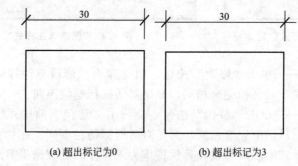

(a) 超出标记为0          (b) 超出标记为3

图 8.6 "超出标记"设置

⑤ 基线间距——该选项可以设置基线标注时尺寸线之间的距离。建筑制图标准中规定两道尺寸线之间的距离为 7~10mm。

⑥ 隐藏——该选项可以设置隐藏尺寸线。

(2) 尺寸界线——该选项区域可以设置尺寸界线的特性。

① 颜色——该选项可以设置尺寸界线的颜色。

② 尺寸界线 1 的线型——该选项可以设置第一道尺寸界线的线型。

③ 尺寸界线 2 的线型——该选项可以设置第二道尺寸界线的线型。

④ 线宽——该选项可以设置尺寸界线的宽度。

⑤ 隐藏——该选项可以设置是否显示或隐藏第一道和第二道尺寸界线。

⑥ 超出尺寸线——指尺寸界线超出尺寸线的距离，建筑制图标准中规定尺寸界线超出尺寸线距离为2~3mm。尺寸界线超出尺寸线距离设置如图8.7所示。

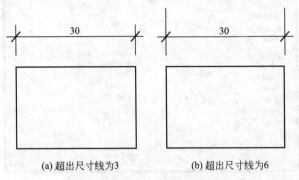

图 8.7 "超出尺寸线"设置

⑦ 起点偏移量——设置尺寸界线的起点端离开图形轮廓线的距离。建筑制图标准中规定尺寸界线的起点端离开图形轮廓线的距离不小于2mm。起点偏移量设置如图8.8所示。

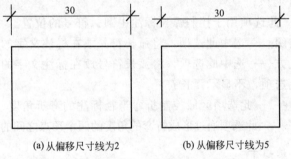

图 8.8 "起点偏移量"设置

**2. 设置"符号和箭头"选项卡**

在"符号和箭头"选项卡中，可以设置箭头、圆心标记、折断标注、弧长符号、半径折弯标注、线性折弯标注等参量，如图8.9所示。

其中：

(1) 箭头——该选项可以控制标注箭头的特性。在进行建筑标注时，箭头必须选择建筑标记。

① 第一个——该选项用于设置第一个尺寸线的箭头。

② 第二个——该选项用于设置第二个尺寸线的箭头。

③ 引线——该选项用于设置引线的表达形式。

④ 箭头大小——该选项用于设置箭头的大小。

(2) 圆心标记——该选项用于控制直径标注和半径标注的圆心标记和中心线的特性。

① 无——选中此项则不创建圆心标记或中心线。

② 标记——选中此项创建圆心标记。

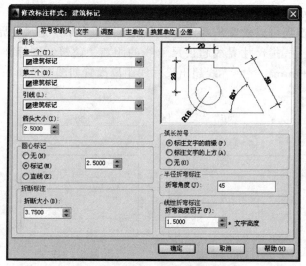

图 8.9 "符号和箭头"选项卡

③ 直线——选中此项创建中心线。

（3）折断标注——此选项用于设置圆心标记或中心线的大小。只有在选中"标记"或"直线"单选按钮时才有效。

（4）弧长符号——此选项用于控制弧长标注中圆弧符号的位置。

① 标注文字的前缀——选中此选项，将弧长符号放在标注文字的前面。

② 标注文字的上方——选中此选项，将弧长符号放在标注文字的上方。

③ 无——选中此选项，不显示弧长符号。

（5）半径折弯标注——此选项区域控制折弯半径标注的弯折角度。

（6）折弯高度因子——此选项通过形成折弯的角度的两个顶点之间的距离确定折弯高度。

3. 设置"文字"选项卡

在"文字"选项卡中，可以设置文字的外观、文字的位置和文字对齐等参量，如图 8.10 所示。

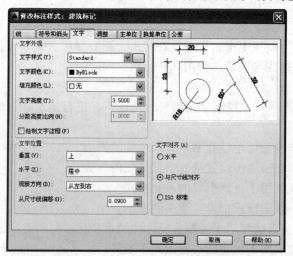

图 8.10 "文字"选项卡

其中：

（1）文字外观——该选项区域用于控制标注文字的格式和大小。

① 文字样式——该选项用于设置标注文字的样式。

② 文字颜色——该选项用于设置标注文字的颜色。

③ 填充颜色——该选项用于设置标注文字的背景颜色。

④ 文字高度——该选项用于设置当前标注文字的高度。在建筑制图中，文字的高度通常设置为3.5mm。

⑤ 分数高度比例——该选项用于设置分数相对于尺寸文本高度的比例。

⑥ 绘制文字边框——选中此项，在尺寸文本周围绘制一个框。

（2）文字位置——该选项区域用于控制标注文字的位置。

① 垂直——设置尺寸文本相对于尺寸线的垂直位置。"居中""上方"是将尺寸文本放置在尺寸线的中间或上方；"外部"是将尺寸文本放置在尺寸线的外侧；"JIS"是按照日本工业标准放置尺寸文本。

② 水平——设置尺寸文本相对于尺寸线的水平位置。"第一条尺寸界线""第二条尺寸界线"：设置尺寸文本标注在靠近第一条（或第二条）尺寸界线的一端。"第一条尺寸界线上方""第二条尺寸界线上方"：设置尺寸文本标注在第一条（或第二条）尺寸界线上，并与之对齐。

③ 从尺寸线偏移——设置尺寸文本离开尺寸线的距离，如图8.11所示。

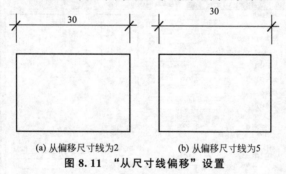

(a) 从偏移尺寸线为2　　　　(b) 从偏移尺寸线为5

**图8.11 "从尺寸线偏移"设置**

（3）文字对齐——该选项区域用于控制标注文字的方向在尺寸界线的内部或外部。

"水平"、"与尺寸线对齐"：设置尺寸文本水平放置或与尺寸线对齐。"ISO标准"：当前尺寸文本在尺寸界线内时，尺寸文本与尺寸线对齐。当前尺寸文本在尺寸界线外时，尺寸文本水平放置。

4. 设置"调整"选项卡

在"调整"选项卡中，可以设置标注文字、尺寸线、尺寸箭头之间的位置。如果采用1∶1比例尺绘制建筑平面图，而出图比例尺为1∶100时，输入的图形会缩小到原来的1/100，图形中的尺寸几何特征也同样缩小到原来的1/100，在"调整"选项中全局比例应设置100，才能保证被标注尺寸的几何特征不变。"调整"选项卡如图8.12所示。

5. 设置"主单位"选项卡

在"主单位"选项卡中，可以设置主单位的格式、精度等属性。如果绘制建筑施工图时采用1∶100比例尺，应该将测量单位比例因子设置为100，标注完成后才能显示实际尺寸大小。"主单位"选项卡如图8.13所示。

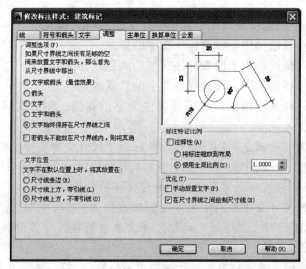

图 8.12 "调整"选项卡

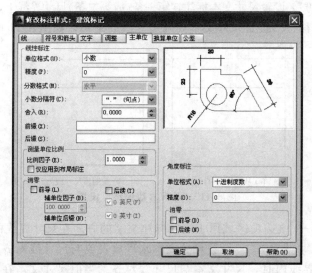

图 8.13 "主单位"选项卡

其中：

（1）线性标注——该选项区域用于设置线性标注的格式和精度。

① 单位格式——该选项用于为除角度外的各类标注设置当前单位格式。

② 精度——该选项用于设置标注文字的小数位。

③ 分数格式——该选项用于设置分数格式。

④ 小数分隔符——该选项用于设置小数格式的分隔符。

⑤ 舍入——该选项用于设置非角度标注测量值的舍入规则。

⑥ 前缀——该选项用于设置标注文字前面包含一个前缀。

⑦ 后缀——该选项用于设置标注文字后面包含一个后缀。

（2）测量单位比例——设置线性标注测量值的比例。

比例因子——设置线性标注测量值的比例因子。如果按照 1∶100 比例尺绘图，在标注尺寸时，应该将测量单位比例放大 100 倍，在"比例因子"文本框中输入 100，这样绘出的 1 个单位相当于实际 100 个单位的长度，标注的测量值才符合实际标注要求。该值不应用到角度标注，也不应用到舍入值或正负公差值。

（3）消零——控制不输出前导零和后续零。"前导"：不输出所有十进制标注中的前导零。以"0.123"为例，选中此复选框，则"0.123"变成".123"。"后续"：不输出所有十进制标注中的后续零。以"20.000"为例，选中此复选框，则"20.000"变成"20"。

（4）角度标注——设置角度标注的格式和精度。角度标注中的"单位格式""精度""消零"等设置与线性标注一样。

另外，"换算单位"选项卡和"公差"选项卡，在土木工程制图中一般未涉及。

## 8.2.2 修改尺寸标注样式

要修改尺寸标注样式时，同 8.2.1 节启动 AutoCAD 2014 尺寸标注样式设置一样，打开如图 8.2 所示的"标注样式管理器"对话框，从"样式"列表中选定要修改的某个尺寸样式，单击"修改"按钮，打开"修改标注样式"对话框，"修改标注样式"对话框中的操作同"新建标注样式"对话框操作。

## 8.2.3 替代尺寸标注样式

替代尺寸标注样式是设置某一尺寸标注样式的临时替代。替代样式对当前标注样式中的个别选项进行临时设置时很有用，且方便快捷。

**【例题 8-1】** 要将当前标注建筑尺寸的样式用来标注圆弧尺寸，则设置"线性标注"样式的替代样式，替代样式中只要将"建筑标记"箭头改为"实心闭合"箭头即可。

**操作提示：**

步骤一：设置当前标注样式的替代样式。单击"标注"工具栏中的"标注样式"按钮，打开"标注样式管理器"对话框，从"样式"列表中选择"线性标注"，单击"替代"

按钮，打开"替代当前样式"对话框，打开"符号和箭头"选项卡，将"建筑标记"箭头改为"实心闭合"箭头，关闭"替代当前样式"和"标注样式管理器"对话框，回到图形窗口。

步骤二：标注圆弧尺寸。

步骤三：打开"样式标注管理"对话框，单击"置为当前"将"建筑标记"置为当前标注样式，弹出如图 8.14 所示的"AutoCAD 2014 警告"对话框，系统提示"把另一种样式置为当前样式将放弃样式替代"，单击"确定"按钮，则替代样式被取消，并可以继续进行建筑尺寸标注。

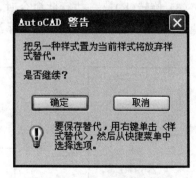

**图 8.14 AutoCAD 警告是否放弃替代样式对话框**

# 8.3　创建尺寸标注

完成尺寸标注样式设定后，便可以运用所定义的标注样式进行标注尺寸创建。

## 8.3.1　线性标注

线性标注可以对两点之间的距离进行标注。如果被标注的对象是水平线段则为水平标注，尺寸线成水平向；如果被标注的对象是垂直线段则为垂直标注，尺寸线成垂直向。

启动线性标注的方法如下。

方法一：选择"标注"下拉菜单中"线性"命令。

方法二：单击"标注"工具栏上的"线性"按钮。

方法三：命令行输入"Dimlinear"。

启动线性标注后，命令行提示：

指定第一个尺寸界线原点或<选择对象>：<u>指定第一条尺寸界线的端点</u>

指定第二条尺寸界线原点：<u>指定第二条尺寸界线的端点</u>

[多行文字(M)/文字(T)/角度(A)/水平(H)/垂直(V)/旋转(R)]：<u>输入 M 或 T 或 A 或 H 或 V 或 R 并按 Enter 键执行相应操作</u>

其中：

(1) 多行文字(M)——执行此命令时，可以打开多行文字编辑器来编辑尺寸文本，如图 8.15 所示标注了两行尺寸文本。

(2) 文字(T)——执行此命令时，可以任意编辑尺寸文本，如图 8.16 所示。

(3) 角度(A)——执行此命令时，可将尺寸文本旋转指定角度，如图 8.17 所示将文本旋转了 60°。

(4) 水平(H)——执行此命令时，强制建立水平标注，如图 8.18 所示。

(5) 垂直(V)——执行此命令时，强制建立垂直标注，如图 8.19 所示。

(6) 旋转(R)——执行此命令时，可将尺寸线旋转指定角度，尺寸线旋转的角度可为正值也可为负值，如图 8.20 所示标注尺寸时旋转了 45°。

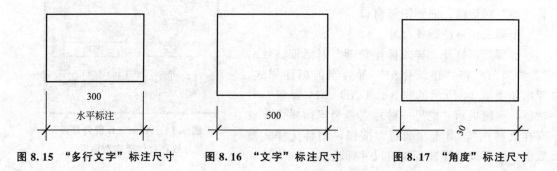

图 8.15　"多行文字"标注尺寸　　　图 8.16　"文字"标注尺寸　　　图 8.17　"角度"标注尺寸

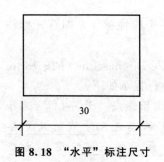

图 8.18　"水平"标注尺寸

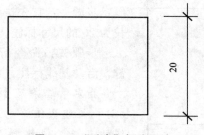

图 8.19　"垂直"标注尺寸

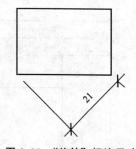

图 8.20　"旋转"标注尺寸

　　上面讲述的是通过确定尺寸界线起始点来标注尺寸的方法，也可以通过"选择对象"的方式标注尺寸。

　　启动线性标注后，命令行提示如下。

　　指定第一个尺寸界线原点或<选择对象>：按 Enter 键（以选择对象方式标注尺寸）

　　选择标注对象：在需要标注尺寸的对象上单击鼠标左键即可完成标注

## 8.3.2　对齐标注

　　当对斜线段进行尺寸标注时，可以采用对齐标注方式。

　　启动对齐标注的方法如下。

　　方法一：选择"标注"下拉菜单中"对齐"命令。

　　方法二：单击"标注"工具栏上的"对齐"按钮。

　　方法三：命令行输入"Dimaligned"。

　　启动对齐标注后，命令行提示如下。

　　指定第一个尺寸界线原点或<选择对象>：指定第一条尺寸界线的端点

　　指定第二条尺寸界线原点：指定第二条尺寸界线的端点

　　对齐标注如图 8.21 所示。

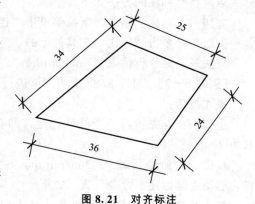

图 8.21　对齐标注

## 8.3.3　基线标注

　　在建筑制图中执行基线标注前，必须执行一个线性标注命令，以这个线性标注的始端为基准，其他的尺寸标注都按这个基准进行标注。

　　启动基线标注的方法如下。

　　方法一：选择"标注"下拉菜单中"基线"命令。

　　方法二：单击"标注"工具栏上的"基线"按钮。

　　方法三：命令行输入"Dimbaseline"。

　　【例题 8 - 2】　对图 8.22 中的图形进行基线标注。

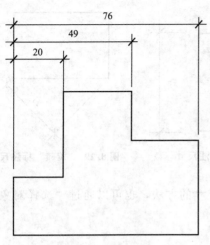

图 8.22　基线标注

**操作提示：**

步骤一：首先执行一个线性标注，即首先标注长为 20 的尺寸标注。

步骤二：命令行输入 Dimbaseline 并按 Enter 键，启动基线标注。命令行提示如下。

指定第二条尺寸界线原点或［放弃(U)/选择(S)］＜默认值＞：指定第二道尺寸线的尺寸界线的末端，依次操作，最后按 Esc 键退出基线标注

基线标注如图 8.22 所示。

**注意：**执行基线标注前，必须执行一次线性标注，再以此线性标注的始端为基准执行相关基线标注。

### 8.3.4　连续标注

连续标注同基线标注，也是首先要执行一次线性标注，然后在线性标注的基础上执行连续标注。但和基线标注不同的是，连续标注会以首次线性标注的末端为起点，依次进行首尾相连的尺寸标注。

启动连续标注的方法如下。

方法一：选择"标注"下拉菜单中"连续"命令。

方法二：单击"标注"工具栏上的"连续"按钮。

方法三：命令行输入"Dimcontinue"。

**【例题 8-3】**　对图 8.23 中的图形进行连续标注。

**操作提示：**

步骤一：首先执行一个线性标注，即首先标注长为 20 的尺寸标注。

步骤二：命令行输入 Dimcontinue 并按 Enter 键，启动连续标注。命令行提示如下。

指定第二条尺寸界线原点或［放弃(U)/选择(S)］＜默认值＞：指定第二道尺寸线的尺寸界线的末端，依次操作，最后按 Esc 键退出连续标注

连续标注如图 8.23 所示。

**注意：**观察基线标注的图 8.22 和连续标注的图 8.23 的不同。

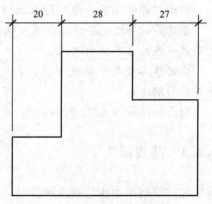

图 8.23　连续标注

### 8.3.5　快速标注

快速标注能快速创建连续标注和基线标注等。

启动快速标注命令的方法如下。

方法一：选择"标注"下拉菜单中"快速标注"命令。

方法二：单击"标注"工具栏上的"快速标注"按钮。

方法三：命令行输入"qdim"。

启动快速标注命令后，命令行提示如下。

选择要标注的几何图形：按住 Shift 键并选择需要快速标注的对象并按 Enter 键，再拖动鼠标在合适位置定位尺寸标注即可

快速标注过程如图 8.24、图 8.25 和图 8.26 所示。

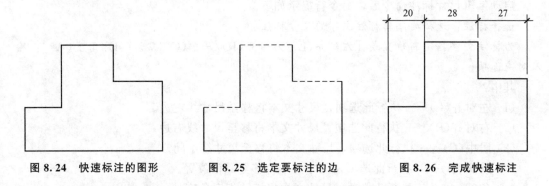

图 8.24 快速标注的图形　　　图 8.25 选定要标注的边　　　图 8.26 完成快速标注

注意：观察图 8.23 连续标注和图 8.26 的快速标注，两者标注结果完全相同。

# 8.4 编辑尺寸标注

编辑尺寸标注命令可以对尺寸标注进行移动、复制等编辑操作，也可以用分解命令将尺寸标注分解成若干个元素后进行编辑。

## 8.4.1 编辑尺寸标注的概念

编辑尺寸标注就是修改尺寸文本的大小、位置、旋转角度和尺寸界线的倾斜角度等。

启动编辑尺寸标注的方法如下。

方法一：单击"标注"工具栏上的"编辑标注"按钮。

方法二：命令行输入"Dimedit"。

启动编辑尺寸标注命令后，命令行提示如下。

输入标注编辑类型 ［默认(H)/新建(N)/旋转(R)/倾斜(O)］＜默认＞：输入 H 或 N 或 R 或 O 按 Enter 键执行相应操作

其中：

（1）默认(H)——执行此选项，尺寸文本将会被放置到样式中设置的默认位置。

（2）新建(N)——执行此选项，将会弹出"文字格式"面板，在该面板中可以更改标注文字。

（3）旋转(R)——执行此选项，尺寸文本将会旋转指定的角度。

（4）倾斜(O)——执行此选项，将调整线性标注尺寸界线的倾斜角度。

### 8.4.2 编辑尺寸标注文字

编辑尺寸标注文字可以移动尺寸文本的位置或改变尺寸文本的角度。

启动编辑尺寸标注文字的方法如下。

方法一：单击"标注"工具栏上的"编辑标注文字"按钮。

方法二：命令行输入"Dimtedit"。

启动编辑尺寸标注命令后，命令行提示如下。

选择标注：选择要编辑标注文字的尺寸标注。

为标注文字指定新位置或［左对齐(L)/右对齐(R)/居中(C)/默认(H)/角度(A)］：输入对应选项。

其中：

(1) 左对齐(L)——执行此选项，尺寸文本将移至尺寸线左边。

(2) 右对齐(R)——执行此选项，尺寸文本将移至尺寸线右边。

(3) 居中(C)——执行此选项，尺寸文本将移至尺寸线中间。

(4) 默认(H)——执行此选项，尺寸文本将移至默认位置。

(5) 角度(A)——执行此选项，尺寸文本将旋转指定角度。

### 8.4.3 更新尺寸标注

用当前的尺寸标注样式来更新图形中尺寸对象的原有标注样式。

启动更新尺寸标注文字的方法如下。

方法一：选择"标注"下拉菜单上的"更新"命令。

方法二：单击"标注"工具栏上的"更新"按钮。

方法三：命令行输入"Dimstyle"。

启动更新尺寸标注命令后，命令行提示如下。

［注释性(AN)/保存(S)/恢复(R)/状态(ST)/变量(V)/应用(A)/?］＜恢复＞：_apply

选择对象：选择要更新的尺寸对象

# 本 章 小 结

在 AutoCAD 2014 绘图过程中，尺寸标注是非常重要的一个操作环节，也是运用 AutoCAD 2014 进行工程绘图时的难点所在。本章详细介绍了尺寸标注的规则和组成、设置尺寸标注样式、创建尺寸标注和编辑尺寸标注等内容。

本章的重点和难点是尺寸标注样式的设定，对于标注样式设定过程中每个参数的选择和确定要仔细理解透彻，才能保证进行尺寸标注时的正确性和合理性。

# 习 题

## 一、选择题

1. 进行( )标注时，需要先完成线性标注。
    A. 基线                     B. 连续
    C. 角度                     D. 对齐

2. 启动编辑尺寸标注文字的命令是( )。
    A. ddedit               B. dimtedit
    C. dimedit             D. edit

3. 1∶1 比例绘图，1∶100 出图时，要使出图轴线圆圈直径为 10mm，则轴线圆圈的直径在绘图时应该绘制直径为( )mm 的圆。
    A. 1000                   B. 10
    C. 100                    D. 1

## 二、思考题

1. 什么是尺寸标注？尺寸标注有什么意义？
2. 尺寸标注要遵循什么规定和要求？
3. 尺寸标注由哪几部分组成的？
4. 如何设置尺寸样式？
5. 尺寸标注有哪些类型？请一一列举。
6. dimtedit 和 dimedit 命令的作用各是什么？两种有何区别？
7. 连续标注和基线标注有什么区别？

## 三、绘图操作题

1. 绘制如图 8.27 所示的连续标注。
2. 绘制如图 8.28 所示的基线标注。

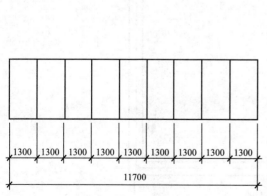

图 8.27 连续标注

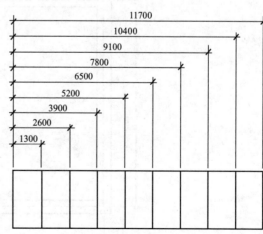

图 8.28 基线标注

3. 绘制如图 8.29 所示的图形。

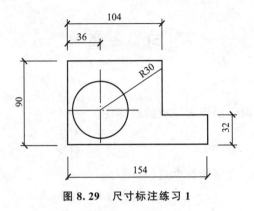

图 8.29　尺寸标注练习 1

4.绘图如图 8.30 所示的图形。操作说明：图案填充采用 plast1。

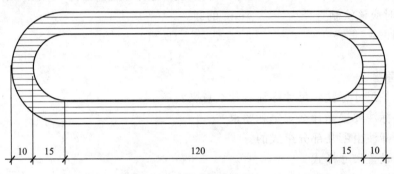

图 8.30　尺寸标注练习 2

5. 绘制如图 8.31 所示的房间，此房间开间为 4200mm、进深为 3600mm、墙厚为 240mm，墙线为实线，轴线为点画线，且轴线在墙体中居中。操作说明：（1）用"多线"命令绘制此房间；（2）用"直线"命令和"偏移"命令绘制此房间。

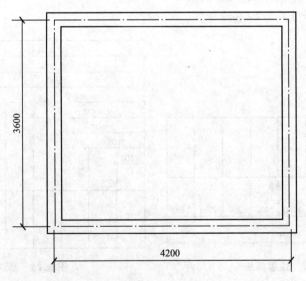

图 8.31　尺寸标注练习 3

6. 绘制如图 8.32 所示的图形。

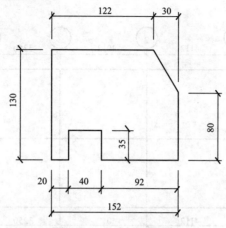

**图 8.32　尺寸标注练习 4**

7. 绘制如图 8.33 所示的图形。

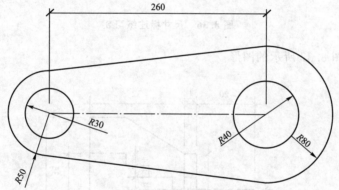

**图 8.33　尺寸标注练习 5**

8. 绘制如图 8.34 所示的图形。

9. 绘制如图 8.35 所示的图形。

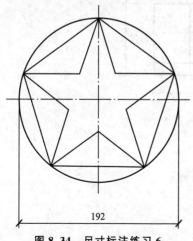

**图 8.34　尺寸标注练习 6**

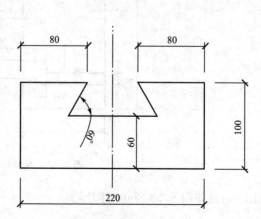

**图 8.35　尺寸标注练习 7**

10. 绘制如图 8.36 所示的图形。

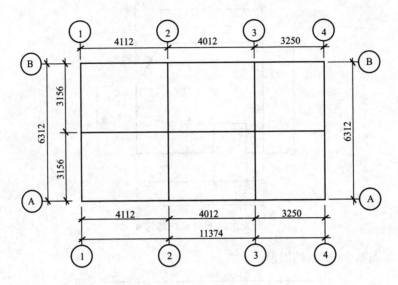

**图 8.36  尺寸标注练习 8**

11. 绘制如图 8.37 所示的图形。

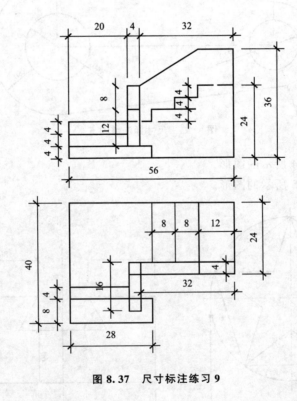

**图 8.37  尺寸标注练习 9**

12. 绘制如图 8.38 所示的图形。

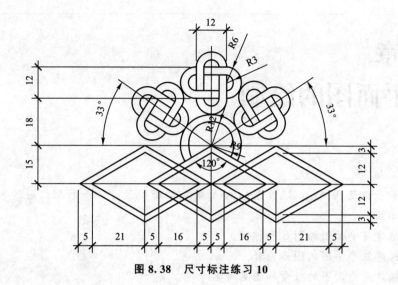

图 8.38　尺寸标注练习 10

# 第9章
# 建筑平面图的绘制

教学目标

本章主要介绍运用 AutoCAD 2014 绘制建筑平面图的方法和步骤。通过本章的学习，应达到以下目标。

(1) 掌握建筑平面图的形成和作用。

(2) 掌握建筑平面图的图示内容。

(3) 掌握建筑平面图的数量和图名命名原则。

(4) 掌握建筑平面图绘制的基本规定及要求。

(5) 掌握建筑平面图的绘制步骤和方法。

教学要求

| 知识要点 | 能力要求 | 相关知识 |
|---|---|---|
| 建筑平面图的形成和作用 | (1) 掌握建筑平面图的形成<br>(2) 掌握建筑平面图的作用 | (1) 建筑平面图的形成方法<br>(2) 建筑平面图在建筑施工、建筑工程管理中的作用 |
| 建筑平面图的图示内容 | 掌握建筑平面图的图示内容 | 图框、标题栏、图名、比例尺、定位轴线、楼层标高、尺寸标注、指北针、剖切符号、门窗编号、门窗尺寸及门窗在平面的布置情况、详图索引符号、常用建筑材料图例、建筑平面中房间的名称和尺寸、楼梯间的走向和踏步数、走廊和门厅的位置及尺寸、散水和阳台等其他构配件的具体布置位置、形状和大小、卫生间和厨房及其他设备用房等固定设置的布置情况、屋顶形状、屋面排水方向、坡度和泛水及其他构配件的位置 |
| 建筑平面图的数量和图名命名原则 | (1) 掌握建筑平面图的数量确定原则<br>(2) 建筑平面图图名命名原则 | (1) 建筑平面图的数量通常和建筑层数一致，还需增加一幅屋顶平面图<br>(2) 建筑平面图的命名原则依据建筑平面图的数量而定 |

（续）

| 知识要点 | 能力要求 | 相关知识 |
|---|---|---|
| 建筑平面图绘制的基本规定及要求 | 掌握建筑平面图绘制的基本规定及要求 | 建筑平面图中组成的图元非常多，绘图时需依照相关建筑制图规定和规范来执行绘图操作 |
| 建筑平面图的绘制步骤和方法 | 掌握建筑平面图的绘制步骤和方法 | 建筑平面图中的图元较多，如果不依照一定的顺序来绘制，必将使得绘图操作很凌乱和无序，必须依照一定的绘图顺序有条不紊地开展绘图操作 |

 基本概念

建筑平面图、图框、标题栏、图名、比例尺、定位轴线、楼层标高、尺寸标注、指北针、剖切符号、门窗编号、门窗尺寸、详图索引符号、建筑材料图例、楼梯间的走向和踏步数、走廊、门厅、散水、阳台、构配件、卫生间、厨房、屋顶形状、屋面排水方向、坡度、泛水。

 引例

建筑平面图是建筑施工图的重要组成部分。建筑平面图可以反映建筑平面各组成部分之间的相互关系，同时也能表达建筑空间格局和建筑结构布置的内在联系。因为在建筑平面图中要表达的图形元素非常多，所以在建筑平面图的绘制过程中，要严格遵循相关建筑绘图准则，才能保证建筑平面图绘制的准确性和完整性。首先要保证轴线、墙线、尺寸标注、门窗等的精准绘制；同时也要注意建筑平面图内部的细部尺寸及相关零星标注的绘制，避免绘制过程中漏画相关图形元素，造成图形信息表达不完整现象。通常，建筑设计是先从建筑平面图的绘制开始，再对建筑剖面和立面的合理性进行分析，逐步完善建筑平面图、立面图和剖面图的绘制，所以建筑平面图的绘制就显得尤为重要。

# 9.1 建筑平面图的形成和作用

## 9.1.1 建筑平面图的形成

建筑平面图实际上是房屋各层的水平剖面图（屋顶平面图除外），是从各层标高以上大约直立的人眼高度，假想用一个水平平面经过门窗洞处将房屋剖开，移去剖切平面以上的部分，对剖切平面以下的部分用正投影法得到的水平投影图，建筑平面图的形成如图 9.1 所示。

## 9.1.2 建筑平面图的作用

建筑平面图是建筑施工图纸的重要组成部分。建筑平面图主要表达建筑的平面形状、

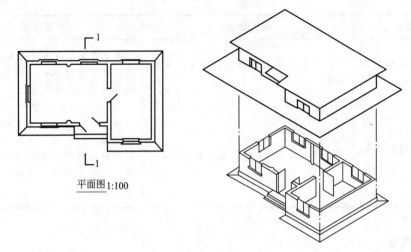

平面图1:100

图 9.1　建筑平面图的形成

大小，以及建筑各层平面内各组成部分的布置和功能组合关系。具体可以反映建筑物内主要使用房间、辅助使用房间和交通联系部分的布局和分布状况；也可反映建筑物中基础、墙体、柱、楼板、门窗、楼梯、散水、走廊、雨篷和阳台等构配件之间的相互位置关系、尺寸、材料和做法等。建筑平面图是建筑物进行现场施工管理、设备安装、装修、编制概预算和备料的重要依据，也是设计及规划、给排水、强弱电、采暖通风等专业平面图的依据。

## 9.2　建筑平面图的图示内容

依据建筑物规模和使用功能的不同，建筑物的平面图在数量和复杂程度上会有较大的差异。但总体而言，在建筑平面图中应该包括以下内容。

(1) 图框和标题栏。

(2) 图名和比例尺。

(3) 定位轴线及其编号。

(4) 楼层标高及高差有变化局部房间的标高。

(5) 尺寸标注。

(6) 指北针(底层平面图中必须标注)。

(7) 标明剖面图的剖切符号位置、方向及编号(底层平面图中必须标注)。

(8) 门窗编号、门窗尺寸及门窗在平面的布置情况。

(9) 各种建筑构配件及其相应的详图索引符号。

(10) 常用建筑材料图例。

(11) 墙、柱的截面形状和尺寸。

(12) 建筑平面中各主要使用房间的名称和尺寸。

(13) 楼梯间的开间和进深尺寸、楼梯间的走向和踏步数。

(14) 走廊、门厅的位置及尺寸。

(15) 散水、室外台阶、雨篷和阳台等其他构配件的具体布置位置、形状和大小。

（16）卫生间、厨房及其他设备用房等固定设置的布置情况。

（17）屋顶形状、屋面排水方向、坡度和泛水及其他构配件的位置。

# 9.3 建筑平面图的数量和图名

## 9.3.1 建筑平面图的数量

通常，建筑平面图的数量应与建筑物的层数相一致，即建筑物有多少层就应有多少个建筑平面图与之对应。例如，一栋 5 层的建筑物，一般情况下，建筑平面图中应该包含"底层平面图""二层平面图""三层平面图""四层平面图"和"顶层平面图"。此外，对于平屋顶房屋，为了表明屋面排水组织及附属设施的设置状况还要绘制一张"屋顶平面图"，即从房屋顶部的上方向下投影得到的平面图。所以，完整绘制出一栋五层建筑物的平面图总共需要 6 张平面图。

但是，当建筑物层数较多而中间楼层（除去底层和顶层的中间楼层外）的平面布置完全相同时，可将这些相同楼层的平面布置情况使用同一张平面图来表示，称其为"标准层平面图"。因而，一栋 5 层的建筑物，其建筑平面可以通过"底层平面图""二层平面图""标准层平面图""顶层平面图"和"屋顶平面图"这 5 张平面图来表达其平面布置情况。对于楼层较多的建筑，例如 12 层的住宅，如果三层到十一层平面布置完全相同，原本需要绘制 13 个平面图的建筑，如将相同楼层建筑平面图用"标准层平面图"来表达，则仅需要绘制"底层平面图""二层平面图""标准层平面图""顶层平面图"和"屋顶平面图"，三层到十一层的平面图则通过标准层平面来统一表达，缩减了图纸的张数，简化了绘图程序。

## 9.3.2 建筑平面图的图名

建筑平面图图名的确定和建筑物的层数是相对应。

一层平面图（也称为底层平面图或首层平面图）对应于建筑标高为 ±0.000 楼层的水平剖切图。一层平面图应表达建筑物的平面形状、各房间的分隔和组合、出入口、门厅、楼梯等的布置和相互关系、各门窗的位置，以及与本栋房屋有关的室外的台阶、散水、花池等的投影。

二层平面图对应于建筑物第二楼层的水平剖切图。二层平面图除画出建筑物二层范围的投影内容之外，还应画出底层平面图无法表达的雨篷和阳台等内容，而对于底层平面图上已表达清楚的台阶、花池、散水等内容就不再画出。

标准层平面图对应于除首层、二层和顶层以外建筑平面布置相同的多个中间楼层的水平剖切图。标准层平面图需绘制出建筑物本层范围的投影内容。

顶层平面图对应于顶层的水平剖切图。顶层平面图需绘制出建筑物顶层范围的投影内容，与其他楼层不同的主要是楼梯间的平面布置不同。

屋顶平面图表达了屋顶的形状、屋面排水方向及坡度、天沟或檐沟的位置，还有女儿墙、屋檐线、雨水管理、上人孔及水箱的位置等。

# 9.4  建筑平面图绘制的基本规定及要求

## 9.4.1  建筑平面图的绘图比例

绘制建筑平面图时，所采用的比例有：1：50、1：100、1：200，在实际工程中通常采用1：100的比例尺绘制建筑平面图。

在建筑平面图中，当绘图比例为1：200或1：100时，被剖切到的断面部分，例如被剖到的砖墙、柱、楼板等一般不画材料图例；当绘图比例尺为1：50时，建筑平面图中砖墙也可不画图例；当绘图比例大于1：50时，应该画上材料图例。剖到的钢筋混凝土结构件的断面当小于1：50的比例时(或断面较窄，不易画出图例线)可涂黑表示。常用的建筑材料图例如图9.2所示。

| 砖 | | 玻璃及其他透明材料 | | 混凝土 | |
| --- | --- | --- | --- | --- | --- |
| 自然土壤 | | 木 | 纵剖面 | 钢筋混凝土 | |
| 夯实土壤 | | 材 | 横剖面 | 多孔材料 | |
| 沙、灰土 | | 木质胶合板(不分层数) | | 金属材料 | |

图 9.2  建筑材料图例

## 9.4.2  建筑平面图图名的标注方法

建筑平面图的图名通常标注在所绘制平面图的正下方，并且图名下方应加画一粗实线，图名右方标注比例，其字高比图名字高小一号或两号。

## 9.4.3  标高符号

标高是用以表明房屋各部分(如室内外地面、窗台、雨篷、檐口等)高度的标注方法。在建筑平、立、剖面图上，常用标高符号表示某一部位的高度。标高符号以细实线绘制，标高数值以"米"为单位，一般标注至小数点后三位。标高符号上标注的标高数字表示其完成面的数值。如标高数字前有"－"号的，表示该处标高低于零点标高。如数字前没有"＋"或"－"符号的，表示高于零点标高。标高符号的表示方法如图 9.3 所示，图 9.3 中标注了标高的画法、正标高和负标高的表示方法。在建筑平面图中应标注不同楼层地面高度及室内外地坪等标高。

**图 9.3 标高符号的表示方法**

### 9.4.4 图线的线宽

在建筑平面图中，会涉及到很多图线的运用，为了使建筑平面图层次分明，绘图所使用的图线会有粗细的不同。每种线通常有 $b$、$0.5b$、$0.25b$ 三种线宽（即：粗线、中粗线和细线）。

剖切符号用粗实线；被剖切到的墙、柱的轮廓线用粗实线绘制；门的开启线及窗的轮廓线用中实线；其余可见轮廓线、尺寸线、标高符号等用细实线；定位轴线用细点划线绘制。图线的线宽 $b$ 宜从 1.4mm、1.0mm、0.7mm、0.5mm 系列线宽中选取。绘制建筑平面图时，线宽可以参照图 9.4 的规定绘制相应图线。

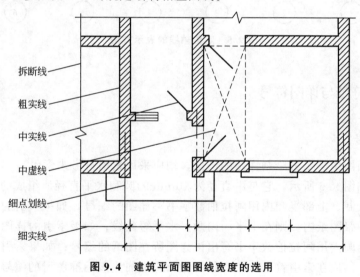

拆断线
粗实线
中实线
中虚线
细点划线
细实线

**图 9.4 建筑平面图图线宽度的选用**

### 9.4.5 定位轴线

定位轴线是确定房屋中墙体、柱和其他承重构件位置以及标注尺寸的基线。定位轴线用细点画线绘制，在线的端部画一直径为 8～10mm 的细实线圆，圆内注写定位轴线编号。在建筑平面图中，轴线编号的次序依次为：横向轴线从左至右，用阿拉伯数字进行标注；纵向轴线从下向上，用大写拉丁字母进行标注。注意：不用 I、O、Z 三个字母作为轴线编号，以免与阿拉伯数字 0、1、2 混淆。对于前后、左右不对称的图形，应在图纸上、下、左、右均标注定位轴线；若对称，则在图纸左方和下方标注定位轴线。如图 9.5 所示为一砖混结构建筑的轴线标注示意图。

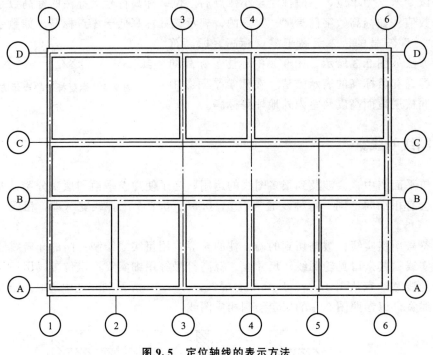

**图 9.5　定位轴线的表示方法**

## 9.4.6　索引符号与详图符号

### 1. 索引符号

在建筑平面图中需要另绘制详图的部位，均应采用索引符号来索引。

索引符号如图 9.6 所示，它是由直径为 10mm 的圆和水平直径所组成的，圆和水平直径均以细实线绘制。上部半圆内用阿拉伯数字书写详图的编号，如果索引的详图与被索引的图样画在同一张图纸内，则在下半圆内画一水平短画线；如果索引的详图画在另一张图纸内，则在下半圆内用阿拉伯数字书写出该详图所在图纸的编号；如果索引的详图采用标准图集中的图，则应在索引符号水平直径的延长线上加注该标准图册的编号。此时，下半圆的数字表示标准图册的页码，上半圆表示该详图的编号。

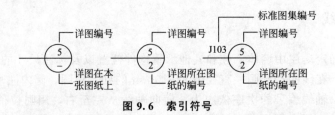

**图 9.6　索引符号**

索引符号用于索引剖面详图时，应在引出线一侧加画一粗短线，表示剖切后的剖视方向；粗短线画在引出线上侧表示向下投影，画在引出线下侧表示向上投影，画在引出线左侧表示向右投影，如图 9.7 所示。

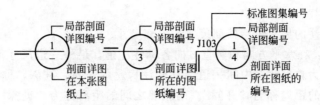

**图 9.7  用于索引剖面详图的索引符号**

### 2. 详图符号

详图符号遵循索引符号到指定的图纸页数或建筑图集页数即可以找到详图。如图 9.8 所示为详图符号，表示详图的位置和编号。详图符号的圆直径为 φ14mm，用粗实线绘制。在图 9.8 中，左图表示详图与被索引的图样同在一张图纸内，5(阿拉伯字)代表详图的编号。右图表示详图与被索引的图样不在同一张图纸内，用细实线在详图符号内画一水平直径，上半圆中注明详图编号 5，在下半圆中注明被索引的图纸的编号 2。

**图 9.8  详图符号**

## 9.4.7  字高

在建筑平面图中，图名字高通常采用 7 号字，图名旁标注的比例尺采用 5 号字或 3.5 号字；尺寸文本字高采用 3.5 号字；定位轴线中字号采用 7 号字或 5 号字；剖切符号文本标注采用 7 号字或 5 号字；标题栏中图名用 10 号字或 7 号字，其余用 5 号字。

**注意：**

(1) 同一张图纸内相同类型文字标注的字号选用应一致。

(2) 如果采用 1∶1 比例绘图，1∶100 出图时，字高应该扩大 100 倍，保证最终出图后文字字高符合上述要求。如果采用 1∶100 画图，1∶1 出图时，字号遵循前述字号采用即可。

## 9.4.8  指北针

**图 9.9  指北针**

指北针标记了建筑的朝向，通常在底层建筑平面图中绘制指北针。指北针圆的直径≥24mm(一般取 24mm)，用细实线绘制，圆内指针应填黑并指向正北、指针尾部宽度应为外圆直径的 1/8，并在指北针顶部标注"北"或"N"，指北针标识如图 9.9 所示。

## 9.4.9  尺寸标注

运用 AutoCAD 2014 绘制的建筑平面图只能表示物体的形状，物体的各部分真实大小及准确位置则要靠标注的尺寸来确定，在工程施工以及预决算时均以图纸标注的尺寸来执行。所以，建筑平面图中标注尺寸的基本要求为：①正确——尺寸标注要符合国家标准的规定；②完全——尺寸必须注写齐全，不遗漏，不重复；③清晰——尺寸的布局要整齐清晰，便于阅读、查找。

建筑平面图标注的尺寸包括外部尺寸和内部尺寸。

（1）外部尺寸：在水平方向和竖直方向各标注三道，最外一道尺寸标注房屋水平方向的总长、总宽，称为总尺寸；中间一道尺寸标注房屋的开间、进深，称为轴线尺寸（一般情况下两横墙之间的距离称为"开间"；两纵墙之间的距离称为"进深"）。最里边一道尺寸以轴线定位的标注房屋外墙的墙段及门窗洞口的尺寸，称为细部尺寸。三道尺寸线间的距离一般为7mm。

（2）内部尺寸：应标注各房间长、宽方向的净空尺寸，墙厚及轴线的关系，柱子截面，房屋内部门窗洞口、门垛等细部尺寸。

### 9.4.10　门窗编号

平面图上所有的门窗都应进行编号。门常用"M1""M2"或"M-1""M-2"等表示；窗常用"C1""C2"或"C-1""C-2"等表示。同一编号的门窗，其尺寸、形式和材料均一样。

### 9.4.11　建筑平面图作图时其他注意事项

（1）绘图时注意不要漏项。在绘制建筑平面图时，门窗编号、尺寸标注、标高符号、内部尺寸、指北针、散水和剖切符号等图元容易漏画。

（2）注意布图合理，如果在同一张图纸内绘制多个建筑平面图时，图纸内各图形之间的间距和位置要合理。后续章节还会讲解建筑立面图和建筑剖面图的绘制，如果将建筑平面图、建筑立面图和建筑剖面图同时绘制在同一张图纸中，还需要注意在布置图纸时，建筑平面图、建筑立面图和建筑剖面图在图纸上的位置关系要符合三视图的原则。通常将建筑立面图和建筑平面图按投影原则上下对齐绘制，同时，将建筑立面图和建筑剖面图按投影原则左右对齐绘制。布图时可参照图9.10的格局安排各图在图纸中的位置。

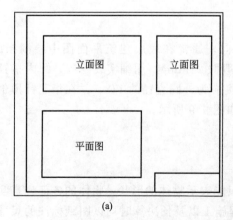
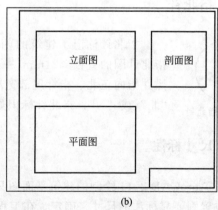

(a)　　　　　　(b)

图9.10　建筑平面图、立面图和剖面图在图纸中的布图方式

（3）在绘制建筑平面图时，对于建筑平面图中没有明确标注的尺寸数据要学会在剖面图、立面图或者详图中找寻，会自己在全套的工程施工图中查找相关图纸信息。切记，对于未知的尺寸标注，严禁用直尺量取图纸数据。

（4）注意按线型要求绘制各图线的线宽，使图形层次感分明。

（5）建筑平面图具体绘制方法可参照《建筑制图标准》。

## 9.5　建筑平面图的绘制步骤和方法

本节结合一栋多层建筑的底层建筑平面图（图 9.11）进行建筑平面图绘制过程的讲解。

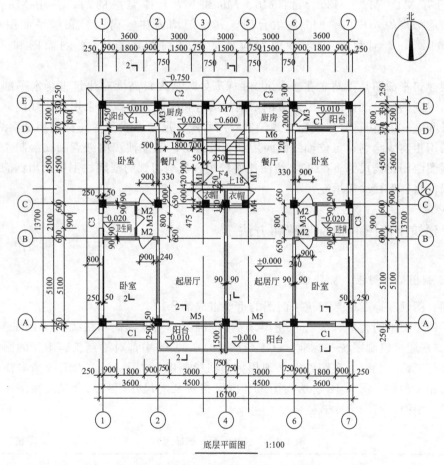

图 9.11　某住宅楼底层建筑平面图

### 9.5.1　建筑平面的总体概况

由底层平面图中标注的指北针可知，本住宅楼是一栋坐北朝南的建筑。建筑形式为一梯两户的框架结构住宅楼，建筑总长 16.7m，总宽 13.7m。整个建筑平面关于"4"轴线呈现左右对称形式，左右两户户型完全相同，均为两室两厅一卫一厨户型，且每户在南北向均有一阳台，住宅南北通透，结构通风和采光性能较好。

从底层建筑平面图还可获取建筑的相关信息：①标高信息。本底层平面图中，会涉及多个建筑标高，分别有底层的楼层标高、室外标高、单元门入口处室内标高、厨房地面标高、卫生间地面标高和阳台标高等。从底层平面图中可知，本建筑底层的楼层标高为±0.000m，室外标高为−0.750m，单元门入口处室内标高为−0.600m。在住宅建筑中，因为厨房和卫生间是用水房间，所以厨房和卫生间的标高要低于楼层标高。底层的厨房和卫生间标高均是−0.020m。另外，考虑到室外排水的问题，阳台的标高也要低于底层楼层标高，底层平面图中显示的阳台标高为−0.010m。②门窗编号。窗有 C1、C2 和 C3 三种类型的窗，其中 C1 是卧室的窗、C2 是厨房的窗、C3 是卫生间的窗；底层的门有 M1、M2、M3、M4、M5、M6 和 M7 七种类型的门，其中 M7 是单元门、M4 是每户的入户门、M5 是阳台门，其余门均为住宅内门。底层平面图中有两个剖切符号 1—1 剖和 2—2 剖，即对应此底层平面图还有 1—1 剖面图和 2—2 剖面图。

底层建筑平面图是以站立在±0.000m 标高处，从人眼高度对建筑进行水平剖切后向下投影所得到的水平剖面图，因此被剖切到的墙身和柱的轮廓线均采用粗实线绘制；1—1 剖切符号和 2—2 剖切符号采用粗实线绘制；尺寸线、尺寸界线和标高符号用细实线绘制；尺寸箭头用粗实线绘制；定位轴线圆圈用细实线绘制；定位轴线用细点画线绘制。由于本底层平面图绘图比例尺为 1：100，绘图比例较小，被剖切到的框架柱不用绘出钢筋混凝土图例，只需将框架柱涂黑填充。

### 9.5.2 建筑平面图的绘制步骤和方法

#### 1. 绘制图幅、图框、标题栏

图幅、图框和标题栏是建筑平面图的重要组成部分。

为了便于图纸的整理、装订和使用，《技术制图、图纸幅面和格式》（GB/T 14689—2008）和《房屋建筑制图统一标准》（GB/T 50001—2010）中都对绘制工程图样的图纸幅面和格式进行了统一规定，在图纸上必须用粗实线绘制图框。表 9-1 为图纸基本幅面和图框尺寸的相关参数，图 9.12 所示为图纸和图框格式及其尺寸代号的含义。在图 9.12 中，左图为横式幅面，右图为立式幅面。

表 9-1　基本幅面及图框尺寸 单位：mm

| 幅面代号 | A0 | A1 | A2 | A3 | A4 |
|---|---|---|---|---|---|
| $B \times L$ | 841×1189 | 594×841 | 420×594 | 297×420 | 210×297 |
| $c$ | | 10 | | 5 | |
| $a$ | | | 25 | | |

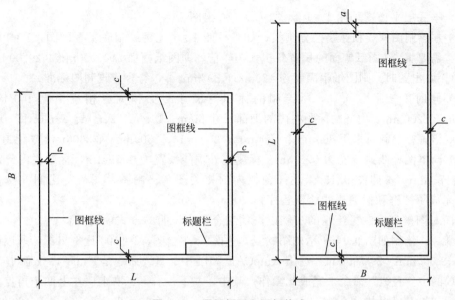

**图 9.12　图纸幅面和图框格式**

在每张工程图纸上都应标明图名、图纸编号、工程名称、日期、设计单位、设计者、绘图人、校核人、审定人的签字栏等，这些信息均显示在图纸的标题栏中。对于 A0 和 A1 号图纸，其图框线线宽为 $b$，标题栏外框线为 $0.5b$，标题栏内分格线宽为 $0.25b$；对于 A2、A3 和 A4 号图纸，其图框线线宽为 $b$，标题栏外框线为 $0.7b$，标题栏内分格线宽为 $0.35b$。图线的线宽 $b$ 应从 1.4mm、1.0mm、0.7mm、0.5mm 系列线宽中选取，本例选择线宽 $b$ 为 0.5mm。在底层平面图中，凡是符合粗实线的线型宽度均为 0.5mm。图 9.13 所示为可参照的标题栏格式。

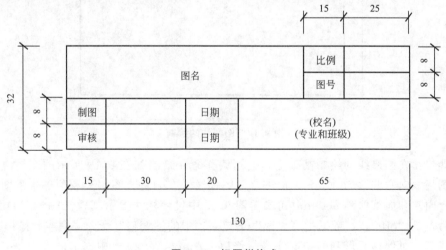

**图 9.13　标题栏格式**

针对本建筑的实际平面布置情况，依据图 9.11 所示的总体尺寸，同时考虑上、下、左、右四个方向的尺寸标注格式，本底层建筑平面图可采用 A3 号图纸幅面绘制。

绘制图框线和标题栏操作提示如下。

（1）本底层平面图采用1∶1绘图，1∶100出图。

（2）在绘制图框线和标题栏分割线，如果按照1∶1比例绘制底层平面图，1∶100比例出图时，需要将A3图纸幅面的长宽各扩大100倍，即图纸幅面为42000mm×29700mm。当按照1∶100出图时，则图纸幅面就为420mm×297mm了，符合建筑制图标准。

（3）同时，参照图9.13，所绘制的标题栏尺寸的长和宽也相应扩大100倍，即：13000mm×3200mm。内部的标题栏内的细部尺寸8mm、15mm、20mm、25mm和30mm均扩大100倍，在绘制时采用800mm、1500mm、2000mm、2500mm和3000mm来绘制。

（4）调整图框线的线宽为0.5mm，标题栏外框线线宽为0.35mm，标题栏内分割线线宽为0.175mm。参照图9.13标注标题栏内的相关图名、制图、图号、比例、校名等信息，即完成了图框和标题栏的绘制程序。

下面对图框和标题栏绘制的步骤以图例结合文字说明的方式加以解释。

步骤一：绘制如图9.14所示的图幅线，考虑1∶1绘图，1∶100比例出图，所以图幅线尺寸为42 000mm×29 700mm。运用AutoCAD 2014中的直线命令是"line"，或通过"绘图"下拉菜单的中"直线"命令来完成此操作。其中，左下、右下、右上、左上四个角点分别用绝对坐标和相对坐标输入为：（0，0）、（@42000，0）、（@0，29700）、（@-42000，0），然后闭合即可。

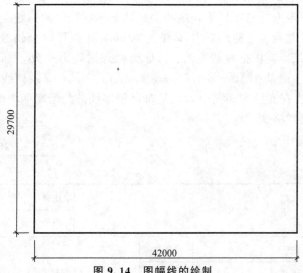

图9.14　图幅线的绘制

步骤二：在图幅线的绘制基础上，运用偏移命令绘制如图9.15所示的图框线。将左侧垂直图幅线向右偏移2500mm，底部水平图幅线、右侧垂直图幅线和顶部水平图幅线分别向上、向左和向下偏移500mm（可参看图9.15中尺寸标注提示）。在AutoCAD 2014中的偏移命令是"offset"，或通过"修改"下拉菜单中的"偏移"命令来完成此操作。

步骤三：对偏移后得到的图框线进行修剪。AutoCAD 2014中修剪的命令是"trim"，或通过"修改"下拉菜单中的"修剪"命令完成此操作。修剪后的图框线如图9.16所示。

步骤四：删除尺寸标注提示后，即可得到绘制完成的图幅线和图框线。在AutoCAD 2014中，删除命令是"erase"，或通过"修改"下拉菜单中的"删除"命令来完成此操作。绘制完成的图幅线和图框线如图9.17所示。

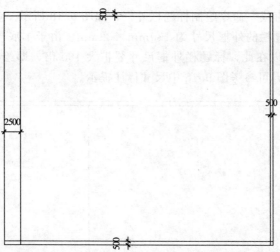

图 9.15 运用偏移命令由图幅线得到图框线操作

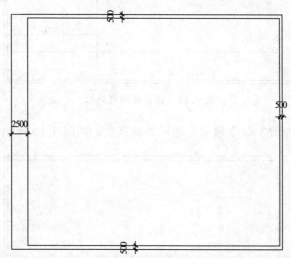

图 9.16 对偏移所得的图框线进行修剪后得到图幅线和图框线

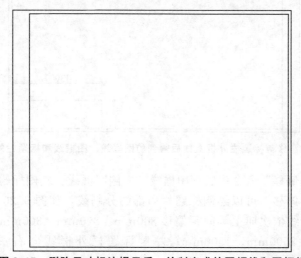

图 9.17 删除尺寸标注提示后，绘制完成的图幅线和图框线

步骤五：运用"直线"命令绘制标题栏外框，如图 9.18 所示。参照图 9.13 所示标题栏详细尺寸可知，标题栏的外框尺寸为 130mm×32mm。由于本底层平面图采用 1∶1 绘图，1∶100 出图，所以在此，标题栏外框尺寸要扩大 100 倍，即绘制标题栏尺寸调整为 13 000mm×3200mm，可参考图 9.18 中尺寸标注提示。

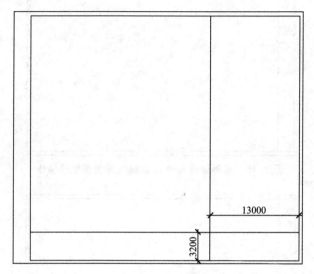

图 9.18　绘制标题栏外框

步骤六：运用"修剪"命令修剪标题栏外框直线，如图 9.19 所示。

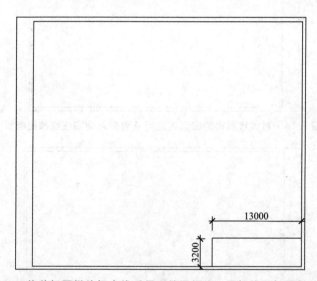

图 9.19　修剪标题栏外框直线后得到的图幅线、图框线和标题栏外框线

步骤七：运用"偏移"命令将底部图框线、右侧图框线、左侧标题栏外框线和顶部标题栏外框线分别进行偏移，可以绘制标题栏内部的分割线，如图 9.20 所示。提示偏移顺序可以是：底部图框线依次向上等间距偏移 800mm、800mm、800mm、800mm；右侧图框线依次向左偏移 2500mm、1500mm；左侧标题栏外框线向右一次偏移 1500mm、3000mm 和 2000mm。

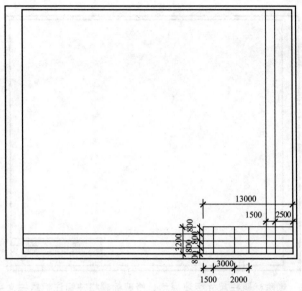

**图 9.20 运用偏移命令绘制标题栏内部分割线**

步骤八：参照图 9.13 所示的标题栏内部分割规律，运用"trim"命令修剪标题栏内部分割线，如图 9.21 所示。

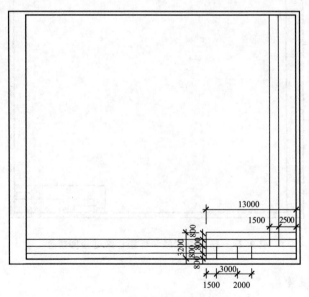

**图 9.21 修剪标题栏内分割线**

步骤九：运用"删除"命令删除标题栏尺寸标注提示，同时运用"偏移"命令修剪标题栏内部分割线，并在标题栏中标注图名、制图、图号、比例、校名等信息，如图 9.22 所示。

步骤十：在"格式"下拉菜单中选择"线宽"选项，或在"特性"工具栏中，依次调整图框线的线宽为 0.5mm，标题栏外框线线宽为 0.35mm，标题栏内分割线线宽为 0.180mm，则完成了图框和标题栏的绘制程序，如图 9.23 所示。

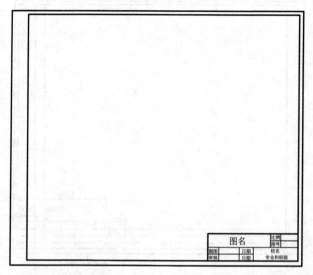

| 图名 | | 比例 | |
|---|---|---|---|
| | | 图号 | |
| 制图 | 日期 | 校名 | |
| 审核 | 日期 | 专业和班级 | |

**图 9.22   删除标题栏尺寸标注提示、修剪标题栏并标注标题栏文字信息**

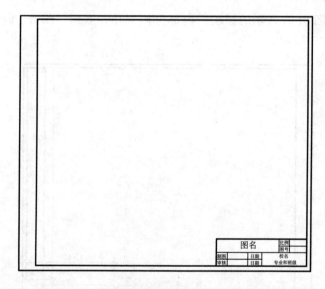

| 图名 | | 比例 | |
|---|---|---|---|
| | | 图号 | |
| 制图 | 日期 | 校名 | |
| 审核 | 日期 | 专业和班级 | |

**图 9.23   完成图框线和标题栏细部绘图操作**

2. 绘图环境的设置

正式绘图之前，首先应根据所绘制图形的特点，对绘图环境进行相关设置。主要涉及图层的创建；图层的颜色、线型、线宽的设定；中文字体和字型的设定；尺寸标注样式的设定等，以上设置是绘图前必须要进行的工作，也是良好绘图习惯的养成。

1）图层的设置

在本底层平面图的绘制过程中，需要创建的图层有：轴线、墙体、框架柱、阳台、门窗、楼梯、文本标注、尺寸标注。各图层的具体设定如图 9.24 所示，各图层的颜色、线型和线宽等均作了相关设定。

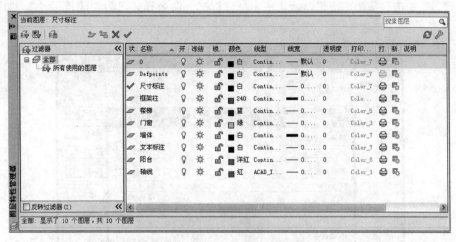

图 9.24 底层建筑平面图的图层设置

2）字体的设置

AutoCAD 2014 中输入中文时，可单击"格式"下拉菜单中的"文字样式"选项进入"文字样式"对话框。在"SHX 字体"下拉列表中选用"gbenor.shx"，在"大字体"下拉列表中选用"gbcbig.shx"，在"高度"文本框中输入标注字体的高度为0。说明：当文字字高设为 0，在使用 dtext 命令标注文字时，命令行会提示用户指定字高，用户可根据实际需要字体大小设定字高。

3）标注样式的设置

本底层平面图采用 1：1 比例绘图，1：100 比例出图。与图框线和标题栏绘制同理，在进行尺寸标注设定时，相关参数也需要扩大 100 倍。

步骤一：选择"格式"下拉菜单中"标注样式"，进入"标注样式管理器"对话框，如图 9.25 所示。

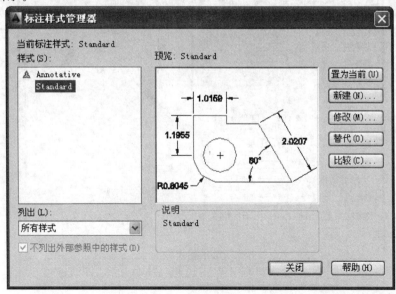

图 9.25 "标注样式管理器"对话框

步骤二：单击"新建"按钮，新建一个标注样式，命名样式名为"建筑标注"，如图9.26所示。

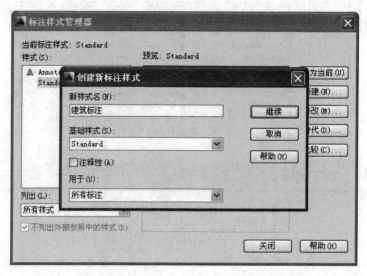

图9.26 新建名为"样式"的标注样式名

步骤三：单击"继续"按钮，弹出如图9.27所示的"新建标注样式"对话框，可以分别设定"线""符号和箭头""文字""调整""主单位""换算单位"和"公差"等选项卡。依据本底层平面图可以有针对性地进行相关参数的设定。

步骤四：进行"线"选项卡的设定。主要包括尺寸线和尺寸界线的设定，具体参数设定如图9.27所示。

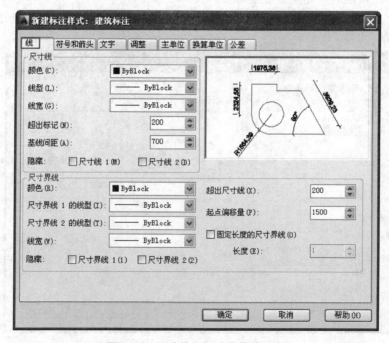

图9.27 尺寸线和尺寸界线的设定

说明：

（1）尺寸线。

①"超出标记"指尺寸线超出尺寸界线的长度，设为2～3mm较为合适。在采用1：1比例绘图，1：100比例出图时，设为200～300mm，但只有"箭头"选项组中选择"倾斜"或"建筑符号"时，此选项才能激活。

②"基线间距"指设置基线标注的两尺寸线间的距离，建筑制图标准规定两尺寸线间的距离为7～10mm。在采用1：1比例绘图，1：100比例出图时，设为700～1000mm。建筑制图基本不用基线标注。

（2）尺寸界线。

①"超出尺寸线"指尺寸界线超出尺寸线的距离。规定尺寸界线超出尺寸线的距离为2～3mm。在采用1：1比例绘图，1：100比例出图时，设为200～300mm

②"起点偏移量"设置尺寸界线的起点端离开图形轮廓线的距离。规定尺寸界线的起点端离开图形轮廓线的距离不小于2mm。在采用1：1比例绘图，1：100比例出图时，设为1000～1500mm。

步骤五：进行"符号和箭头"选项卡的设定，如图9.28所示。尺寸箭头调整为建筑标记。在采用1：1比例绘图，1：100比例出图时，箭头符号可设为250。

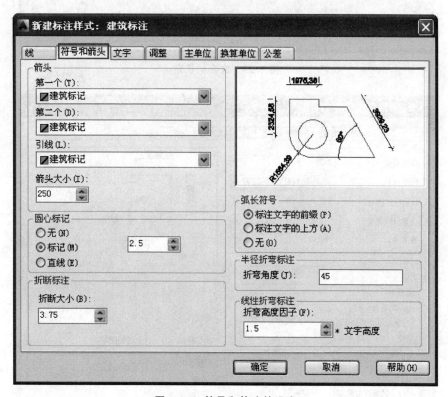

图9.28 符号和箭头的设定

步骤六：进行"文字"选项卡的设定，如图9.29所示。在采用1：1比例绘图，1：100比例出图时，调整文字字高为350，调整文字从尺寸线偏移量为62.5。

步骤七：进行"主单位"选项卡的设定，调整精度为0，如图9.30所示。

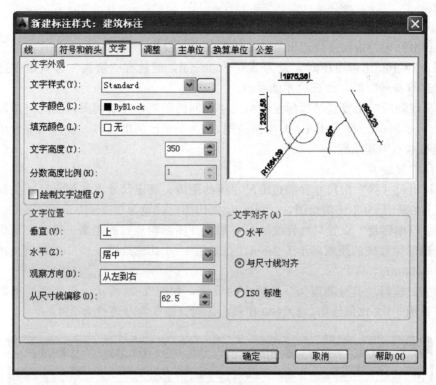

图 9.29　文字的设定

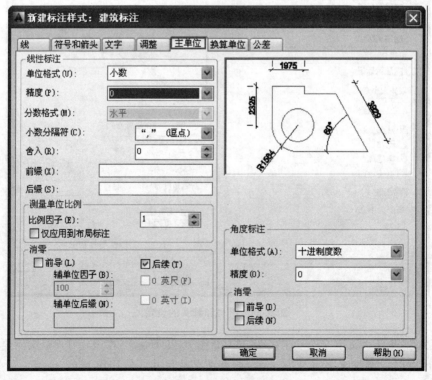

图 9.30　主单位的设定

3. 绘制定位轴线

定位轴线绘制提示：将轴线层设为当前层，根据纵横轴线的间距依次绘出各条纵横轴线。然后，运用"修剪"命令完善和修改轴线的长度，使其长度与墙、框架柱的尺寸一致。同时，由图 9.11 所示的底层平面图可知，此建筑在"4"轴线处呈现左右对称，因此，在绘图时也可以先绘出左半部分平面，然后再通过"镜像"命令复制得到整个底层建筑平面图。

定位轴线具体绘制步骤如下。

步骤一：将轴线层设置为当前层，运用直线命令"line"分别绘制纵横各一条轴线，如图 9.31 所示。注意：轴线层的线型为细点画线，在运用"直线"命令绘轴线后，在图 9.31 中显示是连续线型。这是由于线型比例过小导致的，在命令行键入"ltscale"，将线型比例因子调整为一个大于 1 的整数倍，本操作调整为 15 倍，则在图 9.32 中显示点画线线型。

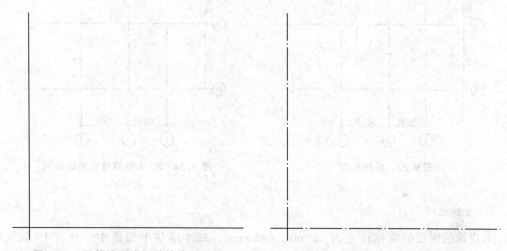

图 9.31  调整线型比例前的线型显示          图 9.32  调整线型比例后的轴线显示

步骤二：运用偏移命令"offset"分别对纵横轴线进行复制，绘制轴网，如图 9.33 所示。为了便于识别，直接将定位轴线标注在轴线端部，定位轴线的圆圈直径规定为 10mm，考虑采用 1∶1 比例绘图，1∶100 比例出图，实际绘图时定位轴线直径扩大 100 倍，即其直径为 1000mm。

以"4"轴线为对称轴，平面图左半等分部分的纵向轴线由下向上依次为"A"、"B"、"C"、"1/C"、"D"和"E"轴线。其中，"B"轴线相对"A"轴线向上偏移了 5100mm，"C"轴线相对"B"轴线向上偏移了 2100mm，"1/C"轴线相对"C"轴线向上偏移 900mm，"D"轴线相对"1/C"轴线向上偏移 3600mm，"E"轴线相对"D"轴向向上偏移 1500mm。

平面图左半等分部分的横向轴线由左向右依次是"1"、"2"、"3"、"4"轴线。其中，"2"轴线相对 1 轴线向右偏移了 3600mm，"3"轴线相对"2"轴线向右偏移了 3000mm，"4"轴线相对"2"轴线向右偏移了 4500mm，由此也推出"4"轴线相对"3"轴线向右偏移了 1500mm。

注意：横向定位轴线"3"、"4"轴线和"1"、"2"轴线不同，"3"、"4"轴线的墙体不是沿建筑横方向全长设置，"3"轴线贯穿"E"、"D"、"C"轴线；"4"轴线贯穿"A"、

"B"、"C"、"1/C"轴线。同时，纵向定位轴线"1/C"轴线仅贯穿"3"、"4"轴线。所以，要对"3"轴线、"4"轴线和"1/C"轴线进行适当修剪，运用修剪命令"trim"修剪后的轴网，如图 9.34 所示。

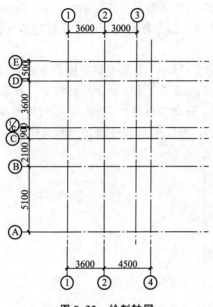

图 9.33  绘制轴网

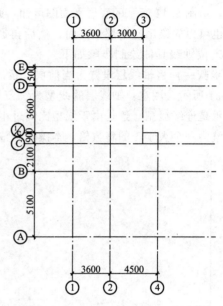

图 9.34  3、4 轴线修剪后的轴网

4. 绘制柱网

本建筑的底层框架柱尺寸为 450mm×450mm。在本建筑平面图中，共有 18 根框架柱，分别为分布在"E"轴线上的"6"根框架柱、"C"轴线上的"7"根框架柱、"A"轴线上的 5 根框架柱。柱网绘制提示：先运用"偏移"命令得到"E"轴线和"1"轴线交点处框架柱的轮廓图，然后运用"修剪"命令完善此框架柱，并对此框架柱进行"图案填充"操作，使框架柱被涂黑，最后复制此被涂黑的框架柱到建筑平面图中设置有框架柱的位置。具体绘制步骤如下。

步骤一：首先绘制"E"轴线和"1"轴线相交处的框架柱。

偏移"E"轴线和"1"轴线，初步得到"E"轴线和"1"轴线处的框架柱轮廓。在命令行输入偏移命令"offset"，或选择"修改"下拉菜单中的"偏移"命令，分别将"E"轴线和"1"轴线向上和向左偏移 250mm，再将"E"轴线和"1"轴线分别向下和向右各偏移 200mm，初步完成"E"轴线和"1"轴线处框架柱轮廓的绘制，如图 9.35 所示。

步骤二：修剪"E"轴线和"1"轴线相交处的框架柱。

在命令行输入修剪命令"trim"，或选择"修改"下拉菜单中的"修剪"命令，修剪此框架柱，如图 9.36 所示。

步骤三：填充"E"轴线和"1"轴线相交处的框架柱，如图 9.37 所示。

图案填充的操作如下：选择"绘图"下拉菜单中的"图案填充"进入"图案填充和渐变色"对话框，选择"图案填充"选项卡中的"类型和图案"中"图案"下拉列表，进入"填充图案选项板"对话框，单击"其他预定"选项卡的"solid"图案，填充图案即可。

步骤四：复制此框架柱到"E"、"C"和"A"轴线相应部位，如图9.38所示。

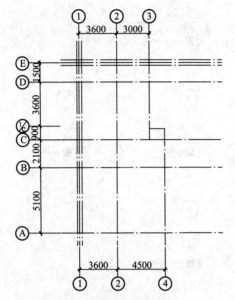

图 9.35　偏移 1 轴线和 E 轴线，初步绘制
1 轴线和 E 轴线处的框架柱

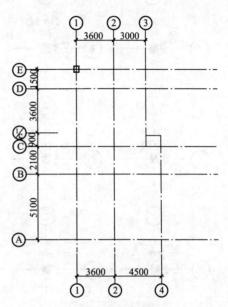

图 9.36　修剪后的 E 轴线和
1 轴线间的框架柱

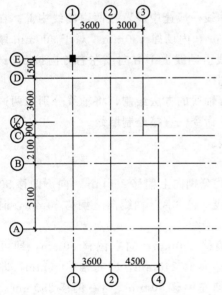

图 9.37　填充 E 轴线和 1 轴线间的框架柱

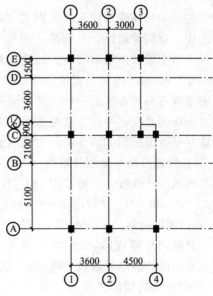

图 9.38　柱网图

注意：由于本建筑轴线对墙线不居中，同样对于柱而言，定位轴线在柱中也不居中。所以，在复制框架柱时，不同轴线定位的框架柱其复制时的捕捉点不相同。复制框架柱时，可参看图9.39的各框架柱与定位轴线的关系图，进行框架柱的复制，来完成柱网的绘制。

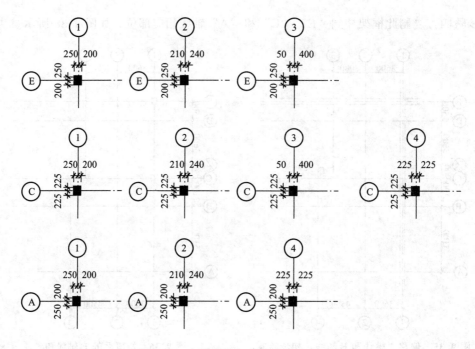

图 9.39　各框架柱与定位轴线的关系图

5. 绘制墙体

建筑制图中墙体通常用双线来表达，定位轴线一般逢中设置在两道墙线中部。在本底层平面图中，有两种墙厚，分别是外墙厚 300mm 和内墙厚 180mm。对于 300mm 厚的外墙，轴线未居中设在两道墙线间，而是在将墙线沿轴线上下方向或左右方向按 250mm 和 50mm 划分；180mm 内墙的定位轴线是将墙线中分。

绘制墙线有两种方法：一种方法是采用偏移轴线的方法绘制，将轴线分别向两边偏移相应尺寸而得到墙线；一种方法是运用"多线"命令，直接绘制墙线。

本底层平面图采用"偏移"的方法绘制墙线。

1）对轴线进行偏移绘制外墙线

在绘制纵向外墙线时，将"E"和"D"轴线分别向上偏移 250mm，向下偏移 50mm，即可得到"E"和"D"轴线所定位的纵向外墙线；将"A"轴线向上偏移 50mm，向下偏移 250mm，即可得到"A"轴线所定位的纵向外墙线。

在绘制横向外墙线时，将"1"轴线向左偏移 250mm，向右偏移 50mm，即可得到"1"轴线所定位的横向外墙线；将"2"轴线向左偏移 240mm，向右偏移 60mm，即可得到"2"轴线定位的横向外墙线；将"3"轴线向左偏移 50mm，向右偏移 250mm，即可得到"3"轴线所定位的横向外墙线。

偏移轴线后生成的外墙线如图 9.40 所示，其中由符号"×"标识的细点画线即为偏移后得到的墙线。

2）修剪外墙线

修剪"E"、"D"、"1/C"、"A"、"1"、"2"、"3"轴线所定位的外墙线，如图 9.41

所示。

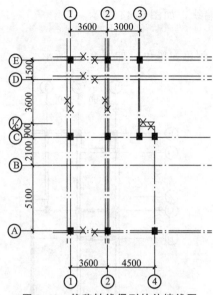

图 9.40 偏移轴线得到的外墙线图

图 9.41 外墙线修剪后得到的轴线和墙线图

3）修改外墙线

将外墙线线型改为实线，线宽为 0.5mm，颜色为黑色，如图 9.42 所示。

4）对轴线进行偏移绘制内墙线

在绘制横向内墙时，将"2"轴线左右各自偏移 90mm，即可得到"2"轴线定位的横向内墙线；将"4"轴线左右各自偏移 90mm，即可得到"3"轴线定位的横向内墙。

在绘制纵向内墙时，将"C"轴线左右各自偏移 90mm，即可得到"C"轴线定位的纵向内墙线；将"B"轴线左右各自偏移 90mm，即可得到"B"轴线定位的纵向内墙。

偏移轴线得到的内墙线图如图 9.43 所示。

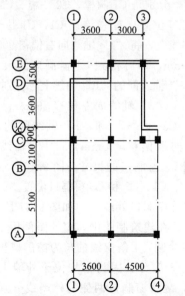

图 9.42 调整外墙线线型、线宽和颜色

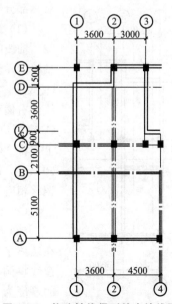

图 9.43 偏移轴线得到的内墙线图

5）修剪内墙线

修剪"2""4""C""D"轴线所定位的内墙线，如图9.44所示。

6）修改内墙线

将内墙线线型改为实线，线宽为0.5mm，颜色为黑色，如图9.45所示。

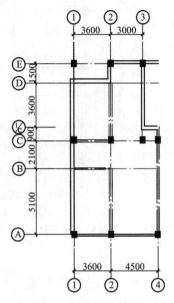

图9.44 修剪内墙线

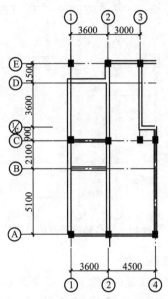

图9.45 调整外墙线线型、线宽和颜色

6. 绘制窗

将门窗层设为当前层。门窗的绘制方法主要是利用"偏移"命令复制定位轴线或墙线来确定墙体上门、窗及其洞口位置，再利用修剪等命令将洞口修剪和完善。底层平面图左半对称部分有4扇窗，分别是C1两樘、C2一樘、C3一樘。

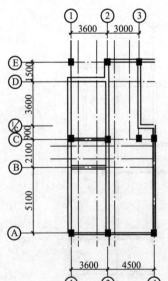

图9.46 窗洞口位置的确定

（1）确定窗洞口位置。首先绘制C1，C1位于"1"和"2"轴线间的D轴线上，将"1"轴线向右偏移900mm，"2"轴线向左偏移900mm，即可得到C1窗洞口的尺寸。同理，C2位于"2"和"3"轴线间的"E"轴线上，分别将"2"轴线向右偏移750mm，"3"轴线向左偏移750mm，即可得到C2窗洞口的尺寸。C3为"C"和"B"轴线间的"1"轴线上，将"C"轴线向下偏移600mm，"B"轴线向上偏移600mm，即可得到C3窗洞口的尺寸。图9.46所示即为通过偏移相应的轴线确定C1、C2和C3窗洞口位置。

（2）修剪和完善窗洞口处线条，如图9.47所示。

（3）绘制窗线。在建筑制图中，窗的图例用4条与窗所在墙体平行的直线绘制，4条窗线的长为窗洞口长，且4条窗线将洞口宽方向3等分。因为窗均位于外墙上，而外墙的厚度为300mm，故将窗洞口两侧的外墙线分别向内偏移100mm，即可得到各个窗的窗线，如图9.48所示。由于墙线的线宽影响绘图操作过程，在此隐藏墙线的线宽。同时，为了便于读者识别窗线的绘制过程，用椭圆在 C1、C2 和 C3 增加辅助识别标识，能更清晰明确窗线绘图操作过程。

（4）修剪窗线，如图 9.49 所示。

（5）调整窗线的线型为 0.18mm 线宽的绿色连续线，即完成了窗的绘制，如图 9.50 所示。注意：同时需要单独调整窗洞口墙宽处的线型和墙体的线型一致。

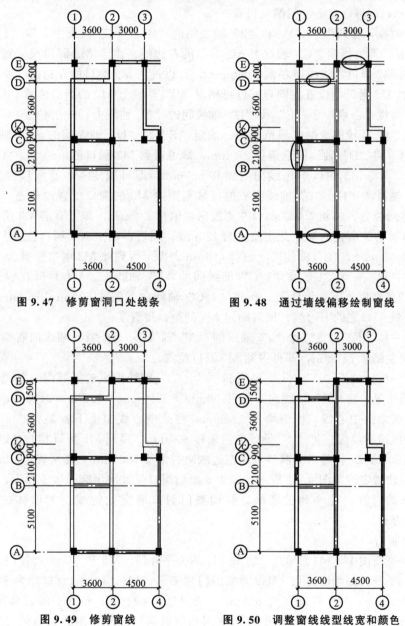

图 9.47 修剪窗洞口处线条　　图 9.48 通过墙线偏移绘制窗线

图 9.49 修剪窗线　　图 9.50 调整窗线线型线宽和颜色

7. 绘制门

底层平面图左半对称部分平面中包含的门有：M1 一樘、M2 两樘、M3 两樘、M4 一樘、M5 一樘、M6 一樘，共 8 樘门。另外，在单元入口处还有一扇 M7 位于"3"和"5"

轴线间，等将左半部分进行镜像后，完成了整个建筑平面的绘制时再绘制 M7。各扇门的具体绘制步骤如下。

（1）确定 M1、M2、M3、M4、M5 和 M6 的门洞口位置。

M1 一樘，位于"1/C"和"D"轴线间的"3"轴线上，将"1/C"轴线向上偏移 370mm，可以得到门洞口下边线。因 M1 洞口尺寸宽为 900mm，再将门洞口下边线向上偏移 900mm，即可确定 M1 门洞口位置。

M2 有两樘，分别位于"1"和"2"轴线间的"B"、"C"轴线上。将"2"轴线向左偏移 330mm，即可得到"C"轴线上 M2 洞口的右边线。由于 M2 洞口尺寸宽为 900mm，再将得到的 M2 洞口右边线向左偏移 900mm，可以得到 M2 洞口的左边线，所以就可确定"C"轴线上 M2 洞口的位置。同理，也可确定"B"轴线上 M2 的洞口位置。

M3 有两樘，一扇位于"E"和"D"轴线间的"2"轴线上；一扇位于"C"、"B"轴线和"1"、"2"轴线围成的区域范围内。确定"E"和"D"轴线间的"2"轴线上的 M3 洞口位置时，将"D"轴线向上偏移 370mm，即可得到 M3 洞口的下边线。由于 M3 洞口宽 800mm，再将 M3 洞口下边线向上偏移 800mm，即可确定 M3 的洞口位置。再确定"C"、"B"轴线和"1"、"2"轴线围成的区域范围内 M3 的洞口位置。首先，确定 M3 所在横向内墙的位置。将相邻 M2 洞口左边线向左偏移 240mm，即可确定 M3 所在内横墙中心线的位置，并完善此内墙，此内墙厚为 120mm。然后再确定 M3 洞口位置。将"C"轴线向下偏移 650mm，"B"轴线向上偏移 650mm，即可得到此 M3 洞口位置。

M4 有一樘，位于"C"和"1/C"轴线间的"3"轴线上。M4 洞口宽的上边线位于"1/C"轴线所在墙体下侧墙线上，再将"1/C"轴线向下偏移 600mm＋50mm＝650mm，即可得到 M4 洞口宽的下边线，即可确定 M4 的洞口位置了。

M5 有一樘，位于"2"和"4"轴线的"A"轴线上。将"2"轴线向右偏移 750mm，"4"轴线向左偏移 750mm，即可得到 M5 洞口位置。

M6 有一樘，位于"D"、"C"轴线和"2"、"3"轴线围成的区域内。首先确定 M6 所在纵内墙的位置。将"E"轴线向下偏移 50mm＋2000mm＋60mm＝2110mm，即可得到 M6 所在内纵墙的中心线，内纵墙厚 120mm，将此中心线向上下各偏移 60mm，即得到 M6 所在内纵墙的墙线。将"2"轴线向右偏移 500mm，得到 M6 洞口宽的左边线。因 M6 洞口宽为 1800mm，再将 M6 洞口宽的左边线向右偏移 1800mm，即可确定 M6 洞口位置。

门洞口位置定位如图 9.51 所示，其中 8 个门洞口位置均用椭圆做了标识，便于查看。

（2）修剪门洞口处和相关墙线，并调整门洞口墙宽处的线型和墙体的线型一致，如图 9.52 所示。

（3）绘制门。

本底层平面图中，M1、M2、M3 和 M4 均为平开门，M5 和 M6 为推拉门。

其中，平开门的画法是用 45°带圆弧的门扇表示。M1、M2 的洞口宽为 900mm；M3 洞口宽为 800mm；M4 洞口宽为 600mm。在 M1、M2、M3 和 M4 的具体绘图方法如图 9.53所示。然后，将绘制好的平开门依据相应的洞口尺寸复制到相应的位置，即完成了门的绘制。注意，图 9.53 所绘制的门是横向设置的左平开方式，平面图中的 M1 是竖向设置的右平开；M2 有一扇是横向设置的右平开、一扇是横向设置的左平开；M3 有一扇是竖向设置的左平开，一扇是竖向设置的右平开；M4 是竖向设置的左平开。所以，在复制门的时候，要进行相应的镜像或旋转才能得到符合平面图实际的门开启方向。在此注意：门扇要调整为中实线；门扇开启的圆弧线为细实线。

另外，M5 和 M6 是推拉门，相对平开门而言，推拉门比较好绘制。M5 是三扇推拉门，M6 是两扇推拉门，具体表示方法同样参见图 9.54。

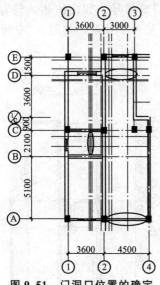

图 9.51 门洞口位置的确定

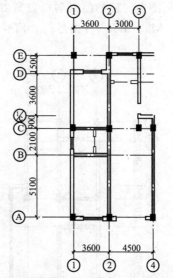

图 9.52 修剪门洞口线条，调整门洞口墙宽处的线型和墙体的线型一致

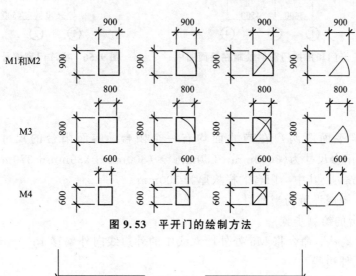

图 9.53 平开门的绘制方法

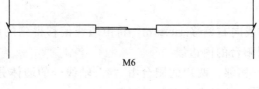

M6

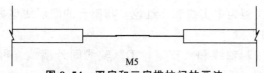

M5

图 9.54 双扇和三扇推拉门的画法

（4）将平开门和推拉门的图例绘制在平面图中，如图9.55所示。并注意完善C轴线上衣帽间隔墙的绘制。

（5）注写门窗编号。

在平面图上对应的门窗洞口位置处注写相应的门窗编号。如前所述，门有M1、M2、M3、M4、M5、M6六种型号门，窗有C1、C2、C3三种型号窗，如图9.56所示。

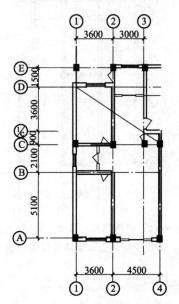

图9.55　将平开门和推拉门图例绘制在平面图中　　　图9.56　标注门窗编号

8. 绘制阳台

本底层建筑平面图两户在南北面均有一个阳台，南面阳台的尺寸为4500mm×1500mm，北面阳台尺寸为(3600mm＋250mm)×(800mm＋330mm＋370mm＋250mm)＝3850mm×1750mm。其中，阳台的栏板厚为100mm。

将"阳台"图层设置为当前层。

1）南面阳台的绘制步骤

（1）运用"偏移"命令将M5处外墙双线中的外边线向外偏移1500mm，即可得到阳台在水平方向的外边线。

（2）分别将"2"轴线向右偏移100mm，将由墙线偏移得到的阳台水平向外边线向上偏移100mm，可以得到阳台的内边线。

（3）由于本住宅两户相邻，两户的阳台由"4"轴线处的墙体分隔，所以应将"4"轴线处的墙线向阳台处延伸，完善阳台处墙体的绘制。

（4）统一修改阳台线型为中实线和洋红色，与阳台的图层线型参数一致。

2）北面阳台的绘制步骤

分别连接"1"、"2"轴线和"E"、"D"轴线间外墙线，再将此外墙线向内偏移100mm，即可绘制完成北面阳台。

完成阳台绘制的平面图如图 9.57 所示。

### 9. 绘制散水

散水是将外墙四周的地面做成向外倾斜的坡面，其作用是将地面雨水排离建筑物，防止雨水对建筑物基础侵蚀。散水的宽度一般为 600～1000mm，本底层建筑平面图中的散水宽度为 800mm。绘制散水时，可以运用"偏移"命令，将外墙线分别向外偏移 800mm，进行相应的图线修剪，即可完成散水的绘制，如图 9.58 所示。

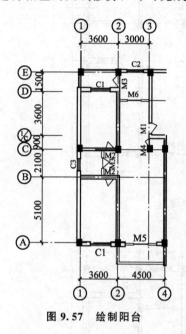

图 9.57　绘制阳台

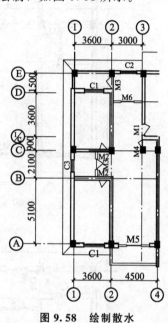

图 9.58　绘制散水

### 10. 镜像图形

通过上述步骤的绘图，底层平面图的左半对称部分基本绘制完成。在此，需要将所绘制的左半部分图形进行镜像操作，复制出右半部分图形，则可生成完整的底层平面图。

AutoCAD 2014 中，启动"镜像"的命令为"Mirror"。具体操作方法如下。

方法一：在命令行输入"Mirror"并按 Enter 键。

方法二：选择"修改"下拉菜单中的"镜像"命令。

方法三：单击"修改"工具栏中的"镜像"按钮启动镜像操作。

本底层平面图镜像操作以"4"轴线为镜像对称轴。在"镜像"操作时，打开"正交"开关，同时设置 MIRRTEXT＝0。当 MIRRTEXT＝0 时，镜像操作完成时仅图形被完全镜像，文本部分不镜像，不影响文本的阅读。

**注意**：此时，为了使图形易于阅读，删除为了此前辅助绘图而标注的尺寸文本和轴线编号，在底层平面图所有图形元素绘制完成后会按照尺寸标注要求正式标注尺寸文本。镜像后的图形如图 9.59 所示。

**注意**：由于镜像后，在"3"轴线和"5"轴线间的"E"轴线上，有个单元门 M7 需要补充绘制，在绘图时注意不要遗漏。M7 洞口宽为 1500mm，M7 洞口左边距离"3"轴线 750mm，M7 洞口右边距离"5"轴 750mm，是双扇平开门，补充 M7 后的图形如图 9.60 所示。

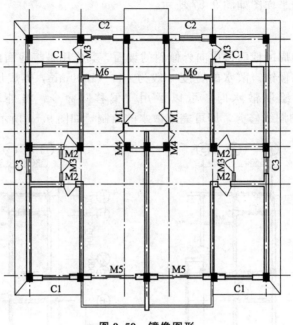

图 9.59　镜像图形

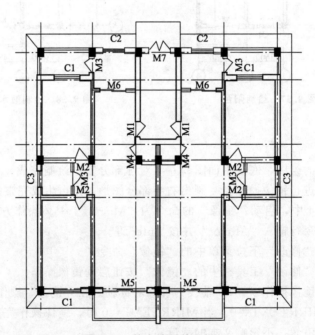

图 9.60　补充绘制单元门 M7

11.　绘制楼梯

楼梯是建筑物中必不可少的垂直交通设施,在设计楼梯时,应按照《建筑设计防火规范》(GB 50016—2014)等相关规范和规定来执行。

楼梯的形式有很多,常用的有:直行单跑楼梯、直行双跑楼梯、直行多跑楼梯、平行双跑楼梯、平行双分双合楼梯、折角楼梯、双分折角楼梯、三折楼梯、剪刀楼梯和圆弧形楼梯等。本建筑采用的是平行双跑楼梯，其结构形式较简单，只需在建筑平面图中绘出其在楼梯间相应位置上的水平投影即可。

本底层平面图在楼梯间±0.000标高处会有两个梯段，一个是下行段通向室外，另一个是上行段通向2层的楼层平台，下行是4步、上行是18步。根据投影规则，在平面图的投影中，下行段一跑会有3个踏步宽；上行段两等跑会各有8个踏步宽。由于底层楼梯间平面图的获得方法和底层平面图的获得方法是一样的，均是以站在±0.000标高处人眼高度对建筑进行水平剖切后得到的，所以上行方向的梯段会被剖切，在平面投影上会有折断线来表示楼梯的剖切。本建筑物的踏步宽度为250mm，梯井宽100mm，扶手宽度为60mm。

楼梯具体绘制步骤如下。

步骤一：对上行梯段进行定位。

"1/C"轴线距离±0.000上行段第一个踏步外边缘距离1600mm，则将"1/C"轴线向图纸正上方（即由"1/C"轴线向"E"轴线方向）偏移1600mm，即可得到上行梯段第一踏步的投影。

步骤二：用"偏移"命令绘制上行梯段踏步。

楼梯一个踏步宽为250mm，将刚刚绘制的±0.000上行段第一个踏步外边缘线向图纸正上方（即由"1/C"轴线向"E"轴线方向）偏移8次，每次偏移的距离为一个踏步宽250mm，即可完成底层平面图的上行段楼梯踏步的绘制。

步骤三：绘制上行段的楼梯扶手。

"3"轴线和"5"轴线的间距是3000mm，扣除"3"轴线和"5"轴线的墙厚各250mm，梯间净宽为2500mm。梯井宽100mm，扶手宽度60mm，绘出上行段的楼梯扶手，即可完成底层平面图中底层楼梯第一跑梯段的绘制。

步骤四：绘制上行梯段的折断线，并修剪相关线型，完善上行梯段的绘制。

步骤五：绘制下行梯段。

由±0.000通往室外的下行梯段最下一步梯段边线距离"E"轴线2000mm，则将"E"轴线向图纸正下方（即由"E"轴线向"1/C"轴线方向）偏移2000即可得到下行梯段的最下一踏步的投影。

步骤六：用"偏移"命令绘制下行梯段踏步。

将刚刚绘制的下行梯段的最下一个踏步的边缘线向图纸正下方（即由"E"轴线向"1/C"轴线方向）偏移3次，每次偏移的距离为一个踏步宽250mm，即可完成底层平面图下行段楼梯踏步的绘制。

步骤七：绘制标明上下行方向的示意箭头。

绘制箭头会用到"多段线"。具体的绘制操作如下。

（1）启动"多段线"命令。

方法一："绘图"下拉菜单中单击"多段线"。

方法二：在命令行键入"pline"。

方法三：在"绘图"工具栏单击"多段线"按钮。

（2）启动"多段线"命令后，命令行提示操作如下。

指定起点：输入所要绘制箭头的起点

当前线宽为 0.0000(按 Enter 键，默认箭头起点线宽为 0)

指定下一个点或 [圆弧(A)/半宽(H)/长度(L)/放弃(U)/宽度(W)]：输入 W(指定箭尾线宽)

指定起点宽度<0.000>：输入 0 按 Enter 键

指定端点宽度<0.000>：输入 90 按 Enter 键(此时打开正交开关，保证所绘箭头处于水平向或垂直向)。

(3) 由"绘图"命令捕捉箭头端点，绘制和箭头同处水平向或垂直向的直线，完善箭头的绘制。

步骤八：注写上下行文字。

在下行段箭杆尾部注写"下 4"，在上行段箭杆尾部注写"上 18"。

至此，则完成了底层平面图楼梯的绘制，如图 9.61 所示。

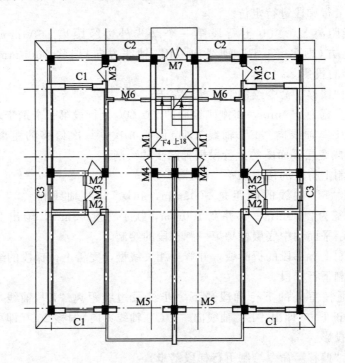

图 9.61　绘制楼梯

12. 绘制门窗表

门窗表反映门窗的类型、编号、数量、尺寸规格、所在标准图集等相应内容，以备工程施工、结算所需。门窗表一般布置在设计说明、工程做法之后，底层平面图之前。对于规模较小，结构形式简单的建筑，如果门窗种类和数量较少，门窗表也可以绘制在底层平面图上。

本建筑一共 4 层，统计门窗数量。窗的数量：C1 共 16 樘、C2 共 8 樘、C3 共 8 樘、C4 共 3 樘。门的数量：M1 共 8 樘、M2 共 16 樘、M3 共 16 樘、M4 共 8 樘、M5 共 8 樘、M6 共 8 樘、M7 共 1 樘。运用 AutoCAD 2014 绘制门窗表如表 9-2 所示。

表 9 - 2 门 窗 表

| 类别 | 门窗编号 | 门口尺寸/mm | | 樘数 |
| --- | --- | --- | --- | --- |
| | | 宽 | 高 | |
| 门 | M1 | 900 | 2000 | 8 |
| | M2 | 900 | 2000 | 16 |
| | M3 | 800 | 2000 | 16 |
| | M4 | 650 | 1800 | 8 |
| | M5 | 3000 | 2400 | 8 |
| | M6 | 1800 | 2000 | 8 |
| | M7 | 1500 | 2400 | 1 |
| 窗 | C1 | 1800 | 1800 | 16 |
| | C2 | 1500 | 1800 | 8 |
| | C3 | 900 | 900 | 8 |
| | C4 | 1500 | 1200 | 3 |

13. 标注尺寸

1) 外部尺寸标注

如 9.4.9 节尺寸标注所讲，建筑平面图通常有三道尺寸线，从靠近建筑物向外推进分别是：细部尺寸、轴线尺寸、建筑外轮廓总尺寸。三道尺寸线间距为 7mm(如果采用 1∶1 比例绘图，1∶100 比例出图，在 AutoCAD 2014 中绘图时，则三道尺寸线间距为 700mm)。最靠近建筑的一道尺寸线距离图形最外轮廓线 10~15mm(如果采用 1∶1 比例绘图，1∶100 比例出图，在 AutoCAD 2014 中绘图时，则此距离为 1000~1500mm)，便于注写文字。如果建筑前后或左右不对称，则在平面图的上、下、左、右四边均要注写三道尺寸线。如果有部分相同时，则可只注写不同的部分。

本建筑平面图尺寸标注时，左右各有三道尺寸线、上部有两道尺寸线、下部有三道尺寸线。距离建筑物最近的尺寸线距离建筑物外轮廓线 1500mm，且各道尺寸线间距为 700mm。且将各轴线延伸出最外道尺寸线一定距离，便于绘制轴线圆圈。在正式标注尺寸时，可以先绘制标注辅助线对尺寸线的位置予以确定，则标注辅助线如图 9.62 所示。

由于本底层平面图的尺寸均为水平标注和垂直标注，仅需用到"线性标注"和"连续标注"进行尺寸标注。同时，注意在进行尺寸标注前，必须进行尺寸标注设置，在本章的 9.5.2 节建筑平面图的绘制步骤和方法的环境设置中，已经进行了尺寸标注设置，则可以直接进行相关的尺寸标注操作了。

外部尺寸标注的具体操作如下。

步骤一：标注底层平面图下部水平向的尺寸。

(1) 首先标注最靠近建筑轮廓线的那道尺寸线。此道尺寸线为细部尺寸，需要结合"线性标注"和"连续标注"来完成此尺寸的标注。

单击"标注"下拉菜单中的"线性标注"，启动"线性"命令。系统提示如下。

指定第一条尺寸界线原点或＜选择对象＞：捕捉图 9.63 中的"A"点并单击，"A"点为其所在柱子的左下角点

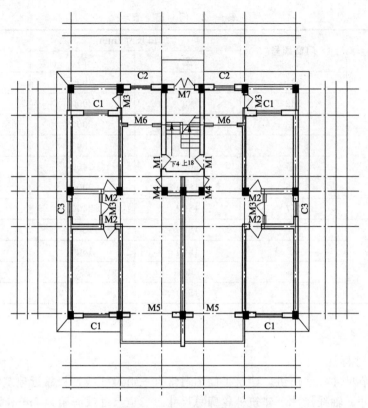

**图 9.62  绘制标注辅助线**

指定第二条尺寸界线原点：<u>捕捉图 9.63 中的"B"点并单击，"B"点为其所在柱子下部水平线与 1 轴线的交点</u>

至此，完成的点 A 和点 B 这段距离的线性标注。然后，选择"标注"下拉菜单中的"连续"，继续点 C、D、E、F、G、H、I、J、K、L、M、N、O 点，即可完成此道细部尺寸的标注，其尺寸标注如图 9.63 所示。

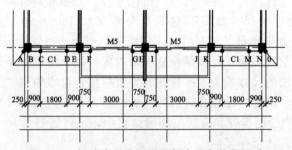

**图 9.63  标注底层平面图下部水平向细部尺寸**

（2）标注中间那道尺寸线。中间那道尺寸线是轴线尺寸。可以先捕捉 B 点和 E 点，用"线性标注"标注点 B 和点 E 间的尺寸，然后再运用"连续标注"标注 EH、HK、KN 间的距离，如图 9.64 所示。

（3）标注最外部的那道尺寸线。最外部的那道尺寸线为建筑外轮廓总尺寸。只需捕捉点 A 和点 O，用"线性标注"标注点 A 和点 O 间的尺寸，即可完成总尺寸标注，如图 9.65 所示。

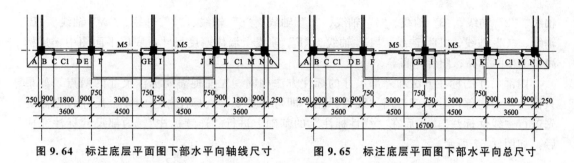

图 9.64  标注底层平面图下部水平向轴线尺寸　　　　图 9.65  标注底层平面图下部水平向总尺寸

步骤二：绘制底层平面图上部水平向的尺寸。

标注方法同底层平面图下部水平向的尺寸标注。

步骤三：绘制底层平面图左部垂直向的尺寸。

标注方法同底层平面图下部水平向的尺寸标注。

步骤四：绘制底层平面图右部垂直向的尺寸。

标注方法同底层平面图下部水平向的尺寸标注。

外部尺寸标注完成后，如图 9.66 所示。

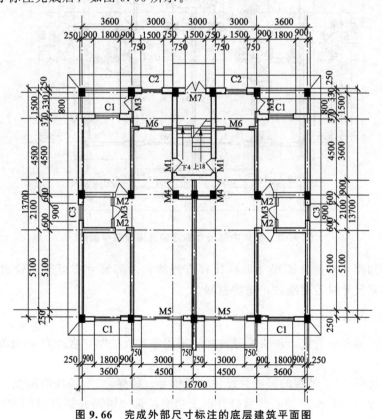

图 9.66  完成外部尺寸标注的底层建筑平面图

2）内部尺寸标注

内部尺寸通常表达房间内净尺寸、室内的门窗洞口尺寸、孔洞尺寸、墙厚以及室内楼地面的高度。在平面图上应该清楚标注有关内部尺寸和楼地面标高，这些尺寸均为内部尺寸。

本底层平面图中，需要标注的内部尺寸有：M1、M2、M3、M4、M6 的定位尺寸；"1"

轴线、"2"轴线、"3"轴线、"4"轴线、"5"轴线、"6"轴线、"7"轴线、"A"轴线、"B"轴线、"C"轴线、"D"轴线、"E"轴线、"F"轴线上墙体厚度尺寸;底层平面图中楼层标高、卫生间标高、阳台标高等。

内部尺寸的标注方法和外部尺寸的标注方法相同。先捕捉需要标注尺寸的两点,如果只标注一个内部尺寸,仅运用"线性标注"即可;如要一次标注相连的多个尺寸,则需要先进行"线性标注",然后在"线性标注"的基础上进行"连续标注"。内部尺寸标注完成后,如图 9.67 所示。

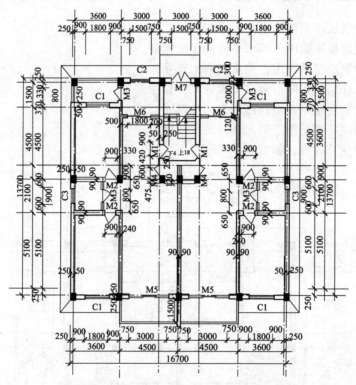

图 9.67 完成内部尺寸标注的底层建筑平面图

**注意**:内部尺寸不像外部尺寸那样比较有规律,内部尺寸有可能比较繁多,容易遗漏,在标注内部尺寸时需要细致,谨防遗漏。

14. 轴线圈及编号的绘制

在建筑制图标准中规定,轴线编号的圆圈采用细实线绘制,直径为 8~10mm。

**操作提示:**

步骤一:绘制"1"轴线的圆圈并标注轴线编号。捕捉"1"轴线的端点,以其为圆心绘制一个直径为 1000mm 的圆。然后打开正交功能,选中圆圈并捕捉圆圈 90°圆上位置和"1"轴线相交的点,移动圆到"1"轴线的端点处,完成"1"轴线处圆圈的绘制。

步骤二:标注轴线编号。

(1)首先设置"轴线编号"文字样式。单击"格式"下拉菜单,单击"文字样式",打开"文字样式"对话框。新建"文字样式"命名为"轴线编号",并将"轴线编号"文字样式置为当前,关闭"文字样式"对话框。

（2）命令行输入：输入 text 按 Enter 键

（3）命令行显示：TEXT 指定文字的中间点或［对正(J)/样式(S)］：输入 S 按 Enter 键，选择文字样式

（4）命令行显示：TEXT 输入样式名或［?］＜轴线编号＞：按 Enter 键（默认状态为"轴线编号"文字样式）

（5）命令行显示：TEXT 指定文字的中间点或［对正(J)/样式(S)］：输入 J 按 Enter 键

（6）命令行显示：TEXT 输入选项［左(L)/居中(C)/右(R)/对齐(A)/中间(M)/布满(F)/左上(TL)/中上(TC)/右上(TR)/左中(ML)/正中(MC)/右中(MR)/左下(BL)/中下(BC)/右下(BR)］：输入 MC 按 Enter 键（选择正中对齐方式）

（7）命令行提显示：TEXT 指定文字的中间点：捕捉 1 轴线圆圈的圆心

（8）指定高度＜0.0000＞：500（输入字高为500）

（9）命令行显示：TEXT 指定文字的旋转角度＜0＞：输入 0 按 Enter 键（旋转角度为0）

（10）在轴线圆圈处输入"1"，按 Enter 键两次即可完成 1 轴线的编号标注。同理可以完成所有轴线编号的标注，如图 9.68 所示。

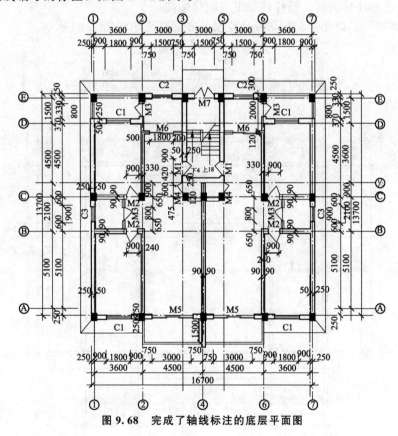

图 9.68  完成了轴线标注的底层平面图

**说明**：如此操作，可以保证轴线编号在轴线圆圈的正中。注意此处轴线圆圈的直径为1000mm，轴线圆圈内的文字为500字高。

15.标注文本

文本标注包括图名、比例及房间功能等。

土木工程CAD

本图为建筑的底层平面图，所以图名直接标注为底层平面图，所用比例尺为1∶100。本建筑为住宅楼，依其功能不同，有卧室、厨房、阳台、衣帽、卫生间、起居厅等，逐次标注这些文字即可。

**注意**：图名字高为7号字，比例尺采用5号字，房间功能标注5号字。

16. 完善细部绘制

1）绘制指北针

指北针通常放在底层平面图上，可位于图的四个角部，指北针的绘制方法如图9.9所示。

2）绘制剖切符号

本底层平面图上有1—1剖切和2—2剖切标注。其中，1—1剖主要剖切了楼梯间、起居厅南面卧室；2—2剖主要剖切了北阳台、北面卧室、卫生间、南面卧室和南面阳台。

**注意**：剖切符号是用粗实线绘制，剖切符号文本采用7号字或5号字标注。

3）绘制标高符号

本底层平面图标高主要有一层的楼层标高±0.000，楼梯间的标高−0.600和室外标高−0.750。在标注标高时，同样注意不要漏标标高。

完成标高符号、指北针和剖切符号绘制的底层平面图如图9.69所示。

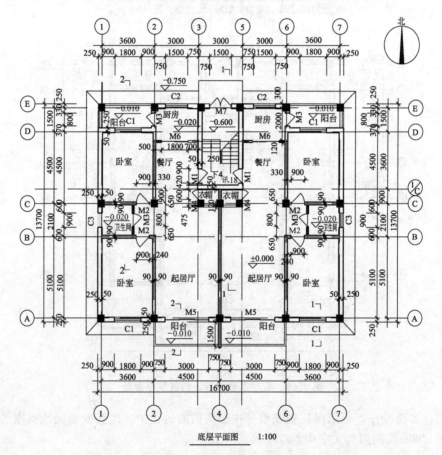

**图9.69　底层平面图完成稿**

# 本 章 小 结

主要介绍了运用 AutoCAD 2014 绘制建筑平面图的方法和步骤。通过本章的学习，应掌握建筑平面图的形成和作用；掌握建筑平面图的图示内容；掌握建筑平面图的数量和图名命名原则；掌握建筑平面图绘制的基本规定及要求；掌握建筑平面图的绘制步骤和方法。

建筑平面图的绘制是一个非常繁琐的过程，在建筑平面图中包含了很多的图形元素，在绘图过程中学生经常会出现漏画现象，所以在绘图时应该仔细和认真。绘制建筑平面图时应注意：①不要漏项，如门窗编号、尺寸线、标高符号、内部尺寸和指南针等；②按照三视图原理合理布图，图纸内各图形位置合理；③对于某张图中没有的尺寸数据学会在其他图中找寻，会自己查找相关图纸信息。

# 习　　题

## 一、选择题

1. 绘制建筑平面图常用的比例尺有(　　)。
   A. 1：100　　　　B. 1：50　　　　C. 1：200　　　　D. 1：500

2. (　　)图形元素会在底层建筑平面图中出现。
   A. 指北针　　　　B. 阳台　　　　C. 雨篷　　　　D. 标高符号

3. 在建筑平面图中会标注的尺寸有(　　)。
   A. 轴线尺寸　　　　B. 总尺寸　　　　C. 细部尺寸　　　　D. 内部尺寸

## 二、思考题

1. 什么是建筑平面图？从建筑平面图中能获知建筑的哪些特征和信息？
2. 建筑平面图有什么作用？
3. 建筑平面图中有哪些图形元素是要绘制的？
4. 建筑平面图的数量和图名如何确定？
5. 墙体的绘制方法有哪些？
6. 如何设置字体样式？
7. 建筑平面图中的标高符号如何绘制？
8. 建筑平面图中的线型和线宽是如何规定的？
9. 建筑平面图中的纵横方向的定位轴线如何编号？
10. 在建筑平面图中，尺寸标注有哪些规定？
11. 建筑平面图的绘制步骤是怎样的？

## 三、绘图操作题

绘制图 9.70 中临时用房的底层平面图。

操作提示：附图中给出了临时用房的全套图纸(图 9.70～图 9.75)，在绘制底层平面图时，如果在底层平面图中查不到绘图需要的图形信息时，可以在本套图纸的立面图、剖面图和详图中查询。

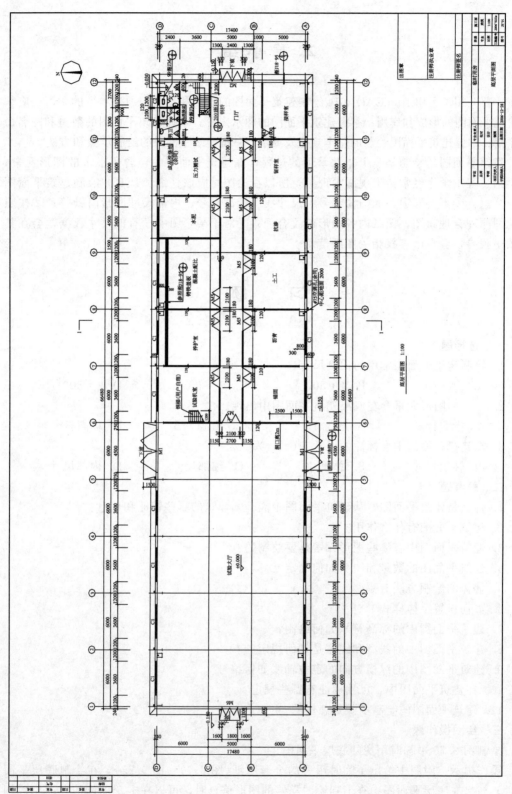

图 9.70　临时用房的底层平面图

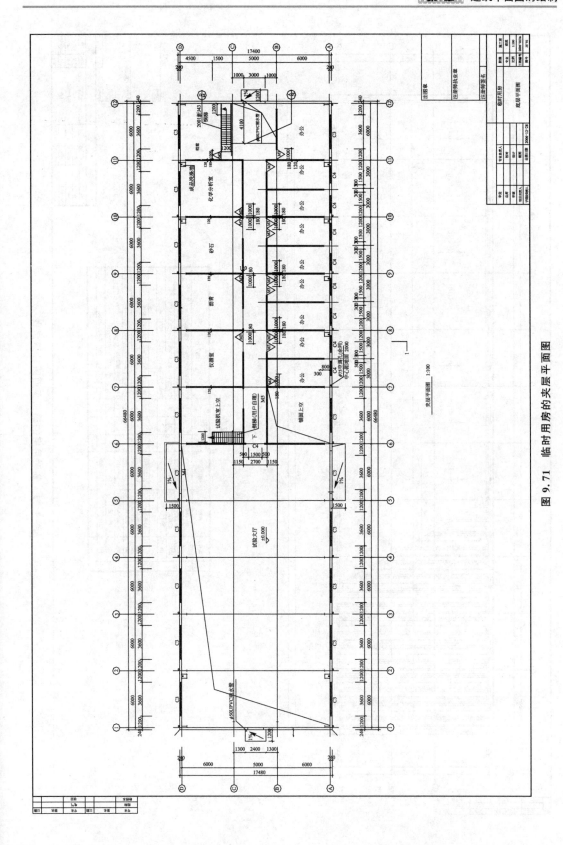

图 9.71 临时用房的夹层平面图

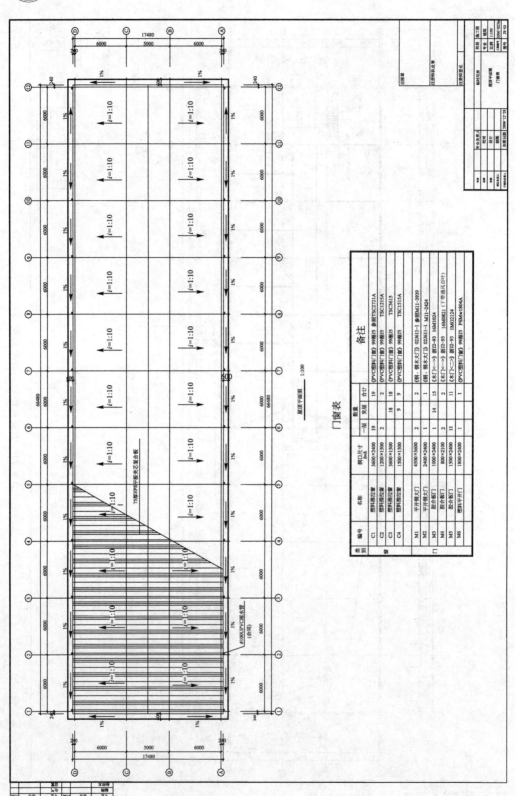

图 9.72  临时用房的屋顶平面图、门窗表

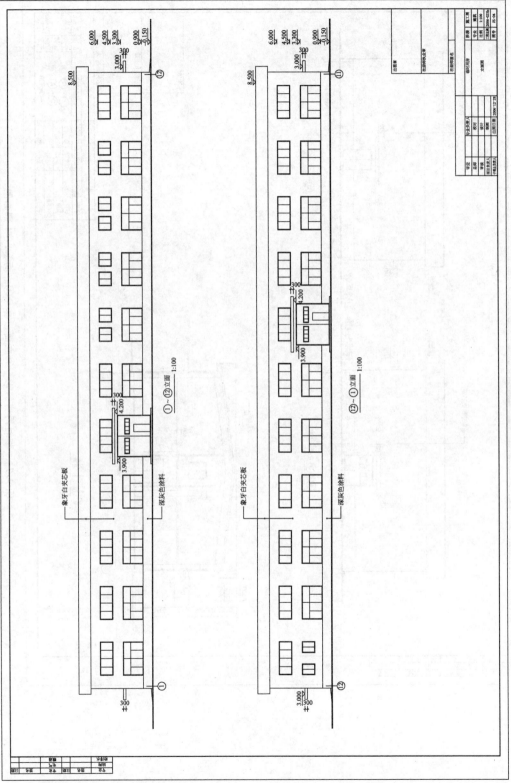

图 9.73 临时用房的立面图

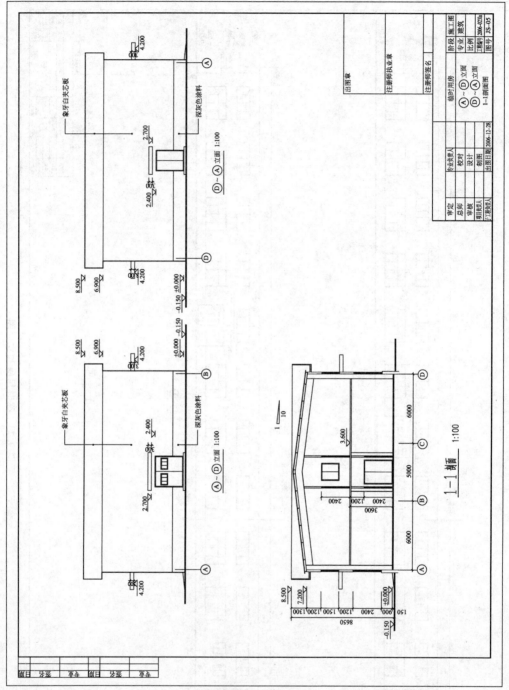

图 9.74 临时用房的Ⓐ～Ⓓ立面、Ⓓ～Ⓐ立面、1—1 剖面图

204

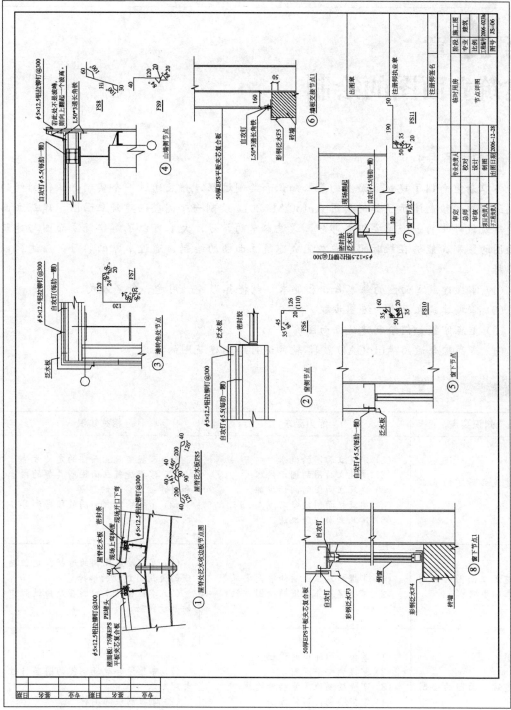

图 9.75 临时用房的节点详图

# 第 **10** 章
# 建筑立面图的绘制

本章着重介绍了建筑立面图的基本知识和绘制过程，并且通过一个实例，从轮廓线的绘制到图框的绘制演示了如何利用 AutoCAD 2014 绘制一个完整的建筑立面图。建筑立面图是建筑设计中的一个重要组成部分，通过本章的学习，大家可以了解建筑立面图与建筑平面图的区别，能够在短时间内熟练完成建筑立面图的绘制。通过本章的学习，应达到以下目标。

(1) 掌握建筑立面图的基本知识和要求，包括其形成、用途和命名方式。

(2) 掌握建筑立面图的绘图步骤。

(3) 重点掌握如何绘制建筑立面图。

(4) 提高综合运用 AutoCAD 2014 软件进行绘制建筑图的能力。

教学要求

| 知识要点 | 能力要求 | 相关知识 |
| --- | --- | --- |
| 建筑立面图的基本知识 | (1) 建筑立面图的概念<br>(2) 建筑立面图的图示内容<br>(3) 建筑立面图的阅读步骤<br>(4) 建筑立面图的命名方式<br>(5) 建筑立面图的画法 | (1) 掌握建筑立面图的定义方法<br>(2) 掌握建筑立面图所具备的内容和对于组成部分的理解<br>(3) 掌握绘制立面图的顺序和具备的内容 |
| 建筑立面图的绘制要求和步骤 | (1) 掌握建筑立面图的绘图要求<br>(2) 掌握建筑立面图的绘图步骤 | (1) 掌握绘图比例的选择、定位轴线的使用、线型的选择等<br>(2) 掌握各种立面图在应用过程中的若干技巧 |
| 建筑立面图的绘制过程 | (1) 掌握绘图环境的设置<br>(2) 掌握调整平面图<br>(3) 掌握绘制地平线和外墙线<br>(4) 掌握绘制门窗的方法<br>(5) 掌握图案填充和细部处理<br>(6) 掌握标注的设置 | (1) 掌握适合建筑制图的图层特性管理方法<br>(2) 掌握图块的编辑<br>(3) 掌握各种修改工具的实用技巧 |

**基本概念**

　　建筑立面图的概念、建筑立面图的图示内容、建筑立面图的阅读步骤、建筑立面图的命名方式、建筑立面图的画法、绘图要求、绘图步骤、地坪线与外墙线绘制、门窗绘制、阳台绘制、立面图标注。

**引例**

　　由于立面图的比例较小，如门窗扇、檐口构造、阳台栏杆和墙面复杂的装修等细部，往往只用图例表示。它们的构造和做法，都另有详图或文字说明。因此，习惯上往往对这些细部只分别画出一两个作为代表，其他都可简化，只需画出它们的轮廓线。若房屋左右对称时，正立面图和背立面图也可各画出一半，单独布置或合并成一张图。合并时，应在图的中间画一条铅直的对称符号作为分界线。房屋立面如果有一部分不平行于投影面，例如呈圆弧形、折线形、曲线形等，可将该部分展开到与投影面平行，再用正投影法画出其立面图，但应在图名后注写"展开"两字。对于平面为回字形的房屋，它在院落中的局部立面，可在相关的剖面图上附带表示。如不能表示时，则应单独绘出。图10.1为建筑立面图示例。

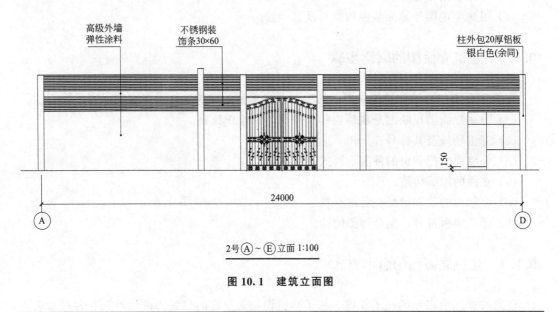

2号 Ⓐ ～ Ⓔ 立面 1:100

图 10.1　建筑立面图

# 10.1　建筑立面图的基本知识

## 10.1.1　建筑立面图的概念

　　建筑立面图是指用正投影法对建筑各个外墙面进行投影所得到的正投影图。与建筑平面图一样，建筑的立面图也是表达建筑物的基本图样之一，它主要反映建筑物的立面形式和外观情况。其中反映主要出入口或比较显著地反映出房屋外貌特征的那一面立面图，称为正立面图。其余的立面图相应称为背立面图、侧立面图。通常也可按房屋朝向来命名，如南北立面图、东西立面图。建筑立面图大致包括南北立面图、东西立面图四部分，若建筑各立面的结构有丝毫差异，都应绘出对应立面的立面图来诠释所设计的建筑。

## 10.1.2　建筑立面图的图示内容

在绘制建筑立面图之前，首先要知道建筑立面图的内容，建筑立面图的图式内容包括以下内容。

（1）画出室外地面线及房屋的勒脚、台阶、花池、门窗、雨篷、阳台、室外楼梯、墙柱、檐口、屋顶、雨水管、墙面分割线等内容。

（2）标注出外墙各主要部位的标高，如室外地面、台阶顶面、窗台、窗上口、阳台、雨篷、檐口、女儿墙顶、屋顶水箱间及楼梯间屋顶等的标高。

（3）标注出建筑物两端的定位轴线及其编号。

（4）标注引索编号。

（5）用文字说明外墙面装修的材料及其做法。

## 10.1.3　建筑立面图的阅读步骤

建筑立面图的阅读和建筑立面图的绘制非常重要，建筑立面图应按照下列步骤阅读。

（1）明确立面图反映的是建筑物哪个侧面以及绘图比例。

（2）定位轴线及其标号。

（3）外墙面中门和窗的种类、形式、数量。

（4）立面的细部构造。

（5）外墙面的装饰情况、装饰材料。

（6）详图索引符号，配合详图阅读。

## 10.1.4　建筑立面图的命名方式

建筑立面图命名目的在于能够一目了然地识别其立面的位置。由此可见，各种命名方式都是围绕"明确位置"这一主题来实施的。至于采取哪种方式，则视具体情况而定。

### 1. 以相对主入口的位置特征命名

以相对主入口的位置特征命名的建筑立面图称为正立面图、背立面图、侧立面图。这种方式一般适用于建筑平面图方正、简单，入口位置明确的情况。

### 2. 以相对地理方位的特征命名

以相对地理方位的特征命名，建筑立面图常称为南立面图、北立面图、东立面图、西立面图。这种方式一般适用于建筑平面图规整、简单，而且朝向相对正南正北偏转不大的情况。

3. 以轴线编号来命名

以轴线编号来命名是指用立面起止定位轴线来命名，比如①～⑧立面图、①～④立面图等。

这种方式命名准确，便于查对，特别适用于平面较复杂的情况。

根据国家标准 GB/T 50104—2010，有定位轴线的建筑物，宜根据两端定位轴线号编注立面图名称。无定位轴线的建筑物可按平面图各面的朝向确定名称。

## 10.1.5 建筑立面图的画法

(1) 根据标高画室外地面线、屋面线和窗洞的位置，再画出两端外墙的定位轴线和轮廓线。

(2) 根据尺寸画门窗、阳台等建筑构配件的轮廓线，外墙表面分格线应表示清楚，并应用文字说明各部位所用的材料及颜色。

(3) 按门窗、阳台、屋面的立面形式画出其细部。

(4) 画定位轴线编号圆圈和标高符号等。

(5) 按图线的层次加深图线，注写标高数字和文字说明。

**说明**：为了使建筑立面图主次分明，且具有一定立体感，通常将建筑物外轮廓和较大转折处轮廓的投影用粗实线($b$)来表示；外墙上的凸出、凹进部位，如壁柱、窗台、楣线、挑檐、门窗洞口等的投影用中粗实线($0.5b$)表示；门窗的细部分格以及外墙上的装饰线用细实线($0.25b$)表示；室外地坪线用加粗实线($1.4b$)表示。

# 10.2　建筑立面图的绘图要求和步骤

## 10.2.1 建筑立面图的绘图要求

建筑立面图的绘制要求和建筑平面图相似，主要归纳为以下 7 点。

(1) 首先选定打印时的图幅大小，根据要求选择建筑图样的类型。

(2) 比例：可以根据建筑物大小，采用不同的比例。绘制立面图常用的比例有 1∶50、1∶100、1∶200，一般采用 1∶100 的比例较多。

(3) 定位轴线：立面图一般只绘制两端的轴线及其编号，与建筑平面图相对照，方便阅读。

(4) 线型：首先是轮廓线，在建筑立面图中，轮廓线通常采用粗实线，以增强立面图的效果；室外地坪线一般采用加粗实线；外墙面上的起伏细部，例如阳台、台阶等也可以采用粗实线；其他部分，例如文字说明、标高等一般采用细实线绘制即可。

(5) 图例：立面图一般也要采用图例来绘制图形。一般来说，立面图所有的构件(如门窗等)都应该采用国家有关标准规定的图例来绘制，而相应的具体构造会在建筑详图中采用较大的比例来绘制。常用构造以及配件的图例可以查 GB/T 50104—2010。

（6）尺寸标注：应标注建筑长度尺寸，楼层高度尺寸和门窗的竖向尺寸及主要构件的标高。

（7）详图索引符号：一般建筑立面图的细部做法，均需要绘制详图，凡是需要绘制详图的地方都要标注详图符号。

### 10.2.2　建筑立面图的绘图步骤

建筑立面图的绘制步骤如下。

（1）设置绘图环境。

（2）地坪线与外墙线绘制。

（3）门窗绘制。

（4）阳台绘制。

（5）立面图标注。

（6）进行图形页面设置，打印出图。

## 10.3　建筑立面图的绘制过程

本节内容通过一个住宅楼正立面的绘制实例，详细介绍了使用 AutoCAD 2014 绘制建筑立面图的方法，如图 10.2 所示。绘制建筑立面图的操作步骤如下。

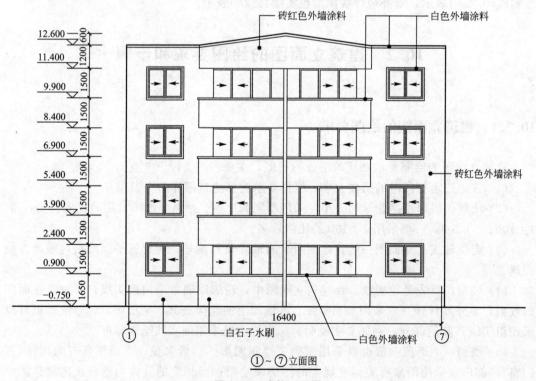

图 10.2　建筑立面图

### 10.3.1　设置绘图环境

为方便后面的建筑物立面图绘制工作，一般应在开始图形绘制之前，先对绘图环境进行设置，操作步骤如下。

**1. 创建新文件**

打开 AutoCAD 2014 中文版，新建一个图形文件，工作空间选为"AutoCAD 经典"。

**2. 设置绘图单位**

选择"格式"菜单→"单位"选项，在系统弹出的"图形单位"对话框中进行如图 10.3 所示的设置。

**图 10.3　"图形单位"对话框**

**3. 设置图形界限**

选择"格式"菜单→"图形界限"选项，根据命令行提示，将图形界限设置为 60000mm× 50000mm 的范围。

**4. 设置图层**

在功能区"常用"标签内的"图层"面板上选择"图层特性管理器"工具，在系统弹出的"图层特性管理器"对话框中创建如图 10.4 所示的图层。

**5. 设置文字样式**

在功能区"常用"标签内的"注释"面板上选择"文字样式"工具，系统会弹出"文字样式"对话框，如图 10.5 所示，新建一个名为"文字标注"的文字样式，字体选为"仿宋"，并将其置为当前，用来作立面图中的文字标注。

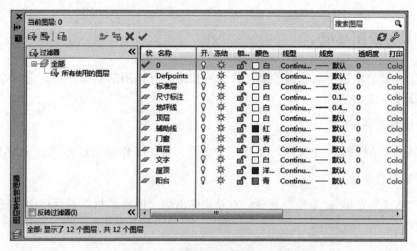

图 10.4 "图层特性管理器"对话框

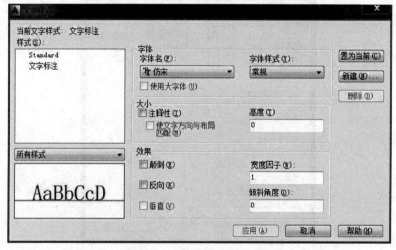

图 10.5 "文字样式"对话框

## 10.3.2 地坪线与外墙线绘制

利用直线和射线工具绘制如图 10.8 所示的建筑物立面图轮廓,操作步骤如下。

(1)首先将第 9 章所绘制的建筑平面图插入到本图形文件中,并将多余的图形对象和线条删除,作为立面图绘制的参照。

(2)在功能区"常用"标签内的"图层"面板上选择"图层"下拉列表,单击"地坪线"图层,将其切换为当前图层。

(3)在功能区"常用"标签内的"绘图"面板上选择"直线"工具，绘制如图 10.6 所示的地坪线。

(4)在功能区"常用"标签内的"图层"面板上选择"图层"下拉列表,将"辅助线"切换为当前图层,在功能区"常用"标签内的"绘图"面板上选择"射线"工具，绘制如图 10.7 所示的辅助线。

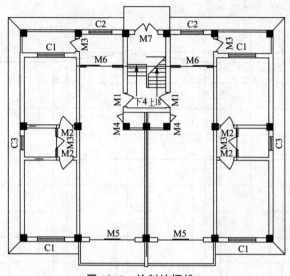

图 10.6　绘制地坪线

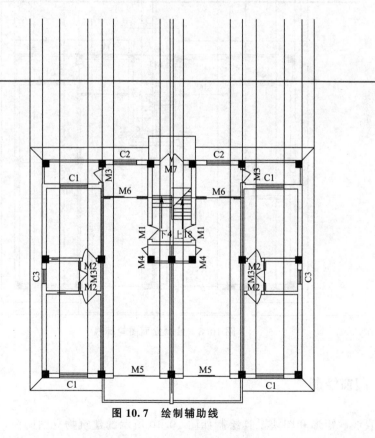

图 10.7　绘制辅助线

（5）在功能区"常用"标签内的"修改"面板上选择"偏移"工具，将地坪线依次向上偏移 1 个 750mm（室内外高差）、1 个 900mm、7 个 1500mm、1 个 1200mm、1 个 600mm。

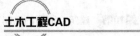

（6）在功能区"常用"标签内的"绘图"面板上选择"直线"工具 ✎，绘制外墙可见轮廓线，并将其线宽设为 0.4，结果如图 10.8 所示。注意，外墙轮廓线应分楼层绘制，以便于以后修改编辑所用。

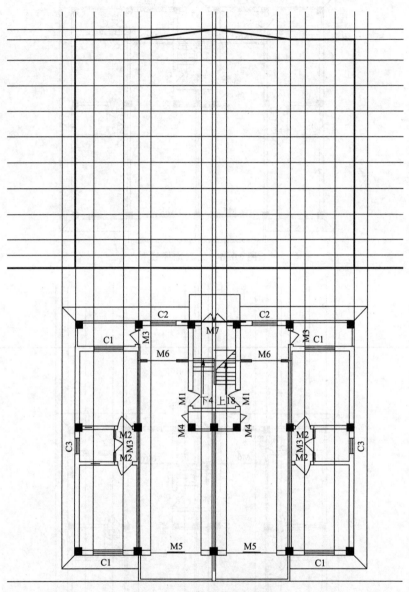

图 10.8　绘制立面图轮廓线

## 10.3.3　门窗绘制

利用直线、矩形和图块工具绘制如图 10.10 所示的建筑物立面门窗，操作步骤如下。

（1）利用"矩形"和"直线"工具，在"0"图层中，绘制立面门窗图样，并创建为图块，分别命名为"立面窗""推拉门"以备后用，如图 10.9 所示。

（2）在功能区"常用"标签内的"图层"面板上选择"图层"下拉列表，将"门窗"切换为当前图层，利用图块"插入"功能，将所创建的门窗图块插入立面图中，结果如图 10.10 所示。

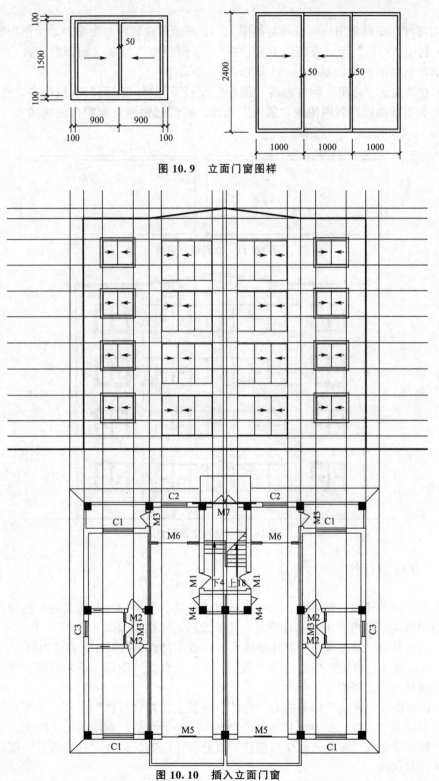

图 10.9 立面门窗图样

图 10.10 插入立面门窗

### 10.3.4 阳台绘制

利用直线、矩形和图块工具绘制如图 10.12 所示的建筑物立面阳台，操作步骤如下。

（1）利用"矩形"和"直线"工具，在"0"图层中，绘制立面阳台图样，并创建名为"立面阳台"的图块，如图 10.11 所示。

（2）在功能区"常用"标签内的"图层"面板上选择"图层"下拉列表，将"阳台"图层切换为当前图层，利用图块"插入"功能，将所创建的立面阳台图块插入立面图中，结果如图 10.12 所示。

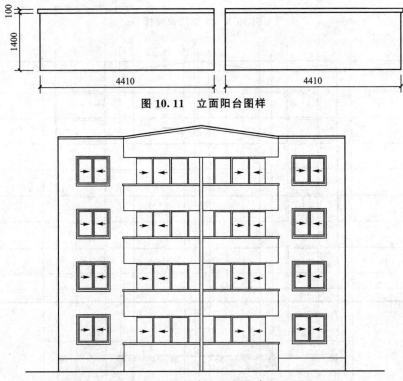

图 10.11 立面阳台图样

图 10.12 插入立面阳台

### 10.3.5 立面图标注

在绘制完成的建筑立面图中，需要进行尺寸标注、文字标注和标高符号的标注，以使建筑立面图所表示的内容更加清晰明了，便于读图，操作步骤如下。

（1）创建名为"尺寸标注"的标注样式，其参数设置参见第 8 章相应内容。

（2）在功能区"常用"标签内的"图层"面板上选择"图层"下拉列表，将"尺寸标注"图层切换为当前图层。

（3）在功能区"常用"标签内的"标注"面板上选择"线性"工具，并配合使用"对象捕捉"功能和"连续"工具，依次完成如图 10.13 所示的立面图的尺寸标注。

（4）利用第 5 章"图块的概念和创建"部分所述内容，创建"标高符号"图块，注意为其定义图块属性。

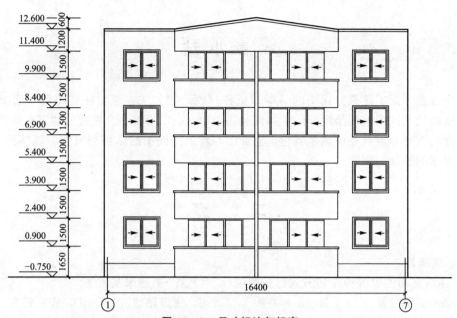

**图 10.13 尺寸标注与标高**

（5）在功能区"常用"标签内的"块"面板上选择"插入"工具，将标高符号插入到立面图竖向尺寸右侧的位置。室内外高差为 0.750m，窗台高为 0.900m，窗高与窗间距为 1.500m，结果如图 10.13 所示。

（6）在功能区"常用"标签内的"绘图"面板上选择"文字"→"多行文字"工具，将图层切换到"文字"图层，为该立面图标注图名和立面细部做法。其结果如图 10.14 所示。

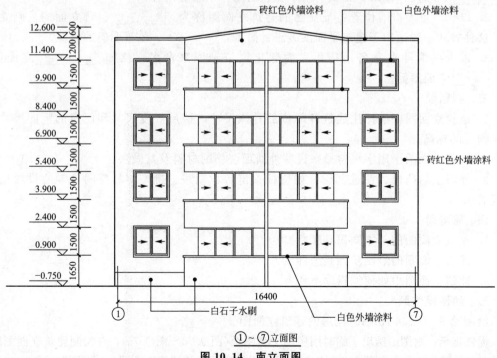

①~⑦立面图

**图 10.14 南立面图**

# 本 章 小 结

本章着重介绍了建筑立面图的基本知识和一般绘制方法。通过住宅建筑立面图实例，从轮廓线的绘制到图框的绘制演示了如何利用 AutoCAD 绘制一个完整的建筑立面图。

本章的重点和难点是应该了解建筑立面图与建筑平面图的区别与对应、能够独立完成建筑立面图的绘制。

# 习　　题

**一、选择题**

1. 建筑立面图中各种命名方式都是围绕(　　)这一主题来实施的。

　　A. 明确位置　　　　　B. 大小关系　　　　C. 建筑轴线　　　　D. 从左到右

2. 注出建筑物两端的定位轴线及其(　　)。

　　A. 符号　　　　　　　B. 编号　　　　　　C. 轴号　　　　　　D. 名称

3. 一般建筑立面图的细部做法，均需要(　　)对话框。

　　A. 剖面图　　　　　　B. 绘制详图　　　　C. 平面图　　　　　D. 总平面图

**二、填空题**

1. 画出室外地面线及房屋的_____、台阶、花池、_____、雨篷、阳台、_____、墙柱、檐口、屋顶、雨水管、墙面分割线等内容。

2. 以相对主入口的位置特征命名的建筑立面图称为_____、背立面图、侧立面图。这种方式一般适用于建筑平面图方正、简单，_____位置明确的情况。

3. 以轴线编号来命名是指用立面起止定位轴线来命名，比如_____立面图、_____立面图等。

**三、判断题**

1. 建筑立面图中应标注建筑各部位的具体尺寸，楼层高度尺寸和门窗的竖向尺寸及主要构件的标高。　　　　　　　　　　　　　　　　　　　　　　　　　(　　)

2. 建筑立面图中用字母符号来说明外墙面装修的材料及其做法。　　　　(　　)

3. 外墙上的凸出、凹进部位，如壁柱、窗台、楣线、挑檐、门窗洞口等的投影用细实线表示。　　　　　　　　　　　　　　　　　　　　　　　　　　　　(　　)

**四、思考题**

1. 建筑立面图的基本知识有哪些？

2. 建筑立面图的绘制步骤是怎样的？

3. 建筑立面图中如何编辑动态块？

**五、绘图操作题**

绘制第 9 章图 9.73 临时用房的建筑立面图。

**操作提示：**附图中给出了临时用房的全套图纸(图 9.70～图 9.75)，在绘制建筑立面图时，如果有些绘图信息在立面图中不可查时，可以在该套图纸的建筑平面图、剖面图和详图中查询。

# 第**11**章
# 建筑剖面图的绘制

**教学目标**

本章着重介绍了建筑剖面图的基本知识和绘制过程，应用 AutoCAD 2014 绘制一个完整的建筑剖面图。除了常用的绘图命令和编辑方法外，着重介绍在设计及绘制建筑剖面图时的主要内容及思路、图示方法，绘制过程和注意事项。通过本章的学习，应达到以下目标。

(1) 掌握建筑剖面图的基本知识和要求，包括其形成、用途和命名方式。

(2) 掌握建筑剖面图的绘图步骤。

(3) 重点掌握如何绘制建筑剖面图。

(4) 提高综合运用 AutoCAD 软件进行绘制建筑图的能力。

**教学要求**

| 知识要点 | 能力要求 | 相关知识 |
| --- | --- | --- |
| 建筑剖面图的基本知识 | (1) 建筑剖面图的概念<br>(2) 建筑剖面图的图示内容<br>(3) 剖切位置及投射方向的选择<br>(4) 建筑剖面图的读图注意事项 | (1) 掌握建筑剖面图的定义方法<br>(2) 掌握建筑剖面图具备的内容和对于组成部分的理解<br>(3) 掌握阅读建筑剖面图的方法 |
| 建筑剖面图的图线要求和步骤 | (1) 建筑剖面图的图线要求<br>(2) 建筑剖面图的绘图步骤 | (1) 掌握绘制剖面图线宽和线型的选择和使用<br>(2) 掌握绘制剖面图的基本步骤 |
| 建筑剖面图的绘制过程 | (1) 掌握绘图环境的设置<br>(2) 底层剖面绘制<br>(3) 标准层剖面绘制<br>(4) 屋顶剖面绘制<br>(5) 剖面图标注 | (1) 掌握绘图环境的设置<br>(2) 掌握图块的编辑<br>(3) 掌握各种修改工具的实用技巧 |

**基本概念**

建筑剖面图的概念、建筑剖面图的图示内容、剖切位置及投射方向的选择、建筑剖面图的读图注意事项、建筑剖面图的图线要求、绘图步骤、设置绘图环境、绘制底层剖面图、绘制标准层剖面、绘制屋顶剖面、剖面图标注。

引例

建筑剖面图作为建筑设计、施工图纸中的重要组成部分，其设计与平面设计是从两个不同的方面来反映建筑内部的关系，平面设计着重解决内部空间的水平方向的问题，而剖面图设计则是主要研究竖向空间的处理，两个方面同样都设涉及建筑的使用功能、技术经济条件和周围环境等问题。图11.1为建筑剖面图示例。

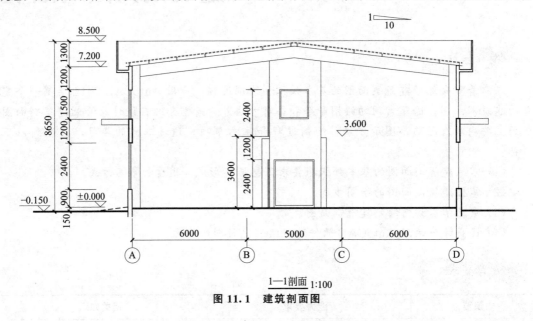

图 11.1　建筑剖面图

# 11.1　建筑剖面图的基本知识

## 11.1.1　建筑剖面图的概念

用一个假想的平行于房屋某一外墙轴线的铅垂剖切平面，从上到下将房屋剖切开，将需要留下的部分向与剖切平面平行的投影面作正投影，由此得到的图叫建筑剖面图。

## 11.1.2　建筑剖面图的图示内容

在绘制建筑剖面图之前，首先要明白建筑剖面图的内容，建筑剖面图的图式内容包括以下内容。

（1）表示墙、柱及其定位轴线。

（2）表示室内底层地面、地坑、地沟、各层楼面、顶棚、屋顶（包括檐口、女儿墙、隔热层或保温层、天窗、烟囱、水池等）、门、窗、楼梯、阳台、雨篷、留洞、墙裙、踢脚板、防潮层、室外地面、散水、排水沟及其他装修等剖切到或能见到的内容。

(3) 标出各部位完成面的标高和高度方向尺寸。

① 标高内容。室内外地面、各层楼面与楼梯平台、檐口或女儿墙顶面、高出屋面的水池顶面、烟囱顶面、楼梯间顶面、电梯间顶面等处的标高。

② 高度尺寸内容。外部尺寸：门、窗洞口(包括洞口上部和窗台)高度，层间高度及总高度(室外地面至檐口或女儿墙顶)。有时，后两部分尺寸可不标注。内部尺寸：地坑深度，隔断、搁板、平台、墙裙及室内门、窗等的高度。注写标高及尺寸时，注意与立面图和平面图相一致。

(4) 表示楼、地面各层构造。一般可用引出线说明。引出线指向所说明的部位，并按其构造的层次顺序，逐层加以文字说明。若另画有详图，或已有"构造说明一览表"时，在剖面图中可用索引符号引出说明(如果是后者，习惯上这时可不做任何标注)。

(5) 表示需画详图之处的索引符号。

### 11.1.3 剖切位置及投射方向的选择

根据规范规定，剖面图的剖切部位应根据图样的用途或设计深度，在平面图上选择空间复杂、能反映全貌、构造特征以及有代表性的部位剖切。

投射方向一般宜向左、向上，当然也要根据工程情况而定。剖切符号标在底层平面图中，短线的指向为投射方向。剖面图编号标在投射方向一侧，剖切线若有转折，应在转角的外侧加注与该符号相同的编号。

### 11.1.4 建筑剖面图的读图注意事项

(1) 阅读剖面图时，首先应弄清该剖视图的剖切位置，然后逐层分析剖到哪些内容，投影看到哪些内容(图名对照底层平面图，找到剖切位置及投影方向，由剖切位置结合各层平面图，确定剖切到什么？投影后看到什么？以便弄清楚剖面图中每条线的含义)。

(2) 弄清楚房屋从地面到屋面的内部构造形式及各层楼面、屋面与墙的关系。

(3) 剖面图中的尺寸重点表明室内外高度尺寸，应校核这些细部尺寸是否与平面图、立面图中的尺寸完全一致。内外装修做法与材料是否也同平面图、立面图一致(清楚房屋的外部和内部的主要尺寸及主要部位的标高。窗台、窗顶、屋面为结构标高；楼面、平台面等为建筑标高——完成面标高)。

## 11.2 建筑剖面图的绘图要求和步骤

### 11.2.1 建筑剖面图的绘图要求

建筑剖面图的图线要求如下。

(1) 加粗实线：室内外地坪(1.4$b$)。

(2) 粗实线(线宽$b$)：剖切到的房间即墙身轮廓线、柱子、走廊、楼梯、楼梯平台、楼面层和屋顶层,在1:100的剖面图中可只画两条粗实线作为结构层和面层的总厚度。在1:50的剖面图中,则应在两条粗实线的上面加画一条细实线以表示面层。板底的粉刷层厚度,在1:50的剖面图中,应加绘细实线来表示粉刷层的厚度。

(3)中粗实线:其他可见的轮廓线如门窗洞、楼梯梯段及栏杆扶手、可见的女儿墙压顶、内外墙轮廓线、踢脚线、勒脚线等均画中粗实线(线宽0.5b)。

(4)细实线:门、窗及其分格线,水斗及雨水管,外墙分格线(包括引条线)等画细实线;尺寸线、尺寸界限和标高符号均画细实线(线宽0.25b)。

### 11.2.2 建筑剖面图的绘图步骤

建筑剖面图的绘制步骤如下。

(1)设置绘图环境。

(2)绘制地坪线、定位轴线、楼层楼面线及外墙轮廓线。

(3)绘制剖面图门窗洞口位置、楼梯平台、女儿墙、檐口及其他可见轮廓线。

(4)绘制梁板、楼梯等构件的轮廓线,并将剖切到的构件涂黑。

(5)进行尺寸、标高、索引符号和文字注释等的标注。

## 11.3 建筑剖面图的绘制过程

本节内容通过一个住宅楼剖面图的绘制实例,详细介绍使用 AutoCAD 2014 绘制(图11.2)住宅楼剖面图的方法,绘制建筑剖图的操作步骤如下。

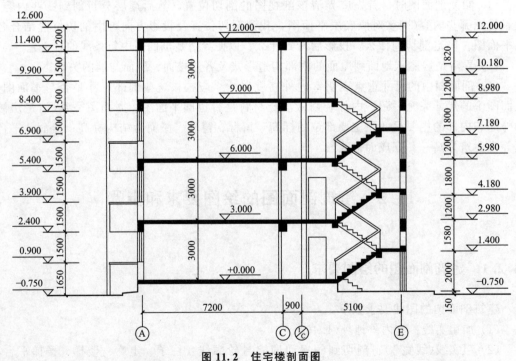

图 11.2 住宅楼剖面图

### 11.3.1　设置绘图环境

为方便后面的建筑物立面图绘制工作，一般应在开始图形绘制之前，先对绘图环境进行设置，操作步骤如下。

**1. 创建新文件**

打开 AutoCAD 2014 中文版，新建一个图形文件，工作空间选为"AutoCAD 经典"。

**2. 设置绘图单位**

选择"格式"菜单→"单位"工具，在系统弹出的"图形单位"对话框中进行如图 11.3 所示的设置。

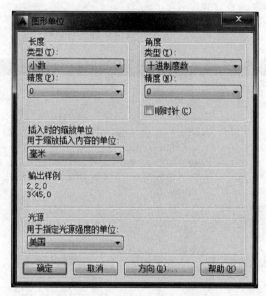

图 11.3　"图形单位"对话框

**3. 设置图形界限**

选择"格式"菜单→"图形界限"工具，根据命令行提示，将图形界限设置为 40000mm×40000mm 的范围。

**4. 设置图层**

在功能区"常用"标签内的"图层"面板上选择"图层特性"工具，在系统弹出的"图层特性管理器"对话框中创建如图 11.4 所示的图层。

**5. 设置文字样式**

在功能区"常用"标签内的"注释"面板上选择"文字样式"工具，系统会弹出如图 11.5 所示的"文字样式"对话框，新建一个名为"文字标注"的文字样式，字体选为"仿宋"，并将其置为当前，用以进行立面图中的文字标注。

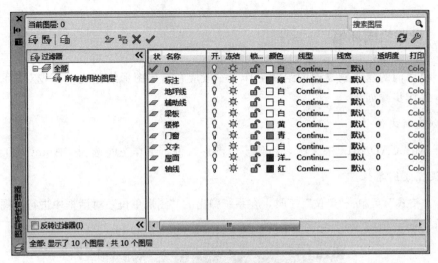

图 11.4 "图层特性管理器"对话框

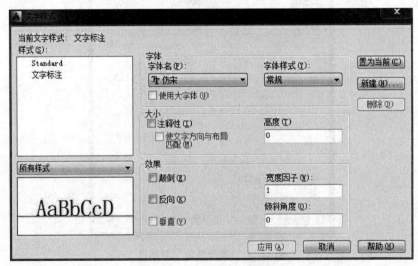

图 11.5 "文字样式"对话框

### 11.3.2 绘制底层剖面

利用直线、射线和矩形工具绘制如图 11.11 所示的建筑物底层剖面图，操作步骤如下。

（1）首先将前面所绘制的建筑平面图和立面图插入到本图形文件中，并将多余的图形对象和线条删除，作为剖面图绘制的参照。

（2）在功能区"常用"标签内的"图层"面板上选择"图层"下拉列表，单击"辅助线"图层，将其切换为当前图层，并利用"射线"工具绘制如图 11.6 所示的辅助线。注意，首先绘制 45°斜线，再由剖切位置的可剖到或可看到的图形对象绘制纵横向辅助线。

（3）在功能区"常用"标签内的"图层"面板上选择"图层"下拉列表，单击"地坪线"图层，将其切换为当前图层，并利用"多段线"工具绘制如图 11.7 所示的地坪线。

224

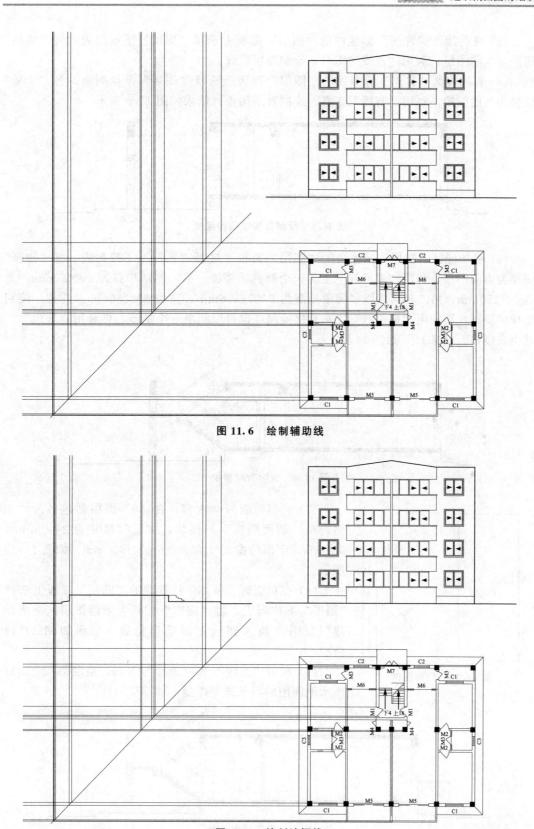

图 11.6　绘制辅助线

图 11.7　绘制地坪线

（4）在功能区"常用"标签内的"图层"面板上选择"图层"下拉列表，将"墙线"切换为当前图层，利用"直线"工具，绘制首层墙线。

（5）在功能区"常用"标签内的"图层"面板上选择"图层"下拉列表，将"梁板"切换为当前图层，利用"直线"工具，绘制首层梁板。结果如图 11.8 所示。

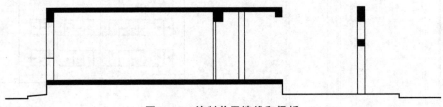

图 11.8  绘制首层墙线和梁板

（6）在功能区"常用"标签内的"图层"面板上选择"图层"下拉列表，将"楼梯"切换为当前图层，利用"多段线"工具，绘制首层楼梯。第一跑踏步高为 $4 \times 150$ mm，宽为 $3 \times 250$ mm，第二和第三跑楼梯踏步高为 $9 \times 166.6$ mm，宽为 $8 \times 250$ mm。注意，绘制楼梯踏步时，可利用"多段线"工具直接绘制，也可以画出一个踏步，再利用"阵列"工具生成楼梯。结果如图 11.9 所示。

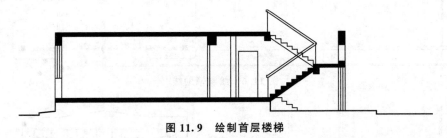

图 11.9  绘制首层楼梯

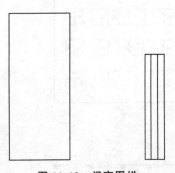

图 11.10  门窗图样

（7）利用前面所学内容，在"0"图层创建名为"立面门""剖面门窗"的图块，立面门尺寸为 2100mm×900mm，剖面门窗尺寸为 300mm×1500mm，如图 11.10 所示。

（8）在功能区"常用"标签内的"图层"面板上选择"图层"下拉列表，将"门窗"切换为当前图层，将所创建门窗图块插入到剖面图适当位置。结果如图 11.11 所示。

（9）利用"直线"和"矩形"工具，绘制如图 11.11 所示剖面图的可见造型图样，如首层阳台。

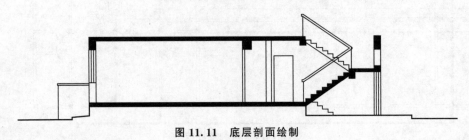

图 11.11  底层剖面绘制

### 11.3.3 绘制标准层剖面

利用偏移、夹点编辑、复制工具绘制如图 11.12 所示的建筑物标准层剖面图,操作步骤如下。

(1) 在功能区"常用"标签内的"修改"面板上选择"偏移"工具,对绘制好的首层剖面图进行偏移,根据层高 3000mm 设定偏移距离,并利用夹点功能,对楼梯间多余的楼板进行修整。结果如图 11.12 所示。

(2) 利用"直线"和"矩形"工具,绘制如图 11.12 所示剖面图的可见造型图样,如标准层阳台。

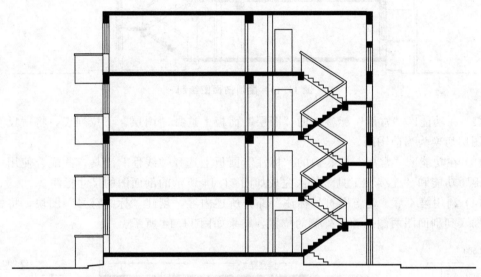

**图 11.12 标准层剖面图生成**

### 11.3.4 绘制屋顶剖面

利用多段线、直线、对象捕捉、修剪和图块工具绘制如图 11.13 所示的建筑物屋顶剖面图,操作步骤如下。

(1) 在功能区"常用"标签内的"图层"面板上选择"图层"下拉列表,将"顶层"图层切换为当前图层,利用"多段线"工具绘制女儿墙剖面,结果如图 11.13 所示。

(2) 利用"矩形""直线""对象捕捉""修剪"工具,绘制剖面图屋顶图样,如图 11.13 所示。

### 11.3.5 剖面图标注

为了能够更准确地表达建筑物及构件的竖向位置及关系,在绘制剖面图时,应在剖面图中标注出标高、竖向尺寸、详图索引符号等内容,操作步骤如下。

(1) 创建名为"尺寸标注"的标注样式,其参数设置参见第 10 章相应内容。

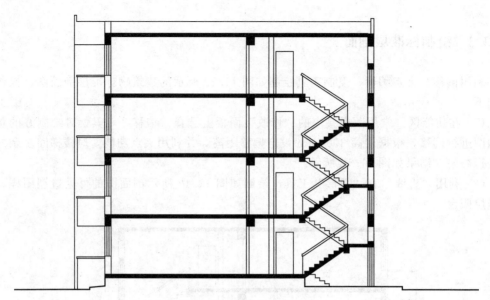

图 11.13　屋顶剖面图绘制

（2）在功能区"常用"标签内的"图层"面板上选择"图层"下拉列表，将"尺寸标注"图层切换为当前图层。

（3）在功能区"常用"标签内的"标注"面板上选择"线性"工具，并配合使用"对象捕捉"功能和"连续"工具，依次完成如图 11.14 所示的剖面图的尺寸标注。

（4）利用第 4 章"建筑图符号标注"部分所述内容，创建"标高符号"图块，将标高符号插入到剖面图两侧尺寸线外侧的位置，结果如图 11.14 所示。

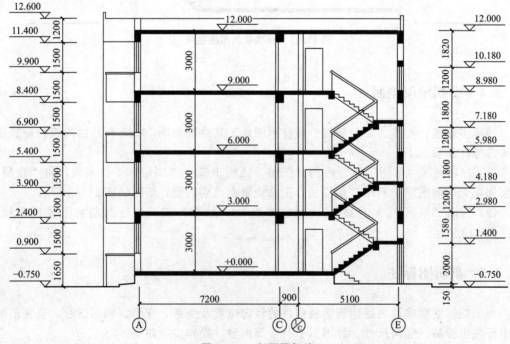

图 11.14　剖面图标注

# 本 章 小 结

本章着重介绍建筑剖面图的基本知识和绘制方法，并绘制一副完整的建筑剖面图。绘制建筑剖面图首先要设置绘图环境，再绘制出辅助线，然后分别绘制各种图形元素。一般情况下，墙线和楼板用多线命令绘制，门窗和梁综合利用块操作、复制命令和阵列命令绘制，绘制楼梯时用阵列命令能大大加快绘图效率。剖面图的标注方法与立面图的标注方法类似。同时，注意建筑剖面图必须和建筑总平面图、建筑平面图、建筑立面图相互对应。

本章主要内容：本章的重难点是建筑剖面图的基本知识和建筑剖面图的绘制步骤。

# 习　　题

**一、选择题**

1. 剖面图中标出各部位完成面的标高和(　　)方向尺寸。

A. 水平 　　　　 B. 高度 　　　　 C. 垂直 　　　　 D. 角度

2. 标高内容中室内外地面、各层楼面与楼梯平台、(　　)或女儿墙顶面、高出屋面的水池顶面、烟囱顶面、楼梯间顶面、电梯间顶面等处的标高。

A. 竖向方向 　　 B. 檐口 　　　　 C. 窗台 　　　　 D. 垂直

3. 剖切符号标在底层平面图中，(　　)的指向为投射方向。

A. 粗实线 　　　 B. 长线 　　　　 C. 短线 　　　　 D. 角度

**二、填空题**

1. 剖面图编号标在投射方向一侧，剖切线若有转折，应在转角的_____加注与该符号相同的编号。

2. 剖面图中的尺寸重点表明_____尺寸，应校核这些细部尺寸是否与平面图、立面图中的尺寸完全一致。

3. 门、窗及其分格线，水斗及雨水管，外墙分格线(包括引条线)等画_____线；尺寸线、尺寸界限和标高符号均画细实线。

**三、判断题**

1. 表示楼、地面各层构造。一般可用引出线说明。引出线指向所说明的部位，并按其构造自上而下的顺序，逐层加以文字说明。(　　)

2. 投射方向一般宜向左向右，当然也要根据工程情况而定。(　　)

3. 板底的粉刷层厚度，在1∶50的剖面图中，应加绘细实线来表示粉刷层的厚度。(　　)

**四、思考题**

1. 建筑剖面图是如何形成的？有何作用？

2. 建筑剖面图图示内容有哪些？

3. 建筑剖面图绘制时线型的区别是什么？

**五、实训题**

绘制第 9 章后面附图 JS-05 号图中临时用房的建筑剖面图。

**操作提示**：附图中给出了临时用房的全套图纸，在绘制建筑剖面图时，如果有些绘图信息在剖面图中不可查时，可以在本套图纸的建筑平面图、立面图和详图中查询。

# 第**12**章
# 建筑详图的绘制

本章着重介绍了建筑详图的基本知识和绘制过程，应用 AutoCAD 2014 绘制一个完整的建筑详图。除了常用的绘图命令和编辑方法外，着重介绍在设计及绘制建筑详图时的主要内容，思路、图示方法，绘制过程和注意事项。通过本章的学习，应达到以下目标。

（1）掌握建筑详图的基本知识和要求。

（2）重点掌握如何绘制建筑详图。

（3）提高综合运用 AutoCAD 2014 软件进行绘制建筑图的能力。

| 知识要点 | 能力要求 | 相关知识 |
| --- | --- | --- |
| 建筑详图的基本知识 | （1）建筑详图的概念<br>（2）建筑详图的表示方法<br>（3）建筑详图的内容<br>（4）建筑详图的分类 | （1）掌握建筑详图的类型<br>（2）掌握建筑详图的内容<br>（3）掌握建筑详图的含义 |
| 建筑详图的图示内容 | （1）墙身详图的图示内容<br>（2）楼梯及踏步详图的图示内容 | （1）掌握绘制详图的一般内容<br>（2）掌握各种详图的具体内容 |
| 建筑详图的绘制过程 | （1）掌握绘图环境的设置<br>（2）女儿墙做法详图绘制<br>（3）楼梯剖面详图绘制<br>（4）楼梯踏步详图绘制<br>（5）楼梯扶手详图绘制 | （1）掌握适合建筑制图的图层特性管理方法<br>（2）掌握图块的编辑<br>（3）掌握各种修改工具的实用技巧 |

 基本概念

建筑详图的概念、建筑详图的表示方法、建筑详图的内容、建筑详图的分类、建筑详图的图示内容、建筑楼梯及踏步详图的图示内容、建筑详图绘图环境、女儿墙做法详图制作、墙身做法详图绘制、楼梯踏步详图绘制、楼梯扶手栏杆详图绘制。

引例

建筑平面、立面、剖面图均是全局性的图纸，由于比例的限制，不可能将一些复杂的细部或局部做法非常清楚地绘制出来，因此需要将这些细部与局部的构造、材料及相互关系采用较大的比例详细绘制出来，指导施工。对于局部平面放大绘制的图形，习惯叫做放大图。需要绘制详图的位置一般由室内外墙节点、楼梯、电梯、厨房、卫生间、门窗、室内外装饰等构造详图或局部平面放大。图12.1所示为屋顶建筑剖面详图示例。

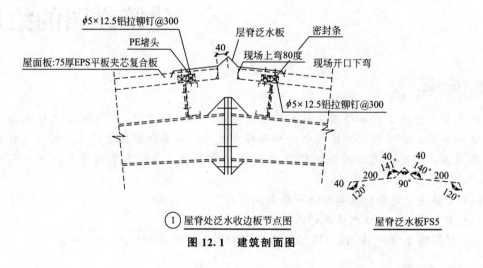

① 屋脊处泛水收边板节点图        屋脊泛水板FS5

**图 12.1　建筑剖面图**

# 12.1　建筑详图的基本知识

## 12.1.1　建筑详图的概念

由于画建筑平面、立面、剖面图时所用的比例较小，房屋上许多细部的构造无法表示清楚，为了满足施工的需要，必须分别将这些部位的形状、尺寸、材料、做法等用较大的比例详细画出图样，这种图样称为建筑详图，简称详图。

## 12.1.2　建筑详图的表示方法

详图的数量和图示内容与房屋的复杂程度及平面、立面、剖面图的内容和比例有关。

对于套用标准图或通用图的建筑构配件和节点，只需注明所套用图集的名称、型号或页次，可不必另画详图。

对于节点构造详图，应在详图上注出详图符号或名称，以便对照查阅。

而对于构配件详图，可不注索引符号，只在详图上写明该构配件的名称或型号即可。

## 12.1.3　建筑详图的内容

一幢房屋施工图通常需绘制以下几种详图：外墙剖面详图、楼梯详图、门窗详图及室内外一些构配件的详图。各详图的主要内容如下。

(1) 图名(或详图符号)、比例。

(2) 表达出构配件各部分的构造连接方法及相对位置关系。

(3) 表达出各部位、各细部的详细尺寸。

(4) 详细表达构配件或节点所用的各种材料及其规格。

(5) 有关施工要求、构造层次及制作方法说明等。

## 12.1.4 建筑详图的分类

### 1. 局部构造详图

指屋面、墙身、墙身内外装饰面、吊顶、地面、地沟、地下工程防水、楼梯等建筑部位的用料和构造做法。

### 2. 构件详图

主要指门、窗、幕墙,固定的台、柜、架、桌、椅等的用料、形式、尺寸和构造(活动的设施不属于建筑设计范围)。

### 3. 装饰构造详图

指美化室内外环境和视觉效果,在建筑物上所做的艺术处理,如花格窗、柱头、壁饰、地面图案的花纹、用材和构造等。

# 12.2 建筑详图的图示内容

## 12.2.1 墙身详图的图示内容

墙身详图的绘制操作提示如下。

(1) 墙身的定位轴线及编号,墙体的厚度、材料及其本身与轴线的关系。

(2) 勒脚、散水节点构造。主要反映墙身防潮做法、首层地面构造、室内外高差、散水做法、一层窗台标高等。

(3) 标准层楼层节点构造。主要反映标准层梁、板等构件的位置及其与墙体的联系,构件表面抹灰、装饰等内容。

(4) 檐口部位节点构造。主要反映檐口部位包括封檐构造(如女儿墙或挑檐)、圈梁、过梁、屋顶泛水构造、屋面保温、防水做法和屋面板等结构构件。

(5) 图中的详图索引符号等。

## 12.2.2 建筑楼梯及踏步详图的图示内容

楼梯详图反映楼梯各部分的构造及结构形式。

（1）不画到屋面，用折断线断开。

（2）标明地面、平台面和各层楼面的标高及梯段和栏杆的高度尺寸。

（3）栏杆、扶手、踏步大样图。

踏步详图反映楼梯各部分的构造及结构形式。

（1）踏步详图表明踏步的截面形状、大小、材料及做法。

（2）栏杆、扶手详图表明栏杆、扶手的形状、大小、材料及梯段连接的处理。

（3）主要表明楼梯栏杆及扶手。

## 12.3  建筑详图的绘制过程

本节内容通过墙身、楼梯剖面详图和踏步详图详细介绍使用 AutoCAD 2014 绘制建筑详图的方法。

### 12.3.1  设置绘图环境

1. 创建新文件

打开 AutoCAD 2014 中文版，新建一个图形文件，工作空间选为"AutoCAD 经典"。

2. 设置绘图单位

选择"格式"菜单→"单位"工具，在系统弹出的"图形单位"对话框中进行如图 12.2 所示的设置。

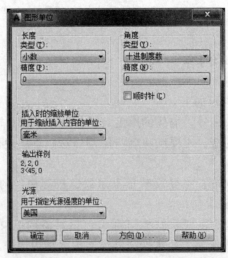

图 12.2  "图形单位"对话框

3. 设置图形界限

选择"格式"菜单→"图形界限"工具，根据命令行提示，将图形界限设置为 40000mm × 40000mm 的范围。

**4. 设置图层**

在功能区"常用"标签内的"图层"面板上选择"图层特性"工具，在系统弹出的"图层特性管理器"对话框中创建如图 12.3 所示的图层。

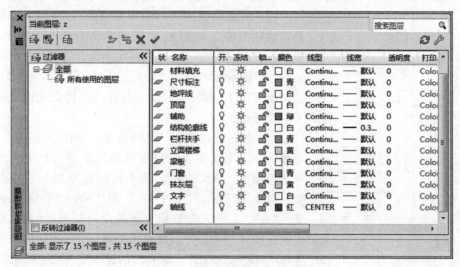

**图 12.3 "图层特性管理器"对话框**

**5. 设置文字样式**

在功能区"常用"标签内的"注释"面板上选择"文字样式"工具，系统会弹出如图 12.4所示的"文字样式"对话框，新建一个名为"文字标注"的文字样式，字体选为"仿宋"，并将其置为当前，用以进行立面图中的文字标注。

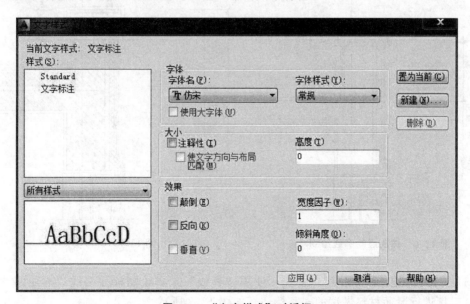

**图 12.4 "文字样式"对话框**

### 12.3.2 女儿墙做法详图绘制

(1) 将图层切换到"轴线",利用"直线"工具,绘制出女儿墙详图定位轴线。

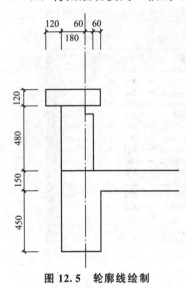

图 12.5 轮廓线绘制

(2) 将图层切换到"结构轮廓线",利用"直线"工具,绘制出墙体轮廓线和梁板轮廓线,尺寸如图 12.5 所示。

(3) 将图层切换到"抹灰层",利用"多段线"工具,绘制出如图 12.6 所示的墙、板抹灰层轮廓线以及屋面找平层轮廓线。

(4) 将图层切换到"材料填充",利用"填充"工具,对墙体、混凝土梁板、屋面保温层等进行填充。墙体填充选择图案"ANSI31",填充比例设为 25。对于混凝土梁板对象选择图案"ANSI31"和"AR-CONC"同时填充,"AR-CONC"的填充比例设为 1。屋面保温层填充图案选择"ANSI37",填充比例设为 8。找坡层填充图案选择"AR-SAND",填充比例设为 0.6。结果如图 12.7 所示。

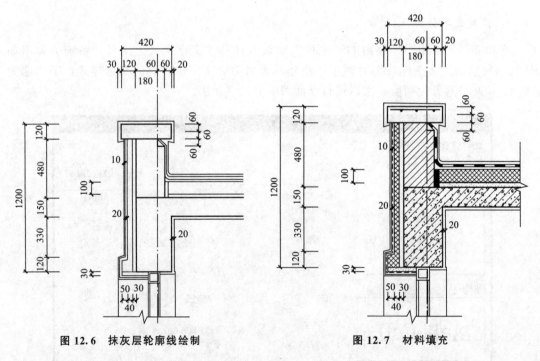

图 12.6 抹灰层轮廓线绘制    图 12.7 材料填充

(5) 将图层切换到"文字",首先,使用"直线"工具绘制标注引线,再使用"多行文字"工具进行屋面材料做法的文字标注,如图 12.8 所示。

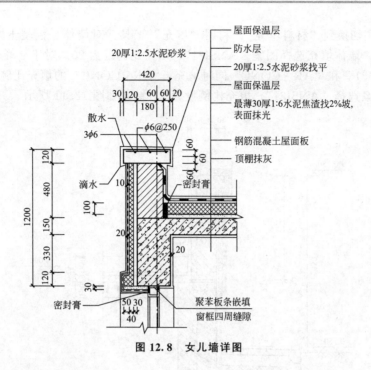

图 12.8 女儿墙详图

## 12.3.3 墙身做法详图绘制

（1）将图层切换到"轴线"，利用"直线"工具，绘制墙身节点详图定位轴线。

（2）将图层切换到"结构轮廓线"，利用"直线"工具，绘制出墙体和散水的轮廓线，尺寸如图 12.9 所示。

（3）将图层切换到"抹灰层"，利用"多段线"工具，绘制出如图 12.10 所示的墙、地面抹灰层轮廓线。

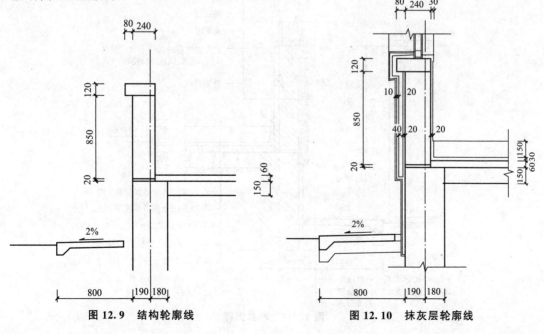

图 12.9 结构轮廓线　　　　　　　　图 12.10 抹灰层轮廓线

（4）将图层切换到"材料填充"，利用"填充"工具，对墙体、混凝土梁板、外墙保温层进行填充。墙体填充选择图案"ANSI31"，填充比例设为 20。对于混凝土梁板对象选择图案"ANSI31"和"AR－CONC"同时填充，"AR－CONC"的填充比例设为 1。外墙保温层填充图案选择"ANSI37"，填充比例设为 5。结果如图 12.11 所示。

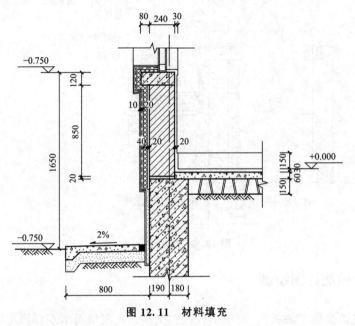

图 12.11　材料填充

（5）将图层切换到"文字"，首先，使用"直线"工具绘制标注引线，再使用"多行文字"工具进行墙身做法的文字标注，如图 12.12 所示。

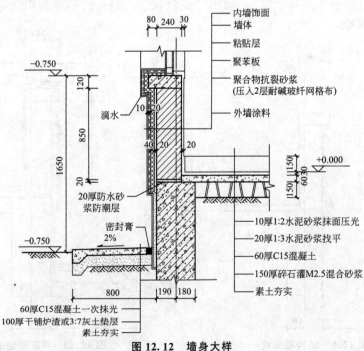

图 12.12　墙身大样

### 12.3.4　楼梯剖面详图绘制

（1）导入上次画的剖面图，选择楼梯部分，切换到"结构轮廓线"，利用"直线"工具，绘制出楼梯剖到部分的轮廓线，尺寸如图 12.13 所示。

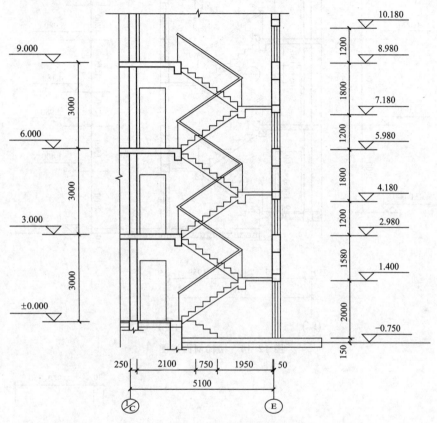

**图 12.13　轮廓线绘制**

（2）将图层切换到"材料填充"图层，利用"填充"工具，对混凝土梁板以及剖到的楼梯部分选择图案"ANSI31"和"AR-CONC"同时填充，"ARNSI31"的填充比例设为 30，"AR-CONC"的填充比例设为 1.5。结果如图 12.14 所示。

### 12.3.5　楼梯踏步详图绘制

（1）将图层切换到"结构轮廓线"，利用"直线"工具，绘制出楼梯踏步的轮廓线，尺寸如图 12.15 所示。

（2）将图层切换到"抹灰层"，利用"偏移"工具，绘制出如图 12.16 所示的抹灰层图样。

（3）将图层切换到"材料填充"图层，利用"填充"工具，对楼梯踏步选择图案"ANSI31"和"AR-CONC"同时填充，"ARNSI31"的填充比例设为 20，"AR-CONC"的填充比例设为 1。再将图层切换到"文字"，首先，使用"直线"工具绘制标注引线，再使用"多行文字"工具进行踏步做法的文字标注，如图 12.17 所示。

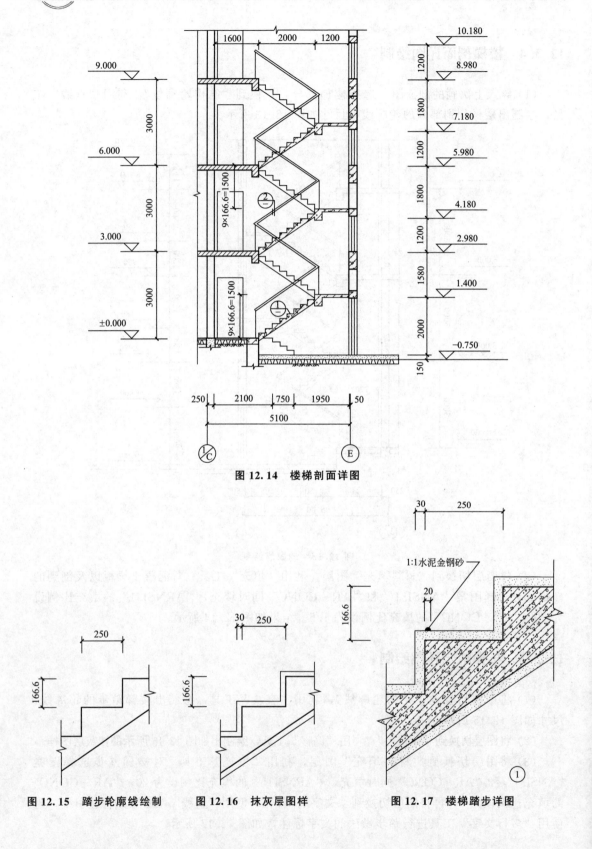

图 12.14　楼梯剖面详图

图 12.15　踏步轮廓线绘制　　　图 12.16　抹灰层图样　　　图 12.17　楼梯踏步详图

### 12.3.6　楼梯扶手栏杆详图绘制

（1）将图层切换到"结构轮廓线"，利用"直线"工具，绘制出楼梯扶手的轮廓线。切换到"抹灰层"，利用"偏移"工具；再切换到"楼梯栏杆"，利用"直线""弧线"工具绘制出如图 12.18 所示的轮廓线。

（2）将图层切换到"材料填充"图层，利用"填充"工具，对楼梯扶手混凝土选择图案"ANSI31"和"AR‐CONC"同时填充，"ARNSI31"的填充比例设为 15，"AR‐CONC"的填充比例设为 0.5。对木扶手部分选择图案"木断面纹"填充，填充比例设为 90。再将图层切换到"文字"，首先，使用"直线"工具绘制标注引线，再使用"多行文字"工具进行楼梯扶手栏杆做法的文字标注。结果如图 12.19 所示。

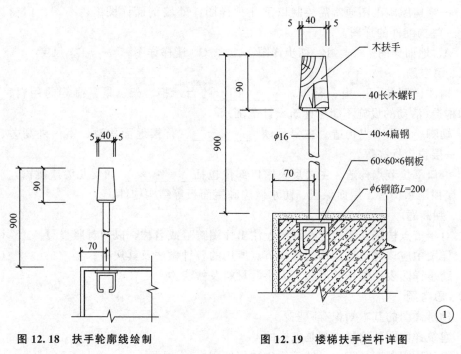

图 12.18　扶手轮廓线绘制　　　　图 12.19　楼梯扶手栏杆详图

## 本 章 小 结

本章主要讲述了使用 AutoCAD 2014 绘制建筑详图的方法，除了介绍了常用的绘图命令和编辑命令外，还在文中介绍了在设计及绘制大样详图时的图示内容、图示方法、绘制过程及注意事项。

本章的重点和难点是墙身详图、楼梯详图的绘制方法。

# 习　题

**一、选择题**

1. 为了满足施工的需要，必须分别将这些部位的形状、（　　）、材料、做法等用较大的比例详细画出图样。

　　A. 外形　　　　　B. 尺寸　　　　　C. 数量　　　　　D. 尺度

2. 对于套用标准图或通用图的建筑构配件和节点，只需注明所（　　）的名称、型号或页次，可不必另画详图。

　　A. 图纸　　　　　B. 套用图集　　　　　C. 规范　　　　　D. 尺度

3. 一幢房屋施工图通常需绘制以下几种详图：外墙剖面详图、（　　）、门窗详图及室内外一些构配件的详图。

　　A. 地面详图　　　　　B. 踏步详图　　　　　C. 楼梯详图　　　　　D. 尺度

**二、填空题**

1. 构件详图指门、窗、幕墙，_____的台、柜、架、桌、椅等的用料、形式、尺寸和构造（活动的设施不属于建筑设计范围）。

2. 勒脚、散水节点构造。主要反映_____、首层地面构造、室内外高差、散水做法、一层窗台标高等。

3. 檐口部位节点构造。主要反映檐口部位包括_____（如女儿墙或挑檐）、圈梁、过梁、屋顶泛水构造、屋面保温、防水做法和屋面板等结构构件。

**三、判断题**

1. 对于节点构造详图，应在详图上注出详图符号或名称，以便对照查阅。（　　）

2. 详图中应该详细表达构配件或节点所用的各种做法及其规格。（　　）

3. 踏步详图表明踏步的形状、大小、材料及做法。（　　）

**四、思考题**

1. 建筑详图的基本知识有哪些？

2. 建筑详面图的绘制步骤是怎样的？

3. 建筑详图制图过程中，辅助线应如何使用？

**五、实训题**

绘制第9章后面附图JS-06号图中临时用房的建筑详图。

**操作提示：**附图中给出了临时用房的全套图纸，在绘制建筑详图时，如果有些绘图信息在详图中不可查时，可以在本套图纸的建筑平面图、剖面图和立面图中查询。

第**13**章
# AutoCAD 图形的输出

**教学目标**

本章是 AutoCAD 2014 的重点之一，通过本章的学习可帮助读者尽快掌握图形输出的方法，本章将向读者介绍一些关于 AutoCAD 2014 图形输出的基本概念与设置方法。通过本章的学习，应达到以下目标。

(1) 理解模型空间与图纸空间。

(2) 重点掌握图形输出的高级设置。

**教学要求**

| 知识要点 | 能力要求 | 相关知识 |
|---|---|---|
| 模型空间和图纸空间 | 理解两种不同的绘图空间 | (1) 掌握模型空间的概念<br>(2) 掌握图纸空间的概念 |
| 创建布局设置布局参数 | 掌握创建布局的方法 | (1) 掌握布局的基本属性<br>(2) 掌握修改布局的方法 |
| 图形输出的相关设置 | 掌握各种选项的作用 | 掌握相关参数的变化特征 |
| 使用模型空间输出图形、使用图纸空间输出图形 | 掌握两种出图方法 | 掌握两种输出图形的区别与基本特征 |

**基本概念**

模型空间和图纸空间、布局、输出图形等。

**引例**

AutoCAD 2014 提供了图形输入与输出接口，可以将其他应用程序中处理好的数据传送给 AutoCAD，以显示其图形，还可以将在 AutoCAD 2014 中绘制好的图形打印出来，或者把它们的信息传送给其他应用程序。

　　此外，为适应互联网的快速发展，使用户能够快速有效地共享设计信息，AutoCAD 2014 强化了其 Internet 功能，使其与互联网相关的操作更加方便、高效，可以创建 Web 格式的文件(DWF)，以及发布 AutoCAD 2014 图形文件到 Web 页。

# 13.1　模型空间和图纸空间

　　AutoCAD 2014 图形的输出涉及模型空间和图样空间。模型空间用于建模，也就是图形绘制，需要注意的是，在 AutoCAD 2014 中绘图的一个重要原则是永远按照 1∶1 的比例以实际尺寸绘制图形。图样空间用于出图，可方便用户设置打印设备、纸张、比例、布局等内容，并可预览出图效果。

　　准备要打印或发布的图形需要指定许多定义图形输出的设置和选项。要节省时间，可以将这些设置另存为命名的页面设置；可以使用"页面设置管理器"将命名的页面设置应用到图纸空间布局；也可以从其他图形中输入命名页面设置并将其应用到当前图形的布局中。

## 13.1.1　模型空间与图纸空间的概念

　　AutoCAD 2014 的重要功能之一是可在两个环境中完成绘图和设计工作，即模型空间和图纸空间，它们的作用是不同的。模型空间主要进行图形绘制和建模，图纸空间(布局)主要用来图纸布局和出图工作。

　　模型空间也就是在绘图和设计图纸时的工作空间。在模型空间中可以创建物体的视图模型，也可以完成二维或者三维造型，设计者一般在模型空间完成其主要的设计构思，在此需要注意，永远按照 1∶1 的实际尺寸进行绘图。而图纸空间又称为布局空间，它完全模拟图纸页面，在绘图之前或之后安排图形的输出布局，是用来将几何模型表达到工程图之上用的，专门用来进行出图的；图纸空间又称为"布局"，是一种图纸空间环境，它模拟图纸页面，提供直观的打印设置。

## 13.1.2　模型空间与图纸空间的切换

　　任何新创建的图形中，AutoCAD 2014 都默认提供两个布局，并且在 AutoCAD 2014 的窗口左下角显示有标签，可以通过该标签进行切换，也可以通过 AutoCAD 2014 中提供的命令来控制。

　　需要切换空间时，可以在命令行内输入"TILEMODE"命令后按回车键，这时命令行将提示用户输入新值。该命令的值包括 1 和 0，当设置为 1 时，工作空间为模型空间；当设置为 0 时，工作空间为图纸空间。图 13.1 为转换成图纸空间的设置。

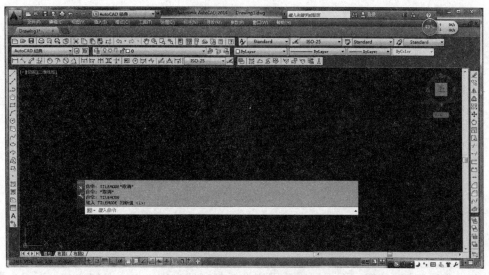

图 13.1　利用命令切换工作空间

# 13.2　创 建 布 局

在 AutoCAD 中，用户可以有两种创建布局的方法：一是使用"LAYOUTWIZARD"命令以向导方式创建新布局；二是使用"LAYOUT"命令以模板方式创建新布局。这里将主要介绍以向导方式创建布局的过程。

布局向导可以通过选择"插入"→"布局"→"创建布局向导"命令或在命令行内输入"LAYOUTWIZARD"命令，这时将弹出如图 13.2 所示的对话框。

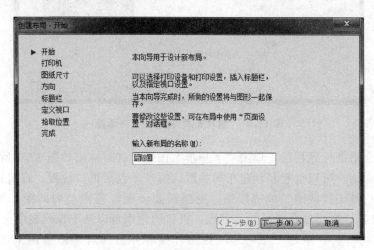

图 13.2　"创建布局-开始"对话框

在该对话框的"新名称"文本框内输入新布局的名称，并单击"下一步"按钮。这时将弹出如图 13.3 所示的对话框。读者可以根据需要在右边的列表框中选择所要配置的打印机。

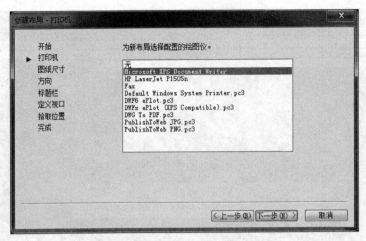

图 13.3 "创建布局-打印机"对话框

　　单击"下一步"按钮。下面就需要用户设置打印的方向，AutoCAD 2014 为用户提供了横向和纵向两种选择，读者只需选择所需的单选按钮后，单击"下一步"按钮即可。这时弹出如图 13.4 所示的对话框，在该对话框中读者可以选择图纸的边框和标题栏的样式。读者可以从左边的列表框中选择，并且在对话框右边可以预览所选样式。

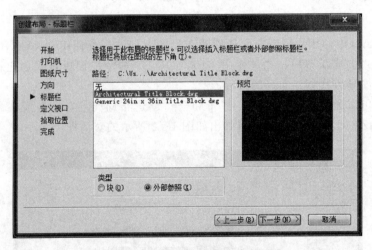

图 13.4 "创建布局-标题栏"对话框

　　在设置好合适的标题栏后，单击"下一步"按钮，这时弹出如图 13.5 所示的对话框，在该对话框中，用户可以设置新创建布局的默认视口，包括视口设置、视口比例等。如果选择了"标准三维工程视图"单选按钮，则还需要设置行间距与列间距。如果选择的是"阵列"单选按钮，则需要设置行数与列数。视口的比例可以从下拉列表中选择。

　　在定义好视口后，单击"下一步"按钮，接着弹出的对话框是用来设置布局视口的位置的，单击"选择位置"按钮，将切换到绘图窗口，这时需要读者在图形窗口中指定视口的大小和位置，最后单击"完成"按钮，这样一个布局就创建完成了，如图 13.6 所示。

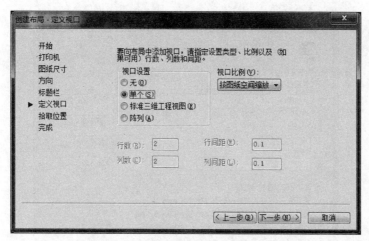

图 13.5 "创建布局-定义视口"对话框

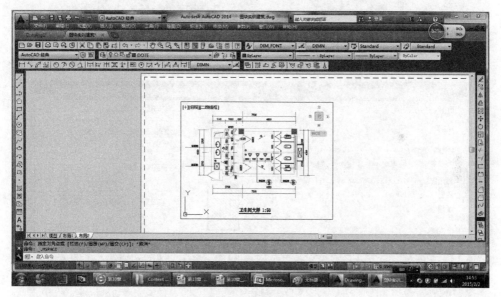

图 13.6 创建完成

## 13.3 设置布局参数

在准备打印输出图形前,用户可以使用布局功能来创建多个视图的布局,以设置需要输出的图形。

设置布局参数可以选择"文件"→"页面设置管理器"命令,或是在命令行内输入"PAGESETUP"命令,这时弹出如图 13.7 所示的对话框。

在该对话框中单击"修改"按钮,将弹出如图 13.8 所示的对话框。在该对话框中,用户除可以设置打印设备和打印样式外,还可以设置布局参数。

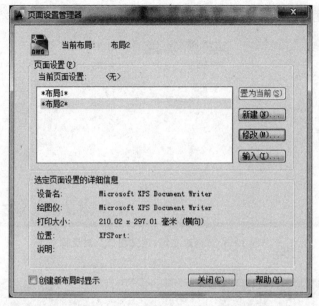

**图 13.7 "页面设置管理器"对话框**

**图 13.8 "页面设置"对话框**

　　单击"打印机/绘图仪"下拉列表，在该列表框中可以选择打印机或绘图仪的类型。接着在"图纸尺寸"下拉列表中选择所需的纸张。在"打印范围"下拉列表框中选择"窗口"选项，该选项是选择布局中的某个区域进行打印。接着就可以单击"窗口"按钮，这时将返回到布局空间，单击并拖动鼠标，选择所要打印的范围即可，如图 13.9 所示。

图 13.9　布局参数设置完成

# 13.4　图形输出的相关设置

为了使读者更好地掌握图形输出方法与技巧，本节将向读者介绍一些与图形输出相关的知识。例如，打印样式表的特点与使用方法，页面设置方案和布局样板文件的使用等。

## 13.4.1　图形打印和打印预览

想要打印图形，可以在"页面设置"对话框中设置相应的参数后单击"打印"按钮，或者在"打印"对话框中设置打印参数后单击"确定"按钮。

如果想要进行打印预览，可以选择"文件"→"打印预览"命令，或者单击"标准"工具栏中的"打印预览"按钮。如果没有在"页面设置"对话框中指定打印设备，则系统将无法进行打印预览。

在执行打印预览操作后，图形将处于缩放显示状态。此时单击并拖动鼠标，可以缩放打印预览画面。如果此时右击鼠标，系统将弹出一个快捷菜单，读者可以从中选择不同的菜单项，可以退出打印预览、打印图形、平移预览画面等，如图 13.10 所示。

## 13.4.2　打印样式表

在输出图形时，根据对象的类型不同，其线条宽度也是不一样的。例如，图形中的实线通常粗一些，而辅助通常细一些。

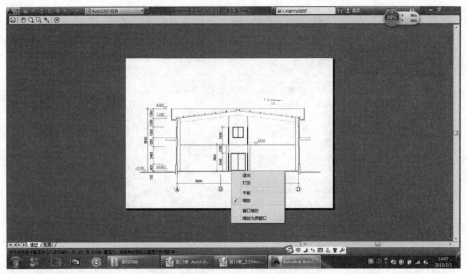

图 13.10　打印预览

1. 打印样式表的类型

　　在 AutoCAD 2014 中，读者不但可以在绘图时直接通过设置图层的属性来设置线宽，而且还可以在打印样式表中进行更多的设置。例如，可用打印样式表为不同的对象设置打印颜色、抖动、灰度、线型、线宽、端点样式和填充样式等。

　　打印样式表有两种类型，一类是颜色相关打印样式表，它实际上是一种根据对象颜色设置的打印方案。用户在创建图层时，如果选择的颜色不同，系统将根据颜色为其指定不同的打印样式，如图 13.11 所示。

图 13.11　不同颜色的图层将为其设置不同的打印样式

　　如果相同颜色的对象需要进行不同的打印设置，可用命名打印样式表。使用命名打印样式表时，可以根据需要创建多种命名打印样式，将其指定给对象。但是，在实际工作中，人们很少使用这种打印样式表。

　　调用打印样式表的方法是，选择"文件"→"打印样式管理器"命令，这时将弹出打印样式文件夹，在该文件夹中与颜色相关的打印样式表都被保存在以".ctb"为扩展名的文件中，命名打印样式表被保存在以".stb"为扩展名的文件中，如图 13.12 所示。

图 13.12 不同颜色的图层将为其设置不同的打印样式

2. 打印样式表的创建与编辑

要选择系统内置的打印样式表，可直接在"打印-模型"对话框的"打印样式表"设置区的"名称"下拉列表中进行选择，如图 13.13 所示。

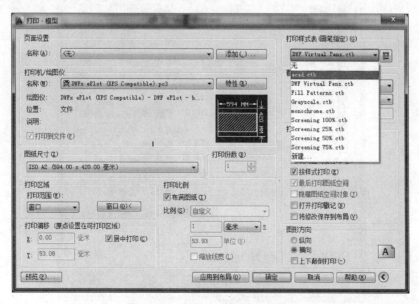

图 13.13 "打印-模型"对话框

如果要新建打印样式表，可以选择"文件"→"打印样式管理器"命令，这时将打开打印样式文件夹，在该文件夹中双击"添加打印样式表向导"图标，这时将弹出"添加打印样式表"向导对话框，如图 13.14 所示。

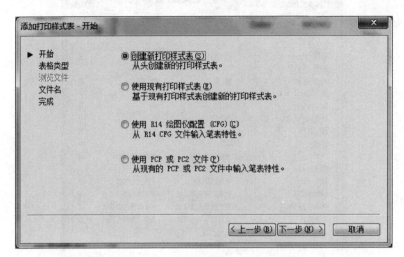

**图 13.14 "添加打印样式表"对话框**

单击"创建新打印样式表"单选按钮后，单击"下一步"按钮，这时要求用户选择创建颜色相关打印样式表，还是创建命名相关打印样式表。选择后单击"下一步"按钮，并在下一个对话框中输入新文件名。接着单击"下一步"按钮，在弹出的对话框中单击"打印样式表编辑器"按钮，这时将弹出如图 13.15 所示的对话框。

**图 13.15 "打印样式表编辑器"对话框**

　　读者可以在该对话框中进行设置，当设置完成后，如果希望将打印样式表另存为其他文件，可单击"另存为"按钮。如果想修改结果将直接保存在当前打印样式表文件中，可以单击"打印样式表编辑器"按钮。

　　如果当前处于图纸空间，则通过在"页面设置"对话框的"打印样式表"设置区中选中"显示打印样式"复选框，可将打印样式表中的设置结果直接显示在布局图中。

## 13.5　使用模型空间输出图形

　　从"模型"空间输出图形时，需要在打印时指定图纸尺寸，即在"打印"对话框中，选择要使用的图纸尺寸。对话框中列出的图纸尺寸取决于在"打印"或"页面设置"对话框中的选定的打印机或绘图仪。

　　1. 打开需要打印的图形文件

　　从菜单中执行"文件"→"打印"命令，单击"标准"工具栏上的"打印"按钮，在命令行输入"Plot"并按 Enter 键确认。

　　输入命令后，弹出"打印"对话框。在"打印"对话框的"页面设置"下拉列表中，选择要应用的页面设置选项。选择后，该对话框将显示已设置后的"页面设置"各项内容。如果没有进行设置，可在"打印"对话框中直接进行打印设置。

　　2. 打印预览

　　选择页面设置或进行打印设置后，单击"打印"对话框左下角的"预览"按钮，对图形进行打印预览，如图 13.16 所示。

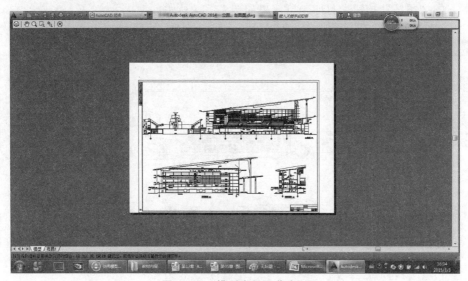

图 13.16　模型空间预览窗口

　　3. 打印出图

　　单击"打印"对话框中的"确定"按钮，开始打印出图。

当打印的下一张图样和上一张图样的打印设置完全相同时，打印时只需要直接单击"打印"按钮，在弹出的"打印"对话框中，选择"页面设置名"为"上一次打印"选项，不必再进行其他的设置，就可以打印出图。

# 13.6    使用图纸空间输出图形

从"图纸"空间输出图形时，需要根据打印的需要进行相关参数的设置，事先在"页面设置"对话框中指定图纸尺寸。

1. 切换工作空间

打开需要打印的图形文件，将视图界面切换到"布局 1"选项，单击鼠标右键，在弹出的快件菜单中选择"页面设置管理器"选项。

2. 新建页面设置

在"页面设置管理器"对话框中，单击"新建"按钮，弹出"新页面设置"对话框。在"新页面设置"对话框中的"新页面设置名"文本框中输入"图纸打印"，单击"确定"按钮，进入"页面设置"对话框，根据打印的需要设置相关的参数。设置完成后，单击"确定"按钮，返回到"页面设置管理器"对话框。选中"图纸打印"选项，单击"置为当前"按钮，将其置为当前布局。

3. 打印预览

单击"标准"工具栏上的"打印"按钮，弹出"打印"对话框，不需要重新设置，单击左下方的"预览"按钮，打印预览效果如图 13.17 所示。

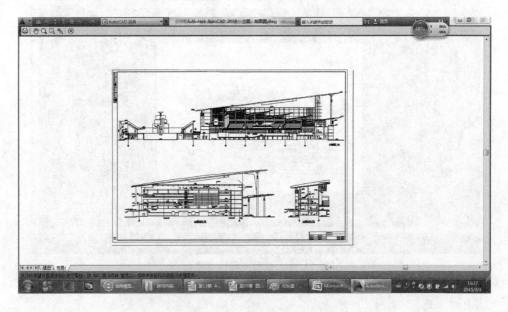

图 13.17    图纸空间预览窗口

4．打印出图

完成设置，在预览窗口中单击鼠标右键，选择"打印"即可。在布局空间里，还可以先绘制图样，然后将图框与标题栏都以"块"的形式插入到布局中，组成一份完整的技术图纸。

# 本 章 小 结

本章主要讲述了在 AutoCAD 2014 中图形的输出方法，使读者可以更加熟练地掌握模型空间和图纸空间的区别，也可以选择适合的打印图纸的方式。

本章的重点和难点是打印样式的修改。

# 习　　题

**一、选择题**

1．在 AutoCAD 中绘图的一个重要原则是永远按照（　　）的比例以实际尺寸绘制图形。

    A．出图　　　　　　B．1:1　　　　　　C．真实　　　　　　D．原始

2．AutoCAD 的重要功能之一是可在两个环境中完成绘图和设计工作，即（　　）和图纸空间，它们的作用是不同的。

    A．模型空间　　　　B．布局空间　　　　C．工作窗口　　　　D．视窗

3．在准备打印输出图形前，用户可以使用（　　）来创建多个视图的布局，以设置需要输出的图形。

    A．布局功能　　　B．模型功能　　　　C．视窗　　　　　　D．模型空间

**二、填空题**

1．图样空间用于出图，可方便用户设置_____、纸张、_____、布局等内容，并可预览出图效果。

2．模型空间主要进行_____和建模，图纸空间（布局）主要用来_____和出图工作。

3．执行"TILEMODE"命令，命令行将提示用户输入新值。该命令的值包括 1 和 0，当设置为 1 时，工作空间为_____空间。

**三、判断题**

1．在准备打印输出图形前，用户可以使用模型功能来创建多个视图的布局，以设置需要输出的图形。　　　　　　　　　　　　　　　　　　　　　　　　　　　　（　　）

2．单击"打印机/绘图仪"下拉列表，在该列表框中可以选择打印机或绘图仪的类型，接着在"图纸样式"下拉列表中选择所需的纸张。　　　　　　　　　　　　　（　　）

3．从"模型"空间输出图形时，需要在打印时指定图纸尺寸，即在"打印"对话框中，选择要使用的图纸尺寸。　　　　　　　　　　　　　　　　　　　　　　　（　　）

**四、思考题**

1. 模型空间与图纸空间的区别?

2. 创建布局的方法是什么?

3. 如何修改打印样式?

**五、实训题**

请将图 13.18 进行合理的输出设置,并将步骤清晰地描述下来。

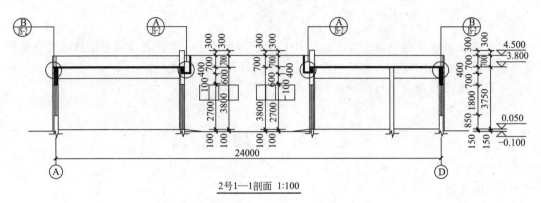

2号1—1剖面 1:100

**图 13.18  2♯1—1 剖面图**

# 第14章
## 上机实验指导

### 实验一　AutoCAD 2014 系统的操作界面

#### 一、实验目的

(1) 启动计算机，进入 AutoCAD 2014 界面。
(2) 熟悉 AutoCAD 2014 系统工作界面。
(3) 练习在 AutoCAD 2014 中新建、打开和保存文件。
(4) 练习在 AutoCAD 2014 软件中采用联机帮助。

#### 二、实验内容与步骤

**实验内容一：启动 AutoCAD 2014 软件。**
**操作提示：**
AutoCAD 2014 软件启动的方式如下。
方法一：单击"开始"下拉菜单，选择"所有程序"的下级菜单"Autodesk"，再选择"Autodesk"下级菜单中的"AutoCAD 2014"。
方法二：双击桌面的"AutoCAD 2014"图标。
方法三：单击"开始"下拉菜单，选择"运行"菜单项，在"运行"对话框中输入或搜索"C：\Program files\AutoCAD 2014\acad.exe"程序文件，单击"确定"按钮。
方法四：双击桌面"我的电脑"图标，在"我的电脑"窗口中查找"acad.exe"或"*.dwg"文件，并运行查找到的文件。
**实验内容二：观察和熟悉 AutoCAD 2014 的操作界面。**
AutoCAD 2014 操作界面主要标题栏、菜单浏览器、菜单栏、快速访问工具栏、功能区、绘图窗口、工具栏、坐标系图标、命令行区、状态栏等部分组成，如图 14.1 所示。
**实验内容三：AutoCAD 2014 的下拉式菜单栏操作。**
(1) 熟悉 AutoCAD 2014 下拉式菜单。
下拉菜单栏位于标题栏的下方(图 14.2)，它提供了 AutoCAD 2014 中的 12 个主要菜单。这 12 个菜单标题分别是：文件、编辑、视图、插入、格式、工具、绘图、标注、修改、参数、窗口和帮助。

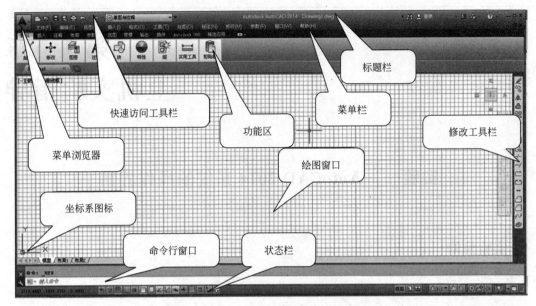

**图 14.1　AutoCAD 2014 图形用户界面**

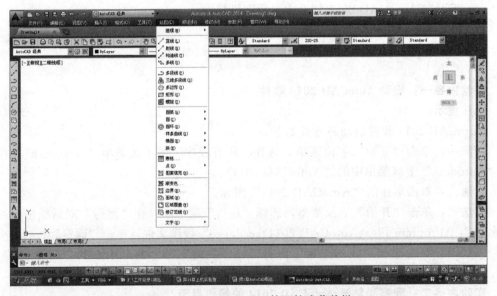

**图 14.2　AutoCAD 2014 的下拉式菜单栏**

**操作提示：**

用户只需单击菜单栏就会弹出相应的下拉菜单，观察展开的各菜单栏中的组成内容，并且结合第 1 章所讲内容，尝试打开各菜单栏下的子菜单，并执行相应的菜单操作，初步体验 AutoCAD 2014 的菜单栏功能。

（2）运用下拉式菜单绘图操作一：通过下拉菜单改变 AutoCAD 2014 绘图区的背景色。

**操作提示：**

① 在"工具"下拉菜单中单击，再单击"选项"，打开"选项"对话框。

② 在"选项"对话框中单击"显示"选项卡中的"颜色"按钮，弹出"图形窗口颜色"对话框。

③ 将"颜色"选为黑色，单击"应用并关闭"按钮，退出"图形窗口颜色"对话框。

④ 返回至"选项"对话框，单击"确定"按钮。

⑤ 则 AutoCAD 2014 绘图区的背景变为黑色了。

**说明：** 用户可以根据自己的习惯改变 AutoCAD 2014 绘图区的背景颜色，但通常建议背景色为黑色，这样有利于绘图时眼睛的舒适性，不易疲劳。图 14.3 是白色背景色的绘图窗口，图 14.4 是黑色背景色的绘图窗口。

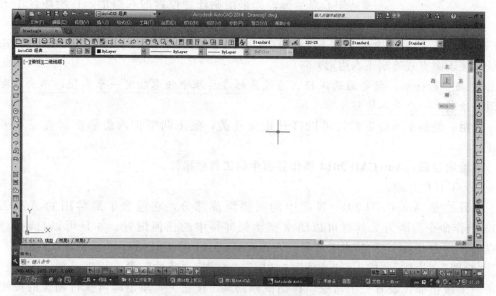

图 14.3 白色背景色的绘图窗口

图 14.4 黑色背景色的绘图窗口

（3）运用下拉式菜单绘图操作二：通过下拉菜单绘制如图 14.5 所示的任意边长的一个正八边形。

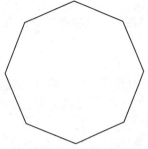

图 14.5　正八边形

**操作提示：**

① 选择"绘图"下拉菜单中的"多边形"。

② 命令行提示：_polygon 输入侧面数<4>：输入 8 并按 Enter 键（绘制八边形）

③ 命令行提示：指定正多边形的中心点或［边（E）］：在屏幕中任意点处单击（如果要指定确定的中心点，则需要输入中心点坐标；如果绘制任意位置的八边形，在绘图区单击鼠标左键即可）

④ 命令行提示：输入选项［内接圆（I）/外切于圆（C）］<I>：直接按 Enter 键（选择默认内接于圆方式绘制正八边形）

⑤ 命令行提示：指定圆的半径：通过鼠标在屏幕中任意指定一个半径，单击，即在绘图区绘制了一个正八边形

**说明：**绘制正八边形时，可以打开正交开关，便于调整正八边形在垂直或水平向对正。

**实验内容四：AutoCAD 2014 操作界面中的工具栏操作。**

（1）工具栏介绍。

工具栏是 AutoCAD 2014 界面中的重要组成部分，它包含了最常用的 AutoCAD 2014 操作命令。因为工具栏可以随意拖动到屏幕中的任何位置，并且可以自动隐藏，所以通常形象地称其为浮动工具栏。AutoCAD 2014 的工具栏有"标准""图层""修改""绘图""标注""插入""查询""视图""缩放""特性"等常用工具栏。工具栏中的每一个按钮都代表着一个命令，移动鼠标到某个按钮上，单击即可执行相应的按钮命令。AutoCAD 2014 中默认的工具栏一共有 52 个，可以根据需要把工具栏拖到软件界面相应位置上。

启动工具栏的方法如下。

方法一：在已有工具栏上单击鼠标右键，AutoCAD 2014 可弹出列有工具栏目录的快捷菜单，在此快捷菜单中选中需要启动的工具栏单项即可。

方法二：通过选择"工具"下拉菜单中的"工具栏"下的"AutoCAD"下对应的子菜单命令，也可以打开 AutoCAD 2014 的各工具栏。

（2）运用工具按钮绘图操作：通过工具按钮方式运用三点绘圆方式绘制一个圆。

**操作提示：**

① 首先启动"绘图"工具栏。启动"绘图"工具栏的方法：在已有工具栏上单击鼠标右键，AutoCAD 2014 可弹出列有工具栏目录的快捷菜单，选中"绘图"工具栏，则"绘图"工具栏会出现在绘图窗口中，可将浮动的"绘图"工具栏横向放置或纵向放置在绘图区。

② 单击"绘图"工具栏中"圆"按钮，命令行提示：指定圆的圆心或［三点（3P）/两点（2P）/切点、切点、半径（T）］：输入 3P 并按 Enter 键（说明：输入 3P，即选择了三点绘圆操作）

③ 命令行提示：指定圆上的第一个点：在绘图区任意位置单击，确定圆上第一点

④ 命令行提示：指定圆上的第二个点：在绘图区任意位置第二次单击，确定圆上第二点(注意：第二点不要与第一点重合)

⑤ 命令行提示：指定圆上的第三个点：在绘图区任意位置第三次单击，确定圆上第三点(注意：选择的圆上三点不要重合)

至此完成了三点绘圆操作。

**实验内容五：AutoCAD 2014 操作界面中的命令行操作。**

(1) 命令行绘图操作一：绘制一个任意边长的矩形。

**操作提示：**

① 在命令行输入"rectang"并按 Enter 键。

② 命令行提示：指定第一个角点或 [倒角(C)/标高(E)/圆角(F)/厚度(T)/宽度(W)]：在绘图区单击鼠标左键，确定矩形的第一个角点(此时确定的矩形角点为左下角点)

③ 命令行提示：指定另一个角点或 [面积(A)/尺寸(D)/旋转(R)]：在绘图区另一点再次单击，确定矩形的第二个角点(此时确定的矩形角点为右上角点)

即完成矩形的绘制。

(2) 命令行绘图操作二：绘制任意边长的一个正八边形。

**操作提示：**

① 在命令行输入"ploygon"并按 Enter 键。

② 命令行提示：_polygon 输入侧面数<4>：输入 8 并按 Enter 键(操作同下拉菜单绘正八边形)

③ 命令行提示：指定正多边形的中心点或 [边(E)]：在屏幕中任意点处单击(操作同下拉菜单绘正八边形)

④ 命令行提示：输入选项 [内接圆(I)/外切于圆(C)] <I>：直接按 Enter 键，选择默认内接于圆方式绘制正八边形(操作同下拉菜单绘正八边形)

⑤ 命令行提示：指定圆的半径：通过鼠标在屏幕中任意指定一个半径，单击，即在绘图区绘制了一个正八边形(操作同下拉菜单绘正八边形)

**小结**：由上面的操作可以看出，通过下拉菜单、工具按钮和命令行三种操作均可完成指定图形的绘制。在 AutoCAD 软件的应用中，应该学会将菜单操作、工具按钮操作和命令行操作结合起来绘图，这样绘图的效果才能准确而且快速。在运用命令方式绘图时，需要记住常用的绘图命令。

**实验内容六：创建新的 AutoCAD 2014 图形文件并按指定的名称保存 AutoCAD 2014 图形文件。**

(1) 创建新的 AutoCAD 2014 图形文件。

**操作提示：**

① 选择"文件"下拉菜单中的"新建"命令，打开"选择样板"对话框。

② 在"选择样板"对话框中，选择"acad.dwt"，再单击"打开"，则新建了一个 AutoCAD 2014 文件。若首次新建 AutoCAD 2014 文件，在标题栏右侧会显示文件名为"Drawing1.dwg"，这是系统默认的新建 AutoCAD 2014 文件名。

(2) 在 AutoCAD 2014 界面中绘制一直线并在桌面保存此图形文件名为"line.dwg"。

**操作提示：**

① 可分别运用下拉菜单、工具栏和命令输入三种方法在绘图区绘制任意直线。

② 选择"文件"下拉菜单中的"保存"命令，会弹出"图形另存为"对话框。

③ 在"图形另存为"对话框中，指定文件保存的路径为"桌面"，并将文件名设置为"line.dwg"。

④ 单击"保存"按键，即完成相关操作。

**实验内容七：打开已有的 AutoCAD 2014 图形文件。**

打开"C：\Program Files\AutoCAD 2014\Sample\Database Connectivity"文件夹中的"db_samp.dwg"文件。

**操作提示：**

① 选择"文件"下拉菜单中的"打开"命令，会弹出"选择文件"对话框。

② 在"查找范围"下拉菜单中，选择要打开文件所在的目录"C：\Program Files\AutoCAD 2014\Sample\Database Connectivity"。

③ 在"名称"中选择"db_samp.dwg"文件，再单击"打开"按钮，即可打开指定的"db_samp.dwg"文件了。

**实验内容八：AutoCAD 2014 软件的联机帮助使用。**

当用户对于有些 AutoCAD 2014 软件的操作细节不清楚时，可以通过联机帮助获取相关软件应用方面的指导。

**操作提示：**

① 选择"帮助"下拉菜单中的"帮助"命令，会弹出"Auotdesk AutoCAD 2014—帮助"对话框。

② 在此对话框中，有"学习""下载""连接"和"资源"等联机帮助。其中，"学习"模块中包含学习资源和教程；"下载"模块中包含脱机帮助和示例文件；"连接"模块中包含 Autodesk 社区、Autodesk 讨论组、Autodesk 博客和 AUGI；"资源"模块中包含 AutoCAD 基础知识漫游手册、CAD 管理、命令、系统变量、词汇表和常见问题解答。在这些帮助模块中，用户可以获得全面的 AutoCAD 2014 操作指南。

③ 另外，用户可以在对话框的"搜索"选项卡中查找有疑问的关键词，系统会自动查找与该关键词相关的所有信息。例如：输入"直线"，系统会自动给出有关"直线"的相关帮助信息供用户选择查阅。

④ AutoCAD 联机帮助是非常有用的一个操作，如果手头没有 AutoCAD 参考书或者没有老师可以咨询，就可直接进入 AutoCAD 2014 联机帮助以自助的方式进行相关信息的查找。

# 实验二　AutoCAD 2014 绘图环境的设置

## 一、实验目的

(1) 练习设置绘图界限。

(2) 练习设置图形单位。

(3) 练习坐标输入方法。

## 二、实验内容与步骤

实验内容一：设置绘图界限(limits)。

操作提示：

① 打开"格式"下拉菜单，选择"图形界限"或在命令行输入"limits"并按 Enter 键。

② 命令行提示：指定左下角点或［开(ON)/关(OFF)］<0.0000，0.0000>：<u>输入 0.000，0.000 并按 Enter 键</u>(指定绘图界限的左下角点的坐标)

③ 命令行提示：指定右上角点或［开(ON)/关(OFF)］<0.0000，0.0000>：<u>输入 594，420 并按 Enter 键</u>(指定绘图界限的右上角点的坐标)

④ 则绘图界限就被限定了。

说明：此处指定的绘图边界为长为 594，宽为 420，对应于 A2 图纸的图幅。

实验内容二：设置绘图单位(units)。

操作提示：

① 选择"格式"下拉菜单中"单位"命令，打开"图形单位"对话框。

② 在打开的"图形单位"对话框中设置相应参数，即可完成绘图单位的设置。

实验内容三：绝对坐标和相对坐标输入方法。

(1) 用绝对坐标输入法绘制点(10，90)、(20，70)、(60，60)、(0，120)。

操作提示：

① 在命令行输入"point"并按 Enter 键。

② 命令行提示：指定点：<u>输入 10，90 并按 Enter 键</u> ［即将点(10，90)绘制在绘图区］

③ 在命令行输入"point"并按 Enter 键。

④ 命令行提示：指定点：<u>输入 20，70 并按 Enter 键</u> ［即将点(20，70)绘制在绘图区］

⑤ 在命令行输入"point"并按 Enter 键。

⑥ 命令行提示：指定点：<u>输入 60，60 并按 Enter 键</u> ［即将点(60，60)绘制在绘图区］

⑦ 在命令行输入"point"并按 Enter 键。

⑧ 命令行提示：指定点：<u>输入 0，120 按 Enter 键</u> ［即将点(0，120)绘制在绘图区］

(2) 用绝对坐标输入法绘制一条直线，直线的起点坐标为(30，20)，终点坐标为(80，60)。

操作提示：

① 方法一：在"绘图"下拉菜单中选择"直线"命令。

方法二：在工具按钮中单击"直线"按钮。

方法三：在命令行输入"L"或"line"并按 Enter 键。

② 命令行提示：指定第一点：<u>输入 30，20 并按 Enter 键</u>

③ 命令行提示：指定下一点或［放弃 U］：<u>输入 80，60 并按 Enter 键</u>

④ 单击鼠标右键确认，直线即绘制成功。

说明：绘制此直线时，直线的起点和终点的输入方法均为绝对坐标输入。

(3) 用相对坐标输入法绘制一条直线，直线的起点坐标为(30，20)，终点坐标为(80，60)。

操作提示：

① 运用下拉菜单、工具按钮或命令输入启动直线命令。

② 命令行提示：指定第一点：<u>输入 30，20 并按 Enter 键</u>（直线第一点用绝对坐标输入）

③ 命令行提示：指定下一点或［放弃 U］：<u>输入 @50，40 并按 Enter 键</u>（直线第二点用相对坐标输入。第二点相对第一点，其在 $x$ 方向增量为 50，在 $y$ 方向增量为 40）

④ 单击鼠标右键确认，直线即绘制成功。

**说明**：绘制此直线时，直线的起点和终点绘制分别采用绝对坐标和相对坐标输入。

（4）先用绝对坐标绘制第一点坐标为（30，80），然后用相对坐标绘制第二点坐标为（@－60，90），试求第二点绝对直角坐标。

**操作提示**：第一点的坐标是（30，80），而第二点相对第一点，其在 $x$ 方向增量为－60，在 $y$ 方向增量为 90，则可以推出第二点的坐标（30－60，80＋90），即第二点绝对直角坐标为（－30，170）。

（5）绘制一等边三角形，边长为 300，三角形上第一点坐标为（100，100），第二点坐标为（400，100），第三点怎么输入？

**操作提示**：

① 在命令行输入"line"，启动直线命令。

② 命令行提示：指定第一点：<u>输入 100，100 并按 Enter 键</u>

③ 命令行提示：指定下一点或［放弃（U）］：<u>输入 @300，0 并按 Enter 键</u>（用相对直角坐标法输入三角形上第二点）

④ 命令行提示：指定下一点或［放弃（U）］：<u>输入 @300＜120 并按 Enter 键</u>（用相对极坐标法输入三角形上第三点）

⑤ 命令行提示：指定下一点或［闭合（C）/放弃（U）］：<u>输入 C</u>（闭合三角形，完成三角形的绘制）

**说明**：三角形第一点采用绝对直角坐标输入，三角形第二点采用相对直角坐标输入，三角形第三点采用相对极坐标输入。

## 三、上机独立操作

（1）用绝对坐标输入法绘制直线。直线两端点坐标分别为（80，50）和（120，90）。

（2）用相对坐标输入法输入直线。直线两端点坐标分别为（70，50）和（60，80）。

**操作提示**：在（2）题中，第一点坐标（70，50），第二点坐标（60，80），则第二点相对第一点其 $x$ 方向偏移－10，$y$ 方向偏移 30。

（3）利用极坐标绘制长度为 120，与 $x$ 轴成 45°的斜线，直线起点任意。

（4）分别用绝对直角坐标法和相对直角坐标法绘制如图 14.6 所示的多边形 *ABCDEFGH*，其中图形左下角为 $A$ 点，依次逆时针为 $B$、$C$、$D$、$E$、$F$、$G$、$H$ 点，$AB＝200$，$BC＝100$，$CD＝100$，$DE＝100$，$EF＝100$，$FG＝100$，$GH＝200$，$HA＝300$。

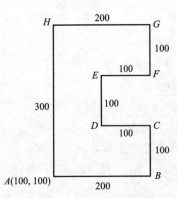

**图 14.6　任意多边形 *ABCDEFGH***

**小结**：坐标的输入是 AutoCAD 2014 中非常重要的

一个操作，图形的准确绘制都是通过坐标输入而达成的。所以，坐标的正确输入，对图形绘制的精确定位是至关重要的，所以应该熟练掌握。

# 实验三　图层的管理

## 一、实验目的

（1）通过实际操作理解图层的含义。

（2）学习新建图层和删除图层。

（3）练习设置当前图层、图层颜色控制、图层状态控制、图层线型设置和线宽控制。

## 二、实验内容与步骤

**实验内容：新建一个 AutoCAD 2014 文件，在此 AutoCAD 文件中，新建两个图层，分别命名为"AXIS"和"wall"图层，并对"wall"图层执行删除操作。对"AXIS"图层的颜色、图层的线型和线宽进行设置。**

操作提示：

① 新建 AutoCAD 2014 文件。选择的"文件"下拉菜单中"新建"命令。打开"选择样板"对话框，选择对话框中的"acad.dwt"，单击"打开"，则新建了一个新的 AutoCAD 2014 文件。

② 启动"图层特性管理器"对话框进行新建图层、删除图层和图层设置等操作。图层设置操作可以通过"图层特性管理器"对话框来进行。AutoCAD 提供了如下 3 种打开"图层特性管理器"对话框的方法。

方法一：单击"对象特性"工具栏中的"图层"按钮。

方法二：选择"格式"下拉菜单中的"图层"命令。

方法三：在命令行输入"Layer"并按 Enter 键。

执行上述任何一种操作，均可打开"图层特性管理器"对话框。

③ 新建"AXIS"图层。在"图层特性管理器"对话框中单击"新建"按钮。在对话框的"名称"区域内输入新图层名称为"AXIS"，单击"确定"按钮，即创建了一个名为"AXIS"的新图层。

④ 新建"wall"图层，并对"wall"图层执行删除操作。在对话框的"名称"区域内输入新图层名称为"wall"，单击"确定"按钮，即创建了一个名为"wall"的新图层。再在"wall"图层名上单击，该图层被选中，再单击对话框上面的"删除图层"按钮，即可删除"wall"图层了。

⑤ 对"AXIS"图层进行颜色的设置。在"图层特性管理器"对话框中选择"AXIS"图层的"颜色"选项，打开"选择颜色"对话框，选中红色为轴线的颜色，单击"确定"按钮，即对"AXIS"图层的绘图颜色赋予红色属性。

⑥ 对"AXIS"图层进行线型设置。在"图层特性管理器"对话框中单击"AXIS"图

层的"线型"选项，打开"选择线型"对话框，单击"加载"按钮，打开"加载或重载线型"，在线型种类中选择"DASHDOT"线型，单击"确定"按钮关闭"加载或重载线型"对话框，则线型"DASHDOT"在"选择线型"对话框中被加载。在"选择线型"对话框，选中"DASHDOT"线型，单击"确定"按钮关闭"选择线型"对话框，即将"DASHDOT"线型赋予"AXIS"图层。

⑦ 对"AXIS"图层进行线宽设置。在"图层特性管理器"对话框中选择"AXIS"图层的"线宽"选项，打开"线宽"对话框，选中 0.25 毫米，单击"确定"按钮，即对"AXIS"图层的线宽赋予了 0.25 毫米的线宽。

说明：在土木工程制图中，轴线层的图元通常采用红色的点画线。

## 三、上机独立操作

（1）新建三个新图层，分别命名为轴线、墙体和窗。

（2）给每个新命名的图层设置颜色。轴线所在图层颜色为红色；墙体所在图层颜色为黄色；窗所在图层的颜色为蓝色。

（3）给每个图层设置线型。轴线所在图层线型设为"DASHDOT"；墙体所在图层线型设为"continuous"；窗所在图层的线型设为"continuous"。

（4）分别以轴线、墙体和窗图层为当前层。在"轴线"当前层绘制一条直线；在"墙体"当前层绘制一个矩形；在"窗"当前层绘制一个圆。观察图形的颜色、线型显示的差异。

（5）对图层状态进行控制操作。分别打开、关闭、冻结、解冻、锁定和解锁墙体图层，观察开关图层、冻结图层和锁定图层时，各功能的不同。

# 实验四　二维图形的绘制

## 一、实验目的

（1）掌握 AutoCAD 2014 中的绘图命令。
（2）掌握 AutoCAD 2014 中的对象捕捉及正交命令。

## 二、实验内容与步骤

**实验内容一：设置点的样式，并在绘图区绘制如图 14.7 所示的点。**

图 14.7　绘制点

操作提示：

① 选择"格式"下拉菜单中"点样式"，打开"点样式"对话框。在"点样式"对话框中，有四行五列共二十个点样式供选择。

② 首先选择第二行第三列的点样式，单击"确定"按钮，返回绘图窗口。

③ 选择"绘图"下拉菜单中"点"命令的下级菜单中的"单点",即可启动单点绘制命令。此时,命令行提示如下。

指定点:在绘图区任意位置单击,即将"点样式"对话框中第二行第三列的点样式绘制于绘图区

此时,即完成了指定点样式的绘制。

说明:在 AutoCAD 2014 中,点的类型有 20 种,如果要绘制的点,需要对点样式进行设置,则先选择点的类型,然后再绘制此类型的点。本实验操作中的点在"点样式"对话框中位于第二行第三列,选择正确的点样式绘制点即可。

实验内容二:绘制任意两直线,再用相切、相切、半径方法绘制与两直线都相切的圆,如图 14.8 所示。

操作提示:

① 单击"绘图"下拉菜单中"直线"命令,启动绘制直线命令。

② 命令行提示:指定第一个点:在绘图区任意位置单击,即确定了直线上的起点

③ 命令行提示:指定下一点或 [放弃(U)]:在绘图区不和直线起点重合的任意位置单击,即确定直线上的终点,然后单击鼠标右键确认,即完成直线的绘制

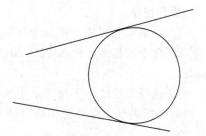

图 14.8 相切、相切、半径绘圆

④ 再次启动绘制直线命令,绘制任意一条不与第一条直线重合的直线。

⑤ 选择"绘图"下拉菜单中"圆"的下级菜单中的"相切、相切、半径"绘圆命令。

⑥ 命令行提示:指定对象与圆的第一切点:首先在绘制的第一条直线上任意位置单击,确定圆与第一条直线的相切关系

⑦ 命令行提示:指定对象与圆的第二切点:在绘制的第二条直线上任意位置单击,确定圆与第二条直线相切关系

⑧ 命令行提示:指定圆的半径<0.0000>:输入圆的半径

即可完成与两条直线都相切的圆了。

实验内容三:分别绘制三个不相交的圆,再用相切、相切、相切的方式绘制一个与此三个圆均相切的圆,如图 14.9 所示。

操作提示:

① 首先选择"绘图"下拉菜单中的"圆"下级菜单中的"圆心、半径"绘圆命令,绘制三个任意圆。

② 再选择"绘图"下拉菜单中的"圆"下级菜单中的"相切、相切、相切"绘圆命令。

③ 选择"相切、相切、相切"绘圆命令后,命令行提示:指定圆的圆心或 [三点(3P)/两点(2P)/切点、切点、半径(T)]:_3P 指定圆上的第一点:_tan 到(分别在三个已有的圆上单击一次,即可完成与此三圆相切的圆的绘制)

说明:图 14.9 所示的相切、相切、相切绘圆是绘制一个与三个圆均外切的圆。运用相切、相切、相切绘圆方法还可以绘制一个与三个圆均内切的圆,如图 14.10 所示。

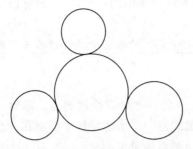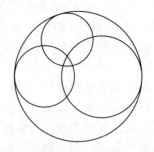

图 14.9　相切、相切、相切绘外切圆　　　图 14.10　相切、相切、相切绘内切圆

**实验内容四：分别绘制内径为 200，外径为 600 的空心圆环和实心圆环。**

**操作提示：**

① 绘制实心圆环。在命令行输入：FILLMODE 并按 Enter 键。

② 命令行提示：输入 FILLMODE 的新值＜0＞：输入 1 并按 Enter 键（设置绘制实心圆环）

③ 选择"绘图"下拉菜单中的"圆环"命令，启动圆环绘制命令。

命令行提示：指定圆环的内径＜默认值＞：输入 200 并按 Enter 键（指定圆环的内径为 200）

命令行提示：指定圆环的外径＜默认值＞：输入 600 并按 Enter 键（指定圆环的外径为 600）

④ 在绘图区任意位置单击，即可绘制实心圆环。

⑤ 绘制空心圆环。在命令行输入：FILLMODE 并按 Enter 键。

⑥ 命令行提示：输入 FILLMODE 的新值＜0＞：输入 0 并按 Enter 键（设置绘制空心圆环）

⑦ 选择"绘图"下拉菜单中的"圆环"命令，启动圆环绘制命令。

命令行提示：指定圆环的内径＜默认值＞：输入 200 并按 Enter 键（指定圆环的内径为 200）

命令行提示：指定圆环的外径＜默认值＞：输入 600 并按 Enter 键（指定圆环的外径为 600）

⑧ 在绘图区任意位置单击鼠标左键，即可绘制实心圆环。

**实验内容五：用徒手画线方法，写下如图 14.11 所示"student"字样。**

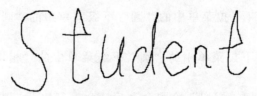

图 14.11　运用草图命令输入"student"文字

**操作提示：**

① 在命令行输入：sketch 并按 Enter 键

② 命令行提示：指定草图或 ［类型(T)/增量(I)/公差(L)］：直接按 Enter 键（绘制草图）

③ 在绘图区徒手绘制"s"字母，绘制完"s"字母后，单击完成其输入。

④ 再按两次 Enter 键，命令行提示：指定草图或［类型(T)/增量(I)/公差(L)］：直接按 Enter 键(绘制草图)

⑤ 在绘图区徒手绘制"t"字母，绘制完"t"字母后，单击完成其输入。

⑥ 一次按照此方法输入"u""d""e""n""t"字符，即可完成单词"student"的徒手输入。

**实验内容六：用多段线和直线命令绘制如图 14.12 所示的坐标轴。**

**操作提示：**

① 单击 AutoCAD 2014 绘图区下状态栏中的"正交"按钮，打开正交开关(正交开关打开，可以绘制垂直和水平直线)。

② 右击 AutoCAD 2014 绘图区下状态栏中的"对象捕捉"按钮，在"草图设置"对话框中的"对象捕捉"选项卡中设置端点捕捉模式。

③ 选择"绘图"下拉菜单中的"直线命令"，绘制一水平直线，直线长为 200。然后，捕捉水平直线左边端点，向上绘制一垂直直线，直线长为 200，则此相交的水平直线和垂直直线即为坐标轴的纵横轴。

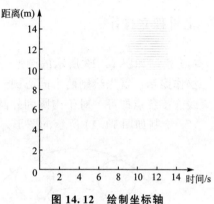

图 14.12 绘制坐标轴

④ 运用"divide"命令，分别将横轴和纵轴进行 8 等分。在命令行输入：divide 并按 Enter 键

命令行提示：选择要定数等分的对象：在水平直线上单击，即选择了要等分的对象

命令行提示：输入线段数目或［块(B)］：输入 8 并按 Enter 键(将水平直线 8 等分)

⑤ 再在命令行输入：divide 并按 Enter 键

命令行提示：选择要定数等分的对象：在垂直直线上单击鼠标左键，即选择了要等分的对象

命令行提示：输入线段数目或［块(B)］：输入 8 并按 Enter 键(将垂直直线 8 等分)

⑥ 选择"格式"下拉菜单中"点样式"命令，弹出"点样式"对话框，选择对话框中第一行第五列点样式，单击"确定"按钮，关闭"点样式"对话框。同时，被等分的水平直线上的等分点以刚刚选择的点模式呈现。因为点的模式是以短竖线方式呈现，在垂直直线上没有显示，需将水平直线上的点复制并旋转 90°，打开"对象捕捉"中的节点捕捉模式，将旋转 90°后的点再拷贝到垂直直线上，即可完成坐标轴的绘制。

⑦ 运用多段线命令绘制坐标轴箭头。选择"绘图"下拉菜单中的"多段线"命令，启动多段线绘制命令。

⑧ 命令行提示：指定起点：首先单击捕捉水平轴的右端点

命令行提示：指定下一个点或［圆弧(A)/半宽(H)/长度(L)/放弃(U)/宽度(W)］：输入 W 并按 Enter 键(设置多段线的宽度)

命令行提示：指定起点宽度＜默认值＞：输入 0 并按 Enter 键(设置多段线起点宽度为 0，即坐标轴箭头始端宽度为 0)

命令行提示：指定端点宽度＜默认值＞：输入 8 按 Enter 键(设置多段线端点宽度为

8，即坐标轴箭头终端宽度为8）

命令行提示：指定下一个点或［圆弧（A）/半宽（H）/长度（L）/放弃（U）/宽度（W）］：输入 L 并按 Enter 键（设置多段线的长度）

命令行提示：指定直线的长度：输入 16 并按 Enter 键（设置多段线的长度为16）

单击鼠标右键结束多段线的绘制，至此即完成了横轴的箭头绘制。

⑨ 复制横轴的箭头，并旋转90°，通过端点捕捉复制到纵轴上，即可完成纵轴的箭头绘制。

⑩ 标注坐标轴的刻度和单位，即可完成坐标轴的绘制。

## 三、上机独立操作

（1）绘制如图 14.13 所示的图形。

**操作提示：**首先绘制两个同心圆，再分别将两个圆 6 等分。在内圆中，捕捉等分点并用直线连接各点即可。对于内圆和外圆中绘制的小圆，可用两点绘圆的方式绘制。

（2）绘制如图 14.14 所示的图形。

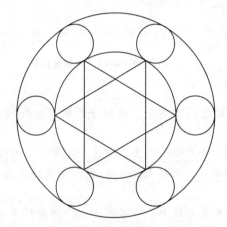 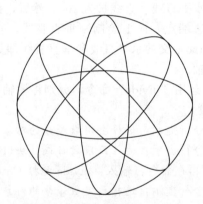

图 14.13　二维图绘制练习一　　　　图 14.14　二维图形绘制练习二

**操作提示：**首先绘制圆，捕捉圆心运用"轴和圆心"的方法绘制垂直和水平向两个椭圆。再将此正交的两个椭圆复制出来，并旋转 45°，再次捕捉圆心，将旋转 45°的两个正交椭圆移动至圆里即可。

# 实验五　二维图形的编辑和修改

## 一、实验目的

（1）掌握 AutoCAD 2014 中的编辑修改命令。

（2）掌握 AutoCAD 2014 中的图形缩放、平移命令。

## 二、实验内容与步骤

实验内容一：绘制如图 14.15 所示的跑道示意图，内圈和外圈均为实线，中间一道线为虚线。

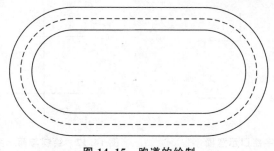

图 14.15    跑道的绘制

操作提示：

① 绘制跑道的最外圈。运用直线命令绘制跑道外圈上部的水平线，再运用偏移命令将跑道外圈上部水平线向下偏移移动一定距离可得到跑道外圈下部的水平线，再分别捕捉两水平线的左右端点，运用两点绘圆的方法绘制跑道两端的半圆。

注意：两点绘圆时得到的是一个完整的圆，需要绘制过圆心的辅助垂线，再运用修剪命令分别"剪"掉跑道左端圆的右半部分和跑道右端圆的左半部分，即可完成跑道外圈的绘制。

② 跑道中圈和内圈的绘制方法同外圈。

③ 跑道中圈的线型为虚线，在绘图时应在"格式"下拉菜单中加载虚线线型，并设置为当前线型，绘制中圈即可。

实验内容二：利用剪切命令绘制如图 14.16 所示的十字路口。

操作提示：

① 绘制一条水平直线。

选择"绘图"下拉菜单中的"直线"命令，绘制一条水平直线。

② 运用"偏移"命令绘制与第一条直线平行的水平直线。

然后再选择"修改"下拉菜单中的"偏移"命令将上个步骤绘制的水平直线向上偏移一定距离，即完成了两条水平直线的绘制。

③ 绘制与两水平直线两两垂直的直线。

再选择"绘图"下拉菜单中的"直线"命令和"修改"下拉菜单中的"偏移"命令，绘制与前述两条水平直线垂直的两条垂直直线。至此完成了四条直线的绘制，即两条水平直线和与两条水平直线两两垂直的两条垂直直线，如图 14.17 所示。

④ 运用"修剪"命令完成十字路口的绘制。

选择"修改"下拉菜单中的"修剪"命令，命令行提示如下。

选择对象或<全部选择>：拖动鼠标左键，窗选全部四条直线，右击确认选择（图 14.18）

[栏选(F)/窗交(C)/投影(P)/边(E)/删除(R)/放弃(U)]：在图 14.19 中两水平直线间左侧垂直线上单击，即可将此处两水平直线间的左侧垂直线给修剪了，修剪后的效果

如图 14.20 所示

　　依照同样操作方法顺时针方向分别修剪两垂直直线间的上部水平直线、两水平直线间的右部垂直直线、两垂直线线间的下部水平直线，即可完成十字路口的修剪和绘制操作，修剪效果依次如图 14.21、图 14.22 和图 14.23 所示。

　　最终绘制的十字路口如图 14.16 所示。

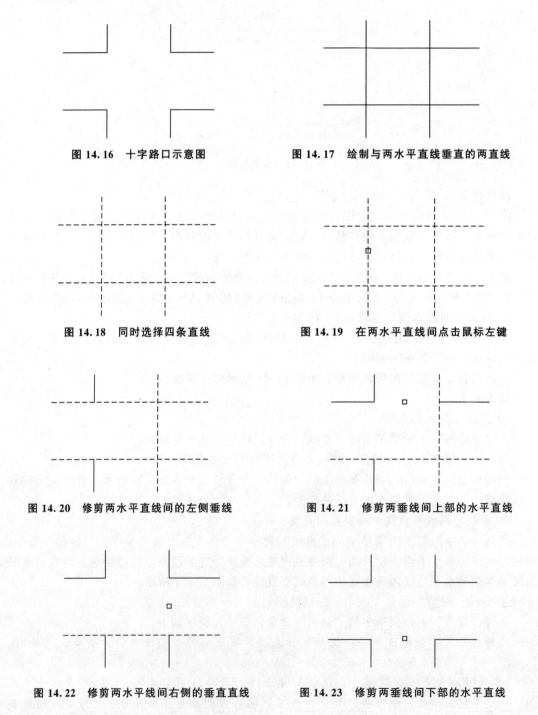

图 14.16　十字路口示意图　　　　　图 14.17　绘制与两水平直线垂直的两直线

图 14.18　同时选择四条直线　　　　　图 14.19　在两水平直线间点击鼠标左键

图 14.20　修剪两水平直线间的左侧垂线　　　图 14.21　修剪两垂线间上部的水平直线

图 14.22　修剪两水平线间右侧的垂直直线　　　图 14.23　修剪两垂线间下部的水平直线

**实验内容三：绘制如图 14.24 所示的正五角星。**

**操作提示：**

① 单击"绘图"下拉菜单中的"多边形"命令，启动"多边形"绘制操作。命令行提示：

_polygon 输入侧面数<4>：输入 5 并按 Enter 键（输入 5，启动正五边形绘制操作）

指定多边形的中心点或 [边(E)]：在绘图区任意位置单击，指定正五边形的中心点

输入选项 [内接于圆(I)/外切于圆(C)] <I>：输入 I 并按 Enter 键（按照内接于圆的方式绘制正五边形）

指定圆的半径：输入 200 并按 Enter 键（即可完成正五边形的绘制，如图 14.25 所示）

② 单击绘图区下部状态栏中的"对象捕捉"按钮，在"草图设置"对话框的"对象捕捉"选项卡中，选中"端点"捕捉模式，单击"确定"按钮，即启动"端点"捕捉模式。

③ 选择"绘图"下拉菜单中的"直线"命令，启动"直线"绘图操作。在端点捕捉模式下，依次连接正五边形的各个顶点，如图 14.26 所示。

④ 删除用于辅助绘制五角星的正五边形。选择"修改"下拉菜单中的"删除"命令，单击鼠标左键选择正五边形，单击鼠标右键确认删除，如图 14.27 所示。

⑤ 修剪五角星内部的线条，完成五角星的绘制。选择"修改"下拉菜单中的"修剪"命令，启动"修剪"操作。命令行提示如下。

选择对象或<全部选择>：由左向右拖动按住鼠标左键窗选整个五角星（图 14.28）

选择对象：依次在图 14.29 点标识位置单击，即可完成五角星内部线条的修剪，也即完成了五角星的绘制（图 14.24）

图 14.24　五角星

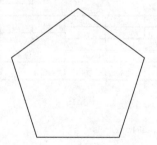

图 14.25　绘制正五边形

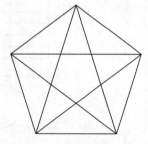

图 14.26　连接正五边形顶点

图 14.27　删除正五边形

图 14.28　选择五角星

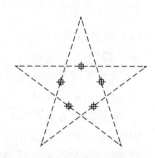

图 14.29　单击鼠标左键完成修剪

说明：绘制五角星的思路是通过绘制辅助的五边形来完成。

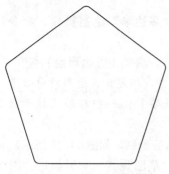

图 14.30　将正五边形倒圆角

## 三、上机独立操作

（1）对一个正五边形进行如图 14.30 所示的倒圆角操作。

（2）输入文字"AutoCAD 2014"，分别设定 Mirrtext＝1 和 Mirrtext＝0，将此文本进行镜像操作。

（3）绘制如图 14.31 所示的 A2 图纸的图框线、图纸的会签栏和标题栏（提示：①A2 图纸的幅面参见第 9 章表 9-1；②此绘图操作会用到"直线"命令、"偏移"命令、"修剪"命令）。

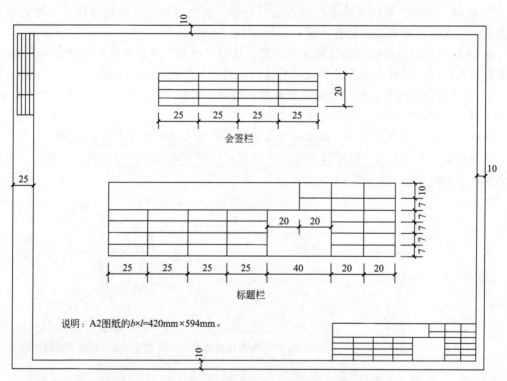

图 14.31　A2 图纸图框线、图纸会签栏和标题栏的绘制

（4）绘制如图 14.32 所示的图形。

**操作提示：**

① 绘制正方形，捕捉正方形顶点绘制其对角线，如图 14.33 所示。

② 通过相切、相切、相切分别绘制与对角线和正方形边相切的圆，如图 14.34 所示。

③ 绘制以正方形的中心为圆心，正方形边长一半为半径的圆，如图 14.35 所示。

④ 运用"轴、端点"方式绘制两个正交的椭圆，如图 14.36 所示。

⑤ 删除正方形和其对角线，如图 14.37 所示。

⑥ 对图 14.37 的图形进行复制，即完成如图 14.32 所示的图形操作。

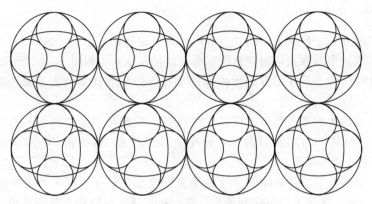

图 14.32 二维图形的绘制和编辑

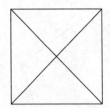

图 14.33 提示一

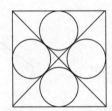

图 14.34 提示二

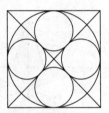

图 14.35 提示三

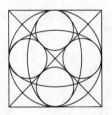

图 14.36 提示四

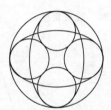

图 14.37 提示五

# 实验六　图案填充和尺寸标注的操作

## 一、实验目的

（1）强化练习 AutoCAD 2014 的基本命令。

（2）练习阴影图案的填充。

（3）练习标注尺寸的方法。

## 二、实验内容与步骤

实验内容一：绘制如图 14.38 所示的五角星，并对五角星进行红色的图案填充操作。

操作提示：

① 运用"绘图"下拉菜单中的"多边形"命令绘制正五边形，如图 14.39 所示。

② 捕捉正五边形的顶点，用"直线"命令连接各顶点，如图 14.40 所示。

③ 用"直线"命令连接正五边形内部的小正五边形和外部的大正五边形的顶点，如图 14.41 所示。

④ 删除外部的大的正五边形，选择"修改"下拉菜单中的"修剪"命令，修剪五角星内部的线条，如图 14.42 所示(提示：选择全部的图元，依次在需要修剪的部位单击鼠标左键，即可完成修剪操作)。

⑤ 选择"绘图"下拉菜单中的"图案填充"命令，打开"图案填充和渐变色"对话框。在"图案填充"选项卡中设定颜色为红色，然后依次间隔拾取五角星内部点，完成图案填充操作，如图 14.38 所示。

图 14.38　红五角星

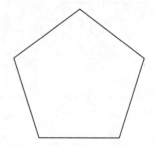

图 14.39　绘制正五边形

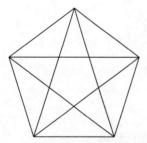

图 14.40　连接各顶点

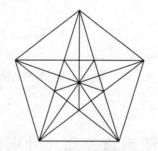

图 14.41　连接正五边形顶点

图 14.42　修剪五角星中线条

**实验内容二**：绘制如图所示的简单建筑平面图，平面图尺寸标注如图 **14.43** 所示。

说明：此建筑平面图为内廊式建筑，有 6 个开间，开间尺寸为 3300mm，进深尺寸为 3600mm，走廊宽为 2100mm，墙厚为 240mm。

操作步骤：

① 选择"绘图"下拉菜单中的"直线"命令，设定直线第一点坐标(0，0)，第二点用相对直角坐标输入(@19800，0)，则绘制了一条长度为 19800 的水平直线。再运用"修改"下拉菜单中的"偏移"命令，将①操作中绘制的水平直线向上偏移 9300，如图 14.44 所示。

② 运用"直线"命令连接两水平直线的左端点，再运用"直线"命令连接两水平直线的右端点，如图 14.45 所示。

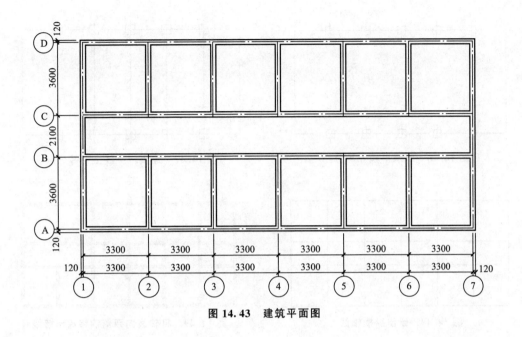

图 14.43　建筑平面图

图 14.44　绘制两条平行的直线　　　　图 14.45　分别连接水平线的左右端点

③ 将上部的水平直线 6 等分。选择"divide"命令，命令行提示如下。

选择要定数等分的对象：在上部水平直线上单击，选择直线

输入线段书目或［块(B)］：输入 6 并按 Enter 键（则所选择的水平直线被 6 等分了）

同理，对下部水平直线进行 6 等分，如图 14.46 所示（为了便于识别，将等分点样式设为图中形式）。

④ 连接上下两水平直线对应的等分点，如图 14.47 所示。

⑤ 将下部水平直线依次向上偏移 3600、2100、3600，如图 14.48 所示（取消点样式突显，设点样式为"格式"下拉菜单"点样式"对话框中的一行一列常规样式）。

⑥ 以图 14.48 中的各直线为建筑物轴线。因墙厚为 240mm（通常轴线在墙体中居中），分别将各轴线向两侧各偏移 120mm，如图 14.49 所示。

⑦ 对图 14.49 中图线进行编辑和修改。对于角部没有连接的图线执行延伸操作，使其成为封闭直线，如图 14.50 所示；对于多余走道处横墙线进行删除，如图 14.51 所示；对于内部纵横墙交汇处墙体多余线执行修剪操作，如图 14.52 所示。

⑧ 修改轴线线型和线宽。在建筑制图中，调整轴线均为细点画线，调整墙线为粗实线，如图 14.53 所示。

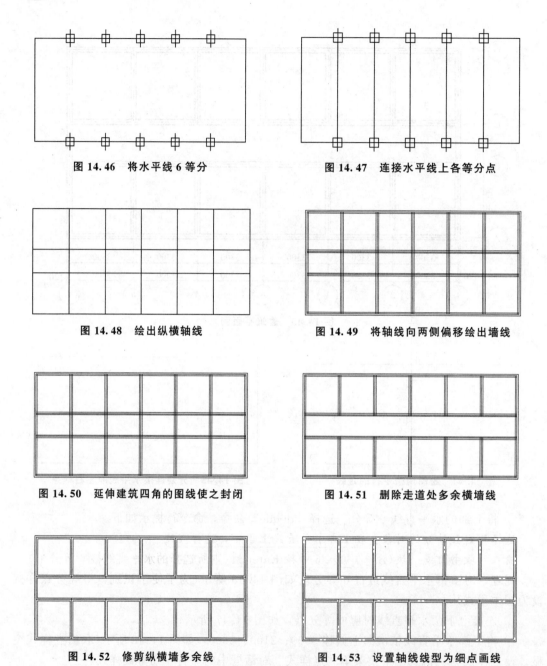

图 14.46　将水平线 6 等分　　　　　　　　图 14.47　连接水平线上各等分点

图 14.48　绘出纵横轴线　　　　　　　　　图 14.49　将轴线向两侧偏移绘出墙线

图 14.50　延伸建筑四角的图线使之封闭　　图 14.51　删除走道处多余横墙线

图 14.52　修剪纵横墙多余线　　　　　　　图 14.53　设置轴线线型为细点画线

　　⑨ 标注尺寸。选择"格式"下拉菜单中的"标注样式"，参照第 8 章尺寸标注的有关规定对标注样式按照建筑标注样式进行设定。再选择"修改"下拉菜单中的"线性"和"连续"标注，对建筑平面图进行尺寸标注，如图 14.54 所示。

　　⑩ 对轴线进行编号，则完成了建筑平面图（图 14.43）的绘制。

　　**说明：**此简单平面图的绘制主要采用"直线"命令来完成，其间运用了"偏移"和"修剪"命令来完成细部图形的编辑和修改。

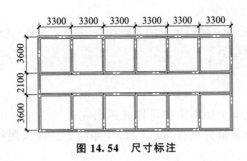

图 14.54 尺寸标注

## 三、上机独立操作

(1) 图 14.55 为在 A2 图纸上绘制的门立面图、窗立面图和基础详图。

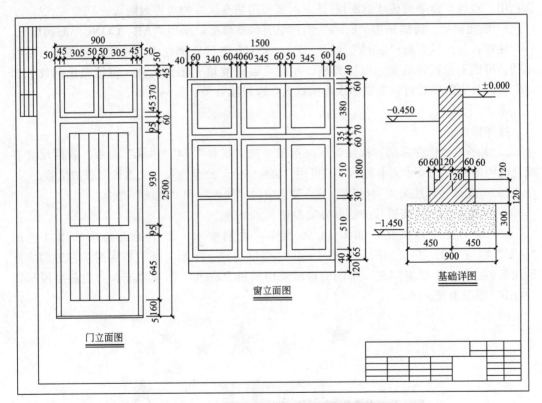

图 14.55 门立面图、窗立面图和基础详图的绘制

① 绘制门立面图。

**操作提示：**

a. 先用"直线"命令画门外框线。

b. 用"偏移"命令将门外框线向内平移 50 个单位，再将其中水平线向下平移 460 和 520 个单位。

c. 用"修剪"命令剪去多余的线条。

d. 调整门外框的宽度改为 3。

e. 用"直线"命令画亮子和门板上的条纹线，其中 7 条平行竖直线可用矩形阵列命令画出，设列间距为 105 单位。

② 绘制窗立面图。

**操作提示：**

画法基本同上，窗上 9 个矩形窗扇可以先画出左边的 3 个，再将它们向右用"复制"命令进行复制平移，其位移量分别为 500，955 个单位，建议采用相对坐标绘图较方便。

③ 绘制基础详图。

**操作提示：**

a. 取"AXIS"为当前层，用"直线"命令绘制一条竖直轴线。

b. 改变当前层，回到 0 层，用"Pline"命令设置线宽为 3 个单位，画基础砖墙线、基础截面边线、室内外地坪标高位置线，这里可利用对称性，用"Mirror"命令作镜像对称；用"直线"命令画砖墙剖断线（注意：要使用填充区域的边界封闭）。

c. 填充阴影。砖墙采用"brick"图例填充；基础垫层采用"AR－CONC"图例填充。

**注意**：如果填充的"brick"和"AR－CONC"图例比例过小会导致填充图案可读性不佳，可能不能识别填充的图案类型，在此可以修改填充图例比例，将填充比例放大即可，具体放大的倍数可以尝试多次逐渐放大，取最佳效果。

④ 尺寸标注。

**操作提示：**

a. 水平尺寸标注采用"标注"下拉菜单中的"线性"和"连续"命令。若两尺寸界线之间距离较短，尺寸文本写不下，可用"Dimtedit"命令将尺寸文本调到新的位置。

b. 垂直尺寸标注采用"标注"下拉菜单中的"线性"和"连续"命令。

c. 标高标注。标高符号的绘制方法参见 9.4.3 节。

（2）绘制星星月亮图，如图 14.56 所示。绘制要求：图中的五角星采用红色的"solid"图案填充；星星采用黄色的"solid"图案填充。图形下部三栋房屋，左边的房屋采用黑色"solid"图案填充；中间的房屋采用黑色"brick"图案填充；右边的房屋采用"earth"图案填充。

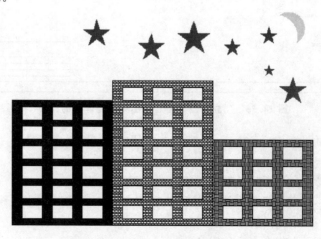

**图 14.56　星星月亮图**

说明：此图在绘制过程中会应用到缩放、拷贝、复制、移动、修剪、阵列、正五边形的绘制、直线的绘制等多种命令，对加深各个操作的熟练程度有一定的帮助。

# 实验七　建筑平面图的绘制

## 一、实验目的

学习绘制建筑平面图。

## 二、实验内容与步骤

**实验内容：建筑平面图的绘制。**

（1）确定图名、图层和比例。

（2）纵横定位轴线及其编号。

（3）确定各个房间的组合和布置形式，墙、柱网的断面形状及尺寸等。

（4）门窗的布置及其型号。

（5）楼梯阶梯的形状，梯段的走向和级数。

（6）台阶、阳台、雨篷等其他构件的布置、形状、尺寸，卫生间、厨房等固定设施的布置情况等。

（7）标注出平面图中应有的尺寸和标高，以及某些必要的坡度的数值及其下坡的方向（如散水、防潮层等）。

（8）底层平面图中还应该包含剖面图形的剖切位置、剖视方向及其各自的编号，表示建筑物朝向的指北针图形。

（9）屋顶平面图中还应该包含屋顶的形状、屋面的排水方向、坡度，以及女儿墙等其他构件的位置和布置情况。

（10）必要的详图索引目录和各个房间的具体名称。

## 三、上机独立操作

绘制如图 14.57 所示某镇政府行政办公楼三～五层平面图。

# 实验八　建筑立面图的绘制

## 一、实验目的

学习绘制建筑立面图。

## 二、实验内容与步骤

**实验内容：立面图绘制的主要内容和步骤。**

（1）图名、比例。

（2）立面图两端的定位轴线以及各自的编号。

（3）门窗的形状、位置及其开启的方向符号。

（4）屋顶的外形，各种墙面、台阶、雨篷、阳台、雨水管、水斗等建筑构配件，以及外墙装饰分格情况和各种装饰的不同做法、用料、颜色等情况。

（5）必要的标高和局部的尺寸标注。

（6）详细的索引符号。

## 三、上机独立操作

绘制如图 14.58 和图 14.59 所示某镇政府行政办公楼①～⑩立面图和Ⓐ～Ⓓ立面图。

# 实验九　建筑剖面图的绘制

## 一、实验目的

学习绘制建筑剖面图。

## 二、实验内容与步骤

**实验内容：剖面图绘制的主要内容和步骤。**

（1）必要的轴线以及各自的编号。

（2）各处的墙体剖面的轮廓。

（3）各个楼层的楼板、屋面板、屋顶构造的轮廓图形。

（4）被剖切到的梁、板、平台、阳台、地面以及地下室图形。

（5）被剖切到的门窗图形。

（6）剖切处各种构配件的材质符号。

（7）一些虽然没有被剖切到，但是可见的部分构配件，如室内的装饰和与剖切平面平行的门窗图形、楼梯段、栏杆的扶手等。

（8）室外没有剖切的，但是可见的雨水管和水斗等图形。

（9）可见部分的底层勒脚和各楼层的踢脚图形。

（10）标高以及必需的局部尺寸的标注、详细的索引符号、必要的文字说明。

## 三、上机独立操作

绘制如图 14.59 所示某镇政府行政办公楼 1—1、剖面图。

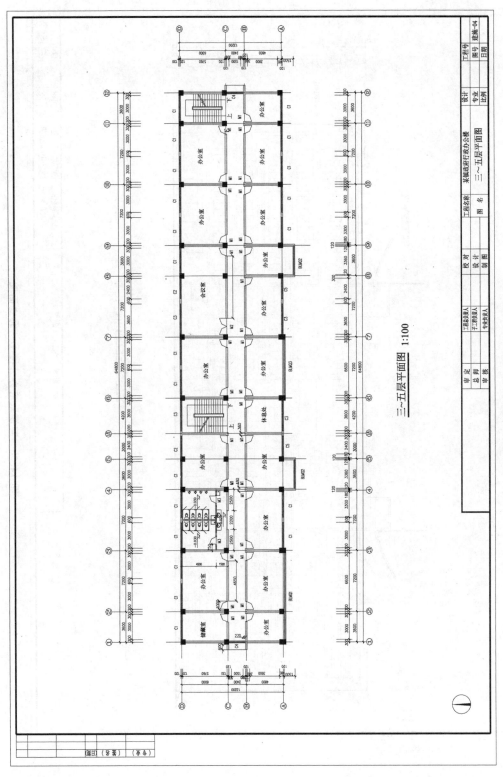

三~五层平面图 1:100

图 14.57 某镇政府行政办公楼三~五层平面图

土木工程CAD

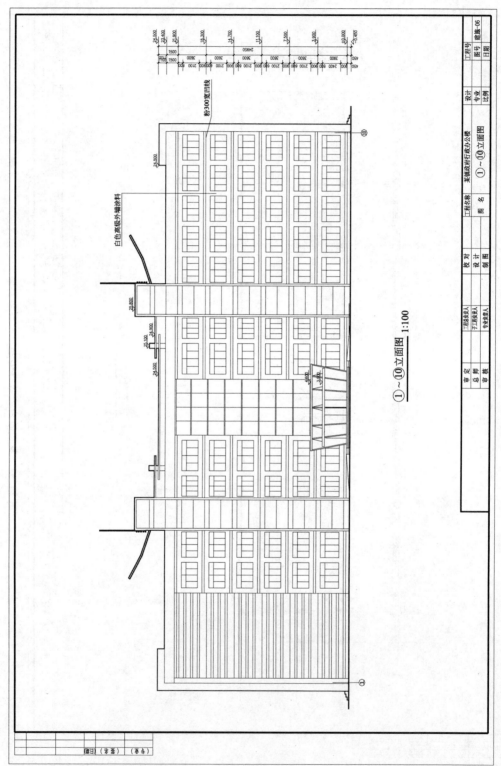

图 14.58 某镇政府办公楼①~⑩立面图

284

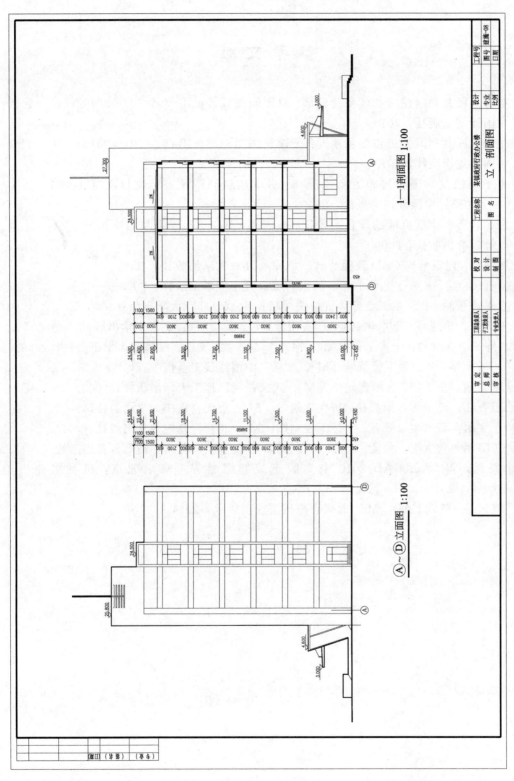

图 14.59 某镇政府行政办公楼立、剖面图

# 参 考 文 献

[1] 中华人民共和国住房和城乡建设部. 总图制图标准（GB/T 50103—2010）［S］. 北京：中国计划出版社，2010.

[2] 中华人民共和国住房和城乡建设部. 建筑制图标准（GB/T 50104—2010）［S］. 北京：中国计划出版社，2010.

[3] 中华人民共和国住房和城乡建设部. 房屋建筑制图统一标准（GB/T 50001—2010）［S］. 北京：中国计划出版社，2010.

[4] 白云，等. 计算机辅助设计与绘图——AutoCAD2005 教程及实验指导 ［M］. 北京：高等教育出版社，2006.

[5] 崔钦淑. 建筑结构 CAD 教程 ［M］. 北京：北京大学出版社，2009.

[6] 刘剑飞. 建筑 CAD 技术 ［M］. 武汉：武汉理工大学出版社，2013.

[7] 袁果，张渝生. 土木工程计算机绘图 ［M］. 北京：北京大学出版社，2006.

[8] 王文达，史艳莉. 土木建筑 CAD 实用教程 ［M］. 北京：北京大学出版社，2014.

[9] 尚守平，吴炜煜. 土木工程 CAD ［M］. 215 页. 武汉：武汉理工大学出版社，2009.

[10] 同济大学，等. 房屋建筑学 ［M］. 北京：中国建筑工业出版社，2006.

[11] 李必瑜，王雪松. 房屋建筑学 ［M］. 武汉：武汉理工大学出版社，2008.

[12] 王万江，金少蓉，周振伦. 房屋建筑学 ［M］. 重庆：重庆大学出版社，2011.

[13] 丁宇明，黄水生，张竞. 土建工程制图 ［M］. 北京：高等教育出版社，2013.

[14] 丁宇明，黄水生，张竞. 土建工程制图习题集 ［M］. 北京：高等教育出版社，2013.

[15] 曹磊，等. AutoCAD 2010 中文版建筑制图教程 ［M］. 北京：机械工业出版社，2009.

[16] 巩宁平. 建筑 CAD ［M］. 北京：机械工业出版社，2014.